NEWTON

COLEÇÃO
FIGURAS DO SABER
dirigida por Richard Zrehen

Títulos publicados

1. *Kierkegaard*, de Charles Le Blanc
2. *Nietzsche*, de Richard Beardsworth
3. *Deleuze*, de Alberto Gualandi
4. *Maimônides*, de Gérard Haddad
5. *Espinosa*, de André Scala
6. *Foucault*, de Pierre Billouet
7. *Darwin*, de Charles Lenay
8. *Wittgenstein*, de François Schmitz
9. *Kant*, de Denis Thouard
10. *Locke*, de Alexis Tadié
11. *D'Alembert*, de Michel Paty
12. *Hegel*, de Benoît Timmermans
13. *Lacan*, de Alain Vanier
14. *Flávio Josefo*, de Denis Lamour
15. *Averróis*, de Ali Benmakhlouf
16. *Husserl*, de Jean-Michel Salanskis
17. *Os estoicos I*, de Frédérique Ildefonse
18. *Freud*, de Patrick Landman
19. *Lyotard*, de Alberto Gualandi
20. *Pascal*, de Francesco Paolo Adorno
21. *Comte*, de Laurent Fédi
22. *Einstein*, de Michel Paty
23. *Saussure*, de Claudine Normand
24. *Lévinas*, de François-David Sebbah
25. *Cantor*, de Jean-Pierre Belna
26. *Heidegger*, de Jean-Michel Salanskis
27. *Derrida*, de Jean-Michel Salanskis
28. *Montaigne*, de Ali Benmakhlouf
29. *Turing*, de Jean Lassègue
30. *Bachelard*, de Vincent Bontems

NEWTON
MARCO PANZA

Tradução
Alex Calazans e Veronica Calazans

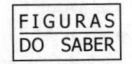

Estação Liberdade

FIGURAS DO SABER

Título original francês: *Newton*
© Société d'Édition les Belles Lettres, 2003
© Editora Estação Liberdade, 2017, para esta tradução

Preparação Bruno Barros
Revisão Huendel Viana
Capa Natanael Longo de Oliveira
Composição Miguel Simon

CIP-BRASIL. CATALOGAÇÃO NA PUBLICAÇÃO
SINDICATO NACIONAL DOS EDITORES DE LIVROS, RJ

P224n

Panza, Marco, 1958-
  Newton / Marco Panza ; tradução Alex Calazans, Veronica Calazans. - 1. ed. - São Paulo : Estação Liberdade, 2017.
  304 p. : il. ; 21 cm.   (Figuras do saber ; 31)

  Tradução de: Newton
  Inclui bibliografia
  ISBN 978-85-7448-287-3

  1. Filosofia da natureza. I. Calazans, Alex. II. Calazans, Veronica. III. Título. IV. Série.

17-45936
  CDD: 113
  CDU: 113

08/11/2017   10/11/2017

Todos os direitos reservados à Editora Estação Liberdade. Nenhuma parte da obra pode ser reproduzida, adaptada, multiplicada ou divulgada de nenhuma forma (em particular por meios de reprografia ou processos digitais) sem autorização expressa da editora, e em virtude da legislação em vigor.

Esta publicação segue as normas do Acordo Ortográfico da Língua Portuguesa, Decreto nº 6.583, de 29 de setembro de 2008.

Editora Estação Liberdade Ltda.
Rua Dona Elisa, 116 | 01155-030
São Paulo-SP | Tel.: (11) 3660 3180
www.estacaoliberdade.com.br

Sumário

Agradecimentos 11

Cronologia 15

Introdução 21

I. Woolsthorpe, Grantham, Cambridge 1642-1664   29
   I.1. A Universidade de Cambridge   32
   I.2. Os primeiros cadernos   37

II. A teoria das fluxões 1664-1771   43
   II.1. A geometria cartesiana, ponto de ancoragem da teoria das fluxões   45
   II.2. Tangentes e áreas: generalização e primeiras ampliações dos métodos cartesianos   52
   II.3. Dois teoremas de maio de 1665: muito além dos métodos cartesianos   58
   II.4. As condições de inversão do algoritmo das tangentes   63
   II.5. O encontro com o método das tangentes de Roberval: rumo à teoria das fluxões   65
   II.6. O Tratado de Outubro de 1666: a edificação de uma teoria geral das velocidades pontuais   78
   II.7. A teoria das velocidades pontuais se transforma em teoria das fluxões   81
   II.8. Professor lucasiano de matemática   84

III. A teoria da luz e das cores 1664-1675   89
   III.1. A lei da refração de Descartes   91
   III.2. Uma "irregularidade" na refração: como a nova teoria de Newton se opõe às visões aristotélicas e às teorias de Descartes e de Hooke   95
   III.3. As primeiras experiências de Newton referentes às cores   102
   III.4. A carta a Oldenburg, de fevereiro de 1672   106
   III.5. Em qual sentido a teoria de Newton é uma explicação do fenômeno da cor?   111
   III.6. A controvérsia   117

IV. Jeova Sanctus Unus — À procura dos segredos da natureza e da história 1668-1684   121
   IV.1. A distinção entre causas formais e causas eficientes e a crítica ao mecanicismo: o De Gravitatione et aequipondio fluidorum   123
   IV.2. Milenarismo   129
   IV.3. A redescoberta dos manuscritos teológicos   132
   IV.4. A interpretação das profecias   136
   IV.5. O templo de Jerusalém   144
   IV.6. Prisca sapientia, Igreja das origens e religião primeira   146
   IV.7. Robert Boyle e a tradição da alquimia   150
   IV.8. Em que sentido Newton foi um alquimista   154
   IV.9. Uma nova carta a Oldenburg de dezembro de 1675   160
   IV.10. A tradição alquímica como um antídoto ao mecanicismo   162
   IV.11. Um "rigor" de historiador   165

V. Mecânica abstrata e mecânica celeste: A primeira edição dos *Principia* 1679-1687 — 167
- V.1. A conjectura de Hooke — 172
- V.2. Descartes e Newton: a respeito do princípio de inércia e do movimento circular — 175
- V.3. Comparação entre os resultados de Newton, a respeito do movimento circular, e a conjectura de Hooke — 183
- V.4. A noção de força — 185
- V.5. A prova da conjectura de Hooke — 191
- V.6. A visita de Halley: o problema direto e o problema inverso das forças centrais — 194
- V.7. O *De motu*: um esboço do primeiro livro dos *Principia* — 197
- V.8. A estrutura dos *Principia* e o "estilo newtoniano" — 207
- V.9. Um olhar sobre os *Principia* — 210
- V.10. Sistema do mundo e matemática do movimento — 238

VI. O patrono da ciência inglesa 1687-1727 — 241
- VI.1. O caso Alban Francis e a eleição de Newton na Convenção — 242
- VI.2. Novos encontros: Montague, Huygens, Locke e Fatio de Dullier — 244
- VI.3. O fracasso de um programa: uma causa possível da crise depressiva de 1693 — 248
- VI.4. Após a crise: a *Óptica*, as pesquisas sobre a teoria da Lua e o *Enumeratio linearum tertii ordinis* — 253
- VI.5. O retorno a Londres e as novas obrigações administrativas: a Casa da Moeda, o Parlamento e a Royal Society — 259

VI.6. *A edição latina da* Óptica *e as novas questões a respeito da natureza da luz, da matéria e do espaço* 263
VI.7. *A querela de prioridade com Leibniz* 268
VI.8. *A segunda e a terceira edições dos* Principia *e a segunda edição inglesa da* Óptica 279
VI.9. *O último esforço: a* Cronology or Ancient Kingdoms Amended 283
VI.10. *Os últimos dias e o enterro* 284

Conclusões: Newton e as luzes 287

Índice de complementos técnicos 293

Referências bibliográficas 295

Agradecimentos

Meu trabalho foi facilitado, consideravelmente, pela possibilidade de consultar várias obras, entre elas as de E. N. Da Costa Andrade, *Sir Isaac Newton* (Nova York e Londres, 1954); H. Wussing, *Isaac Newton* (Leipzig, 1984); I. Schneider, *Isaac Newton* (Munique, 1988); M. Mamiani, *Introduzione a Newton* (Roma e Bari, 1990); e N. Guicciardini, *Newton, un filosofo della natura e il sistema del mondo* (Milão, 1998). Existem, também, numerosas exposições, em estilo jornalístico, da vida e da obra de Newton, entre as quais pode-se mencionar as de M. White, *Isaac Newton: The Last Sorcerer* (Reading Mass., 1997); J.-P. Auffray, *Newton ou le triomphe de l'Alchimie* (Paris, 2000) e J. Gleick, *Isaac Newton* (The Pantheon, 2003).

Foram-me úteis várias biografias especializadas, que surgiram nesses últimos anos depois da clássica obra de Brewster — *Memoirs of the Life, Writings, and Discoveries of Sir Isaac Newton* (Edimbourg, 1855). Dentre elas, destacam-se, pela sua envergadura e pela sua precisão, as de F. E. Manuel, *A Portrait of Isaac Newton* (Cambridge, Mass., 1968); de A. R. Hall, *Isaac Newton: Adventurer in Tought* (Oxford, 1992); e sobretudo a de R. Westfall, *Never at Rest: A Biography of Isaac Newton*

(Cambridge, 1980).[1] O leitor interessado poderá consultar também a conhecida biografia escrita por G. E. Christianson, *In the Presence of the Creator: Isaac Newton and his Times* (Nova York e Londres, 1984). Além disso outras obras foram muito úteis, até mesmo indispensáveis: *The Newton Handbook* de D. Gjertsen (Londres e Nova York, 1986), e *The Cambridge Companion to Newton*, editado por I. B. Cohen e G. E. Smith (Nova York e Melbourne, Cambridge, 2002).

Este livro jamais teria sido escrito sem a amizade, os encorajamentos e os conselhos de Jean-Michel Salanskis, a quem, aliás, devo bem mais do que ter me levado a este trabalho e de nele ter me acompanhado de longe. A ele vão meus primeiros agradecimentos.

Em sua essência, escrito ao longo das férias sabáticas concedidas pela universidade de Nantes, este livro foi beneficiado pela possibilidade de consultar as fontes conservadas nas diferentes bibliotecas da universidade de Bolonha, particularmente a biblioteca do departamento de filosofia e a biblioteca central universitária. Dirijo meus agradecimentos a essas duas instituições e ao seu pessoal. Agradeço, também, os numerosos colegas com os quais frequentemente discuti ao longo da minha estadia na Itália, principalmente: Giovanna Corsi, Paolo Freguglia, Maria-Carla Galavotti, Giulio Giorello, Eva Picardi e Pietro Redondi. Reservo um agradecimento especial aos meus amigos da associação Aleph, que me cercaram de entusiasmo e competência. Além disso, agradeço a: Carlos Alvarez, Louis-Carlos Arboleda, Michel Blay, Karine Chemla, Vincent Jullien, Antoni Malet, Rafael Martinez,

---

1. Esta última foi parcialmente traduzida para o francês (*Newton*, Paris, Flammarion, 1994; os recortes, em relação à edição original, são muito limitados e sugeridos pelo autor) e foi seguida por uma versão abreviada (*The Life of Isaac Newton*, Cambridge, 1993).

Domenico Napoletani, Michel Paty, Jean-Claude Pont, François Schmitz e Daniele Struppa, que não pouparam nem seus conselhos nem seu apoio. Sou igualmente grato aos alunos de meu curso de licenciatura, do ano de 2001--2002, aos quais expus partes inteiras do meu livro: suas observações me suscitaram várias correções.

Roberto Casati, Niccolò Guicciardini, Jan Lacki e Richard Zrehen leram uma versão preliminar do meu livro e me permitiram, através de seus conselhos, melhorá-lo na medida do possível. Os conselhos de Gabriella Dolcini me foram igualmente preciosos, eu a agradeço muito.

Por fim, eu tenho as maiores dívidas para com minha mulher, Annalisa Coliva, que me aconselhou, apoiou e torceu por mim ao longo do meu trabalho. É a ela que dedico este livro.

Cronologia

1637   Descartes publica o *Discurso do método*, acompanhado de três ensaios, a *Dióptrica*, os *Meteoros* e a *Geometria*.

1642   Isaac Newton nasce no dia de Natal (de acordo com o calendário inglês; no continente, o calendário indicava o dia 4 de janeiro de 1643), em Woolsthorpe, na Lincolnshire. Dão-lhe o primeiro nome de seu pai, morto alguns meses antes de seu nascimento.

1644   Descartes publica os *Principia philosophiae* (*Princípios da filosofia*).

1645   A mãe de Newton, Hannah Ayscough, casa-se com o reverendo Barnabas Smith e segue com ele para North Witham (um vilarejo próximo de Woolsthorpe), confiando Isaac à sua própria mãe, Margery Ayscough.

1653   Com a morte de Barnabas Smith, Hannah Ayscough volta a viver em Woolsthorpe com seu filho.

1655   Newton se instala em Grantham onde frequenta a Free Grammar School of King Edward VI.

1658   Morte de Olivier Cromwell.

1660   Início da restauração. Carlos II (Stuart) apodera-se do trono da Inglaterra, da Escócia e da Irlanda.

1661	Newton se instala em Cambridge para frequentar a universidade.
1662	Fundação da Royal Society.
1663-64	Lê a *Géométrie* (*Geometria*), de Descartes, e a *Arithmetica infinitorum* (*Aritmética dos infinitos*), de Wallis, e começa as pesquisas que o conduzirão ao estabelecimento da teoria das fluxões.
1665-67	A Universidade de Cambridge fecha suas portas por causa de uma epidemia de peste. Newton volta a viver em Woolsthorpe.
1666	Redação do *Tratado de outubro de 1666*, contendo a primeira exposição completa da teoria das fluxões. Tal tratado permanece inacabado e Newton não divulga nada do conteúdo.
1667	É nomeado *fellow* do Trinity College de Cambridge.
1669	Redige o *De analysi per aequationes numero terminorum infinitas* (*Sobre a análise por equações infinitas quanto ao número de termos*), onde expõe uma parte de sua teoria das fluxões. Ele o encaminha a Collins, secretário da Royal Society (que informa o seu conteúdo aos principais pensadores ingleses do período), mas não o publica. Barrow demite-se de seu posto de professor lucasiano de matemática, na Universidade de Cambridge, e nomeia Newton para o seu lugar.
1671	Redige, mas não publica, o *Tractatus de methodis serierum et fluxionum* (*Tratado do método das séries e das fluxões*), resultado de uma revisão e de uma considerável ampliação do *Tratado de outubro de 1666*.

1672	Envia à Royal Society uma carta expondo os princípios essenciais de sua teoria das cores (fruto de várias experiências iniciadas por volta de 1665), que é imediatamente publicado nas *Philosophical Transactions* com o título "New Theory about Light and Colours" ("Nova teoria da luz e das cores"). Redige as *Lectiones opticae* (*Lições de óptica*), contendo uma exposição mais completa de sua teoria, mas não publica esse tratado, que é depositado por ele, em 1674, na biblioteca da Universidade de Cambridge como relatório de suas aulas universitárias.
1672-84	Por causa das polêmicas provocadas pela sua teoria das cores, recolhe-se, solitariamente, e se dedica aos estudos teológicos e alquímicos.
1679-80	Em correspondência com Robert Hooke a respeito da trajetória dos planetas, Newton demonstra que uma órbita elíptica pode ser concebida como efeito de uma força de atração exercida sobre um corpo dotado de um movimento inercial, dirigida para um foco dessa órbita e como sendo inversamente proporcional aos quadrados das distâncias desses focos.
1684	Após uma visita de Halley, retoma essa prova e redige o *De motu* (*Sobre movimento*). Halley o convence a redigir um tratado mais extenso e ele começa o trabalho que o conduzirá à redação dos *Philosophiae naturalis principia mathematica* (*Princípios matemáticos da filosofia natural*).
1685	Morte de Carlos II. Jaime II sobe ao trono e, convertendo-se ao catolicismo, tenta impor sua nova religião ao país inteiro.

1687	Primeira edição dos *Principia*. Começa uma disputa entre a Universidade de Cambridge e o rei, que quer impor, sem exame ou juramento, a admissão do monge católico Alban Francis ao grau de *Master of Arts*. Newton está entre os defensores mais obstinados da autonomia de sua universidade e luta para que ela não se dobre à ordem real, que acabará não sendo executada.
1688-89	Revolução Gloriosa. Destituição de Jaime II e advento de Guilherme de Orange.
1689	Newton é eleito para a Constituinte [*Convention*] como representante da Universidade de Cambridge e se estabelece provisoriamente em Londres.
1690	A Constituinte termina seus trabalhos. Newton tenta obter um cargo administrativo que lhe permitisse permanecer em Londres, mas, por não conseguir, é obrigado a retornar a Cambridge.
1693	Atravessa uma forte crise depressiva.
1694	Termina a redação da *Óptica*, mas decide adiar a publicação.
1696	Lord Halifax (Charles Montague), Ministro das finanças e amigo íntimo de Catherine Barton — filha da meia-irmã de Newton, Hannah Smith —, obtém para Newton o cargo de *Warden* da Casa da Moeda. Newton se estabelece definitivamente em Londres.
1700	É nomeado *Master* da Casa da Moeda.
1701-02	Toma assento no Parlamento como representante da Universidade de Cambridge. Três semanas após sua eleição, demite-se do cargo

	de *fellow* do Trinity College e da cadeira lucasiana de matemática.
1704	Morte de Robert Hooke, o oponente científico de Newton de mais prestígio. Newton é nomeado presidente da Royal Society. Publica a *Óptica*, acompanhada das *Questões* [*Questions*] 1-16 e de dois apêndices matemáticos, o *De quadratura curvarum* (*Sobre a quadratura das curvas*) e o *Enumeratio linearum tertii ordinis* (*Enumeração das linhas de terceira ordem*).
1706	Primeira edição latina da *Óptica*, com a adição das *Questões* 25-31.
1711	Encarrega William Jones de publicar o *De analysi*, que é publicado na companhia de uma segunda edição do *De quadratura* e do *Enumeratio*.
1711-12	Querela com Leibniz a respeito da prioridade da invenção do cálculo infinitesimal.
1713	Publicação do *Commercium epistolicum D. Johannis Collins et aliorum de analysi promota* (*Troca epistolar entre D. John Collins e outros a respeito da promoção da análise*) que decreta a prioridade de Newton em relação a Leibniz. Segunda edição dos *Principia*.
1717	Segunda edição inglesa da *Óptica*, com a adição das *Questões* 17-24.
1726	Terceira edição dos *Principia*.
1727	Em 20 de março, morre em sua residência, em Kensington, próximo a Londres, sendo assistido em suas últimas horas por Catherine Barton e seu marido John Conduit, que será o primeiro biógrafo de Newton.

	É sepultado na catedral de Westminster, ao lado dos Grandes da Inglaterra.
1728	J. Conduit publica a *Chronology of Ancient Kingdoms Amended* (*Cronologia corrigida dos reis antigos*), última obra preparada por Newton em vista de uma publicação.
1736	John Colson publica uma tradução inglesa do *De methodis* e Euler publica os dois volumes de sua *Mechanica*, reformulação analítica da mecânica de Newton.
1743	Publicação do *Tratado de dinâmica*, de D'Alembert.
1748	Publicação da *Introduction in analysin infinitorum* (*Introdução à análise dos infinitos*) de Euler.
1781	Publicação da *Crítica da razão pura*, de Kant.
1788	Publicação da *Mecânica analítica*, de Lagrange.
1799-1825	Publicação dos cinco volumes do *Tratado de mecânica celeste*, de Laplace.
1905	Einstein chega à teoria da relatividade restrita.
1915	Einstein chega à teoria da relatividade geral.

Introdução

Ao saber do meu projeto de escrever uma introdução geral à obra de Newton, um amigo me relata como seu filho, de dez anos, tinha voltado da escola, certo dia, aparentemente perturbado. O professor lhe disse que Newton havia descoberto a gravidade e, quando um aluno pediu explicações, o professor respondeu que a gravidade é aquilo que faz com que os corpos caiam. A criança se questionava, então, como é possível que antes de Newton ninguém tenha se dado conta de que os corpos caíam... Inocentemente, essa criança já jogava, sem saber, o jogo dos historiadores das ciências, ainda que a intenção do professor se reduzisse a apresentar para as crianças o nome de um grande homem, já considerado lendário.

Em um outro registro, para impressionar um pobre barman, Woland, o diabo de Bulgakov, revela-lhe o dia de sua morte. Quando o barman protesta, dizendo que isso ninguém pode saber, Woland lhe chama a atenção para o fato de que existem coisas bem mais difíceis para conhecer, por exemplo, o "binômio de Newton".[1]

O exemplo de Bulgakov é bem escolhido: o nome de Newton é suficientemente familiar para não desconsertar o leitor, mas ele evoca, ao mesmo tempo, coisas difíceis,

---

1. M. Bulgakov, *Le Maître et Marguerite*, capítulo 18 [ed. bras.: *O Mestre e Margarida*, trad. Mario Salviano Silva, São Paulo, Abril Cultural, 1985]. O binômio de Newton é uma fórmula que fornece o desenvolvimento geral da enésima potência da soma de dois termos.

quase misteriosas. Isaac Newton, matemático, físico, teólogo, historiador, alquimista, homem político e alto funcionário público é, verdadeiramente, em parte recoberto por sua lenda: o personagem de peruca, herói de história em quadrinhos[2], frequentemente encobre o sábio (que justamente deu seu nome a uma unidade de medida[3]) e sua obra. O objetivo deste livro é o de restituí-los, o sábio e a obra, e fazer-lhes justiça.

Assim que se extrapola a lenda em direção à ciência, o nome de Newton é primeiramente associado ao nascimento da astronomia moderna; à explicação do movimento dos planetas com o auxílio da hipótese de uma força gravitacional que atrai esses planetas para o Sol (assim como uns para os outros). Avançando um pouco, vê-se que essa explicação precisava de uma teoria do movimento (uma mecânica, como se costuma dizer), bem diferente daquela de Aristóteles. Newton tem por tarefa essencial criar essa teoria, apoiando-se em certos trabalhos anteriores, entre os quais os de Galileu e de Descartes. Às vezes, lembra-se também que a astronomia e a mecânica não foram as únicas contribuições de Newton para o nascimento da física moderna e menciona-se a explicação dos fenômenos da cor que Newton desenvolveu como a ajuda de uma novíssima concepção da estrutura da luz. Enfim, são muito raros aqueles que citam seus resultados puramente matemáticos, entre outros, a invenção do cálculo infinitesimal. Por outro lado, nota-se frequentemente que as teorias de Newton foram superadas pelos desenvolvimentos sucessivos do nosso conhecimento, mas que elas permanecem na base da

---

2. Escritas e desenhadas pelo caricaturista Marcel Gotlib em sua série intitulada "Rubrique-à-brac", as diversas aventuras de Isaac Newton fizeram rir muitos leitores da revista *Pilote* nas décadas de 1960 e 1970.

3. O *newton* (N) equivale à força que comunica a um corpo, cuja massa é de 1kg, a aceleração de 1 m/s^2.

ciência atual, acrescentando-se que isso é algo difícil de ser esclarecido.

Essa imagem de Newton é correta, considerada no conjunto de suas principais aquisições científicas, porém, é uma imagem incompleta. Ainda resta falar de sua atividade política e administrativa na Inglaterra recém-saída da Revolução Gloriosa, de seus estudos históricos, de sua paixão pela alquimia e sua tradição milenar. Sobretudo, resta falar de seu engajamento teológico, de sua interpretação do Apocalipse de São João e de sua oposição intransigente à Igreja católica, em nome de um protestantismo bem pessoal, glorificando o poder absoluto de Deus, criador e Senhor do universo.

Assim, aproximar-se da obra de Newton é preparar-se para percorrer diversos domínios do conhecimento, estando consciente de que as fronteiras que, para nós os separam, não constituíam absolutamente barreiras para ele. Newton possuía as competências e a abertura de espírito necessárias para atravessar continuamente esses domínios a fim de aplacar uma sede de conhecimento que só era tão grande quanto a ambição intelectual que lhe acompanhava: desvelar aos homens a obra do Senhor Deus, da qual ele acreditava ser, havia muito tempo, intérprete privilegiado.

Entretanto, nós nos enganaríamos se, transportados pela amplitude e a variedade dos estudos de Newton, não enxergássemos as distinções que ele soube introduzir nos diferentes domínios de sua atividade. Ou seja, nós nos enganaríamos se confundíssemos o objetivo de alcançar uma reconstrução e uma visão unitária do conjunto de sua obra com a pretensão de retirar sua totalidade de uma única matriz originária, qualquer que seja: a suprema racionalidade do ato matemático, o reconhecimento da força e da autoridade última da experiência, a submissão ao poder ilimitado de Deus ou, ainda, a adesão a uma visão mágica do universo — que são quatro tendências da historiografia newtoniana. Este livro pretende introduzir o leitor na obra de Newton, subtraindo-se ao jogo das oposições entre essas tendências e renunciando, essencialmente, à busca por uma única luz capaz de clarear toda a obra de uma só vez.

Primeiramente, estima-se que nenhuma influência externa, seja ela teológica ou religiosa, pode explicar e, menos ainda, justificar os aspectos mais sutis das teorias científicas de Newton; e são esses aspectos que formam o essencial dessas teorias, pois foi graças a eles que Newton conseguiu transformar concepções ou ideias mais ou menos brilhantes em teorias científicas. R. Hooke supôs, antes de Newton, que uma força atrativa inversamente proporcional ao quadrado da distância poderia servir para descrever as trajetórias dos planetas, mas ele não escreveu os *Principia*, a obra-prima de Newton, em que essa ideia é submetida a um tratamento matemático que a transforma em uma explicação dos fenômenos cósmicos.[4]

A seguir, nota-se que Newton não se contentou em compartilhar ou cultivar as orientações teológicas, as concepções ou as visões proto-herméticas de seus predecessores, como tantos outros pensadores do século XVII. Ele realizou uma obra original e, ainda que fosse intolerante

---

4. Newton tinha uma profunda consciência da revolução operada por ele. Assim, em resposta às pretensões de prioridade de Hooke, ele escreveu a Halley: "Não é maravilhoso? Os matemáticos que encontram, estabelecem e fazem todo o trabalho deveriam se contentar em não serem mais do que simples calculadores esmerados, e um outro que nada faz, mas pretende tudo capturar, deveria ter o mérito de todas as invenções, tanto daquelas que virão depois dele, quanto das que vieram antes." Cf. Newton (C), vol. II, p. 438. O sentimento de superioridade de Newton não deve abusar: Hooke foi um sábio de primeira grandeza [cf. nota 9 do capítulo III]. Sobre suas contribuições científicas e as relações com as contribuições de Newton, cf. entre outros Arnold (1990).

a qualquer forma de metafísica, consagrou uma grande parte de seu tempo e de sua energia aos estudos teológicos e alquimistas. Newton foi um teólogo de primeira grandeza e um alquimista completo.[5]

Portanto, a questão das relações entre os diversos aspectos, aparentemente tão contraditórios, da obra e da vida de Newton, deve ser posta. Não me parece que ela possa ser resolvida reduzindo suas concepções teológicas, suas visões alquimistas ou suas teorias científicas umas às outras. Ao contrário, é preciso dar crédito a Newton, que sempre reivindicou um ideal de separação entre os diferentes domínios de suas pesquisas, por exemplo, em uma de suas notas: "A religião e a filosofia devem permanecer distintas. Nós não devemos introduzir a revelação divina na filosofia, nem as opiniões filosóficas na religião."[6]

O homem Isaac Newton era uno, evidentemente. Porém, ele nunca soube se contentar com um único interesse, comprometendo-se com o mesmo rigor e o mesmo entusiasmo intelectual à solução de todo problema que encontrava. Entretanto, ele não quis misturar tudo. Ao contrário, considerava que apenas a especialização das competências poderia garantir a verdadeira solução de todo tipo de problema. Não somente porque acreditava na necessidade de uma "profissionalização" (ele mesmo era um "profissional" em vários campos), mas, também, porque tinha percebido ser possível distinguir, em todos

---

5. R. H. Popkin chegou a se perguntar por que "um dos maiores teólogos antitrinitários do século XVII [havia] gasto tempo para escrever obras de ciência natural como os *Principia mathematica*" (cf. Popkin, 1988, p. 81).
6. Citado por Goldish, 1998, p. 48, que remete ao manuscrito Keynes MS 6, da biblioteca do King's College de Cambridge, fol. [1]. É preciso destacar que o termo "filosofia" tem, para Newton (assim como para todos os sábios do século XVII), um significado diferente daquele que lhe atribuímos atualmente, remetendo à *filosofia natural* e, portanto, em um sentido estrito, às teorias dos fenômenos naturais.

os fenômenos naturais por ele estudados, aspectos diferentes que poderiam ser explicados separadamente. É nisso que reside, principalmente, sua grandeza.

Para dar apenas um exemplo, ele compreendeu que a determinação das leis matemáticas que descrevem os movimentos dos planetas não depende da resposta à questão da origem desses movimentos ou à questão da natureza das forças de atração. A distinção entre as leis que descrevem a estrutura formal de certos fenômenos e as hipóteses concernentes às causas das quais dependem tais fenômenos constituía, para ele, uma condição para uma ciência matemática da natureza, pois a matemática somente pode se aplicar ao estudo dos fenômenos naturais se eles forem representados por sistemas abstratos, que revelam apenas certos aspectos desses fenômenos, sem pretender restituir sua complexidade.

Quando o movimento de um pêndulo é tratado matematicamente, na superfície da Terra, limitamo-nos a representá-lo, por exemplo, como o movimento de um ponto pesado, que oscila em torno de um ponto fixo, sem qualquer resistência que se oponha ao seu movimento. É exatamente esse processo de esquematização dos fenômenos da natureza, chamado de "matematização", que fornece a chave do sucesso do empreendimento científico de Newton e que alimentará mais tarde, de Kant a Husserl, diversas análises filosóficas.

Assim, de certo modo — sem ser um filósofo no sentido moderno do termo —, Newton está na origem de um momento decisivo na filosofia do conhecimento, momento que Kant inaugurará, um século após a publicação dos *Principia*, perguntando-se, na *Crítica da razão pura*, como é possível uma ciência matemática da natureza.

Uma biografia intelectual de Newton não pode se abster de mostrar a amplitude de seus estudos; ela tampouco pode se contentar em justapor narrações, como se os campos de suas atividades revelassem, cada um, homens diferentes. A *fortiori*, ela não pode esconder essa tendência à separação e à especialização. A falta de espaço e de competência não me permitem entrar em todos os detalhes dos numerosos domínios de pesquisa de Newton. Eu me limitarei a apresentar, tão claramente quanto possível, o arcabouço teórico no qual esses detalhes se inscrevem, transformando, pela sua presença, ideias astuciosas em contribuições ao avanço do conhecimento. Assim, espero permitir ao leitor estimar a dificuldade, o valor e a importância daquilo que eu tive que omitir.

I
Woolsthorpe, Grantham, Cambridge
1642-1664

Quando nasceu, Newton já era herdeiro de um solar, o solar de Woolsthorpe, situado a alguns quilômetros ao sudeste de Grantham, na parte meridional de Lincolnshire. Seu pai — igualmente nomeado Isaac — havia morrido três meses antes e lhe deixado uma pequena fortuna rural: o solar onde nascera, além de terras, animais e direitos a pasto. Para esse fim, ele mandara redigir um testamento que não assinou por não saber ler. Ele vinha de uma família de agricultores emergentes, em plena ascensão social, mas ainda fortemente ligada às tradições camponesas. Casando-se com Hannah Ayscough, ele se aliou a uma família aristocrática até então em fase de declínio.

Após a morte do marido, ela reservou a seu filho o benefício da herança paternal, conservando o direito de decidir sobre sua educação. O jovem Isaac foi assim educado como tinham sidos os Ayscough e foi o primeiro dos Newton que aprendeu a escrever.

Newton veio ao mundo na Inglaterra protestante, na madrugada de 25 de dezembro do ano de 1642. No continente, que havia adotado o calendário gregoriano — recusado para além da Mancha como um tratado imposto pelo papa —, já é 4 de janeiro de 1643. Os cristãos já haviam festejado o natal e o ano de morte de Galileu (que faleceu em Arcetri, em 9 de janeiro de 1642) começava a se afastar. Os biógrafos de Newton frequentemente observaram que ele nasceu no dia de Natal do mesmo ano da morte de Galileu, ignorando assim essa diferença: é somente o atraso da Igreja anglicana em se adaptar à reforma do calendário que permite associar seu nascimento a essa dupla referência simbólica...

Vindo ao mundo prematuramente, o recém-nascido era tão pequeno que se chegou a acreditar que ele não sobreviveria. Newton tinha somente três anos quando sua mãe o deixou para viver em North Witham, uma cidadezinha perto de Woolsthorpe, onde ela tinha se casado com o pastor, o reverendo Barnabas Smith.[1] Isaac permaneceu em Woolsthorpe com sua avó, Margery Ayscough. Do segundo casamento de sua mãe, ele recebeu uma parcela de terreno e mais tarde — provavelmente quando a mãe voltou a viver em Woolsthorpe, na morte de Barbanas em 1653 — recebeu algumas centenas de livros de teologia que organizou em seu quarto. Ele os abandonou muito rápido, indo viver, por sua vez, em 1655, a alguns quilômetros ao norte em Grantham, na casa do boticário Clark, para poder frequentar a Free Grammar School of King Edward VI.

Em Grantham, sobretudo, Newton estudou a Bíblia, o latim e sem dúvida o grego, mas, também, um pouco de matemática. Deve-se até mesmo dizer que ele estudou muita matemática, se comparamos o conteúdo das anotações que foram encontradas em um dos cadernos de Henry Stokes, diretor da escola de Grantham, aos programas habituais das escolas secundárias inglesas do

---

1. Em seu *Portrait of Isaac Newton*, fortemente inspirado pelas teorias psicanalíticas, F. Manuel considera essa separação prematura da mãe como um evento-chave que marca a psique de Newton para todo o resto de sua existência: cf. Manuel, 1968, pp. 25-28.

período.² Quando não estudava, Newton se divertia construindo pequenos objetos, desenhando sobre qualquer superfície, incluindo as paredes de seu quarto, e gravando seu nome em tudo. Utilizou o latim toda a sua vida. Os primeiros rudimentos matemáticos, que aprendeu com Henry Stokes, lhe servirão alguns anos mais tarde e sua habilidade manual sem dúvida o ajudará em suas experiências ulteriores de óptica e alquimia. Por outro lado, seu namorico de adolescência com *miss* Storer não lhe ensinou grande coisa: ele a esqueceu rápido e, depois disso, não se soube de nenhuma relação sentimental de Newton com outra mulher.

Newton tinha dezessete anos quando sua mãe julgou que ele apreendera o suficiente para gerir sua fortuna. Ela o chamou a Woolsthorpe e lhe pediu para cuidar de suas propriedades. Não era a isso que ele aspirava e não deixou de mostrar seu descontentamento; sua falta de interesse pelos afazeres do solar era tão grande, a pressão exercida por seu tio William Ayscough — que havia obtido, alguns anos antes, um *Master of Art* em Cambridge — e por seu mestre da escola era tão forte que, nove meses mais tarde, a mãe se decidiu por enviá-lo a Grantham para preparar sua entrada na universidade.

Em 5 de junho de 1661, pela manhã, após uma viagem de três dias ao longo de uma das rotas mais importantes da Inglaterra (a Great North Road), Isaac Newton se apresentou ao Trinity College em Cambridge, o mais prestigioso e, talvez, o mais bonito dos *Colleges* que se situavam ao longo das margens do rio Cam. Ele passou no exame de entrada e foi admitido na categoria de *subsizar*. Um mês mais tarde, em 8 de julho, Newton prestou o ritual de juramento e foi inscrito nos registros da universidade.

---

2. Cf. Whiteside, 1982, pp. 110-111; Westfall, 1980, p. 9.

I.1. A Universidade de Cambridge

Organizada no entorno dos *Colleges*, a Universidade de Cambridge era, na época, uma estrutura altamente hierarquizada. Os estudantes *subsizar* ocupavam ali a posição mais baixa. Segundo sua categoria, eles se assegurariam do direito de fazer parte dos *Colleges*, exercendo a função de servidores de outros membros, e, diferentemente dos *sizars*, situados imediatamente acima na hierarquia, eles deviam, além do mais, pagar para se alojar e se alimentar. Eles podiam, todavia, jantar em companhia dos *sizars* na sala comum, uma vez liberada pelos outros membros ao quais eles já haviam servido a refeição. Não é certo que Newton tenha cumprido essas funções subalternas. O que é certo, por outro lado, é que ele não tinha nem a condição e nem os direitos de um estudante rico ou de um pensionista, algo que sua ascendência e seus bens poderiam assegurar. Por que isso? Não se sabe. A fortuna de Isaac era considerável, mas era ainda gerenciada por sua mãe, alguém bastante hostil aos seus estudos. É possível também que Hannah Ayscough somente tenha autorizado o filho a ir para Cambridge na condição de ali cumprir a função de serviçal do Babington, professor no Trinity College e cunhado de M. Clark, boticário de Grantham, que havia em outro momento hospedado Newton em sua casa.[3]

A condição de Newton no Trinity College, qualquer que fosse, não o impedia de prosseguir em seus estudos sob a direção de um tutor, mas é possível que sua baixa posição social tenha contribuído para favorecer seu isolamento e para estimular sua tendência ao trabalho solitário. Por outro lado, o sistema universitário não previa

---

3. Se tal era a condição e como Babington passava, a cada ano, somente pouco tempo em Cambridge, a carga de trabalho não deveria ser muito pesada. Cf. Westfall, 1980, pp. 103-104; e Hall, 1992, p. 12.

nenhum exame no término de um ciclo de estudos e, apesar de seu prestígio (mais social do que intelectual), a universidade inglesa, em particular essa de Cambridge, até a metade do século XVII, havia perdido a capacidade de assegurar a seus alunos uma formação sólida e de selecioná-los em função dos seus méritos efetivos. Os exames de *Bachelor of Arts*, que aconteciam no fim de quatro anos, tornaram-se uma pura formalidade: para ser aprovado neles, era suficiente se inscrever nas listas propostas pelos *Colleges*.

O estudo sério, portanto, era facultativo em Cambridge e só podia ser feito de modo individual: a universidade se limitava a indicar um conjunto de leituras, a aconselhar compras de livros e a colocar à disposição suas bibliotecas, onde se encontravam essencialmente manuais escolásticos. Lógica, ética, retórica, física e metafísica aristotélicas constituíam o essencial do saber que a universidade se propunha a transmitir a seus estudantes.

O universitário ideal de Cambridge não era diferente, em 1661, daquele que Galileu havia retratado trinta anos antes no *Diálogo*, e depois nos *Discursos*, com o nome de "Simplicius".[4] As ideias e as teorias de Galileu, tanto como as de Boyle, de Descartes, de Gassendi, de Kepler, de Copérnico[5] ou as de outros filósofos da natureza não

---

4. O *Dialogo dei due massimi sistemi del mondo* (*Diálogo sobre os dois máximos sistemas do mundo ptolomaico e copernicano*), publicado em Florença em 1632, e os *Discorsi e dimostrazioni matematiche intorno a due nuove scienze* (*Discursos e demonstrações matemáticas sobre duas novas ciências*), publicado em Leyde em 1638, são as duas obras principais de Galileu Galilei (1564-1642). Os dois principais sistemas do mundo são o sistema geocêntrico de Ptolomeu e o heliocêntrico de Copérnico; as novas ciências, expostas nos *Discursos*, são a mecânica e a ciência da resistência dos materiais.

5. Nicolau Copérnico (1473-1543) foi astrônomo e matemático, cânone de Frauenburg (Polônia), onde passou o essencial de sua vida, trabalhando no observatório que ali mandou construir. Tocado pela complexidade do sistema geocêntrico de Ptolomeu, ele consagrou sua

tinham nenhum lugar nos programas. Isso não os impedia de circular. Newton soube cedo da existência dessas novas correntes opostas à ortodoxia escolástica. Julgando pelas notas contidas em um caderno que havia comprado na sua chegada à Cambridge, Newton apenas iniciou os estudos dos textos sugeridos por seu tutor, Benjamin Pulleyn. Todavia, foi o suficiente para obter os conhecimentos necessários para alimentar fortemente sua revolta.

Ele havia começado a leitura da *Physiologiae peripateticae* (*Fisiologia peripatética*)[6] de Johannes Magirus, manual de introdução à física aristotélica, e, como era bom estudante, acrescentou-lhe notas. Mas em seu caderno essas notas terminam bem antes do fim do livro, e abaixo, após uma linha de separação deixada como um

---

existência à construção de um sistema heliocêntrico que apresentou no *De revolutionibus orbium coelestium* (*Sobre as revoluções das órbitas celestes*), publicado pouco antes de sua morte.

Johannes Kepler (1571-1630) foi astrônomo alemão, autor em especial do *Mysterium cosmographicum* (*Mistério cosmográfico*, 1596), da *Astronomia nova* (*Astronomia nova*, 1609), da *Harmonices mundi* (*Harmonia do mundo*, 1619) e da *Epitome astronomiae copernicanae* (*Introdução à astronomia copernicana*, 1618-1621); ele formulou três leis a respeito do movimento dos planetas: a primeira diz respeito à forma de sua órbita; a segunda, à velocidade com a qual essa órbita é percorrida; a terceira, à relação entre o período de sua órbita e sua distância ao Sol. Voltaremos a isso mais tarde.

Pierre Gassendi (1592-1655), filósofo, teólogo e sábio, foi nomeado professor de matemática no Collège de France, em 1645. Opondo-se ao aristotelismo, ele participou, por outro lado, de um retorno a um atomismo de inspiração epicurista, mas compatível com a doutrina da Igreja.

Robert Boyle (1627-1691), físico e químico, é considerado o pai da química moderna. No *The Sceptical Chymist* (*O químico cético*), publicado em Londres, em 1661, ele rejeitou a teoria dos elementos de Aristóteles e fez uso pela primeira vez da noção de *elemento químico*. Enunciou a lei, chamada depois de Boyle-Mariotte, que dizia respeito à compressão dos gases, e descobriu o papel do oxigênio na combustão e na respiração.

6. Os "peripatéticos" eram os discípulos de Aristóteles.

sinal próprio para estimular a imaginação dos historiadores, encontra-se uma observação em que ele trata de Galileu e de suas opiniões a respeito da grandeza das estrelas.[7]

Pode-se imaginar que, após ter escrito essa observação, Newton deixou de seguir os conselhos de leituras de Pulleyn e começou sua busca pessoal junto às livrarias e nas bibliotecas de Cambridge.

É bastante razoável supor que não foi questão para um dia e que, em sua busca para encontrar a nova filosofia da natureza, o *subsizar* Isaac Newton não estava completamente só. Ainda que a estrutura oficial da Universidade de Cambridge fosse resistente a se abrir para novas ideias, alguns de seus professores haviam lido e apreciado os textos que apresentavam essas ideias. Dentre esses, está Isaac Barrow, que, em 1661, era *fellow* do Trinity College e professor de grego na universidade, e Henry More, *fellow* do Christ's College.[8] Eles fizeram parte, alguns anos antes, de um círculo intelectual que havia acolhido com simpatia e até mesmo promovido as teoria de Descartes, de Gassendi e de outros autores que se opuseram às concepções da escolástica.[9] Esse era o

---

7. Cf. Westfall, 1980, p. 116.
8. Isaac Barrow (1630-1677), filólogo, teólogo e matemático, foi nomeado, em 1663, professor lucasiano de matemática em Cambridge. Em 1669, deixa sua cadeira para Newton e, em 1673, vem a ser *master* do Trinity College. As *Lectiones geometricae* (*Lições de geometria*) e as *Lectiones mathematicae* (*Lições de matemática*), publicadas em Londres respectivamente em 1670 e 1683, são suas principais obras matemáticas.

   Henry More (1614-1687), filósofo e teólogo, foi um dos principais representantes do grupo de filósofos neoplatônicos de Cambridge. Nasceu em Grantham, onde frequentou a Free Grammar School, e para onde retornou em 1655, alojando-se, sem dúvida, na casa do boticário Clark. Por isso, é possível que Newton o tenha encontrado nessa ocasião (cf. Hall, 1992, pp. 15-22; Westfall, 1980, pp. 83 e 122).
9. Cf. Hall, 1992, pp. 28-29.

tempo de Oliver Cromwell[10], quando a sociedade inglesa estava particularmente instável, mas certamente mais aberta ao progresso intelectual que após 1660, data da restauração dos Stuart. Praticamente, Barrow permaneceu o único, no Trinity College, a cultivar esses interesses. Mas seu prestígio não diminuiu por isso e, em 1663, quando Henry Lucas colocou à disposição da universidade uma soma destinada a financiar a criação de uma cátedra de matemática, foi Barrow o convidado a ocupá-la, sem dúvida em homenagem às suas numerosas edições e traduções de textos matemáticos gregos — entre outros os *Elementos* de Euclides.

Por longo tempo se pensou que Newton teria sido um aluno direto de Barrow. Sabe-se hoje que não foi esse o caso. Ainda assim, Barrow não pôde deixar de ter observado Newton, que, em 28 de abril de 1664, foi nomeado membro estudante do Trinity College — o que lhe permitiu receber uma bolsa de estudos e sair de seu estado de *subsizar*. Para isso, seria necessário se beneficiar de um apoio no interior da instituição: se esse apoio não foi oferecido por Babington, somente Barrow poderia tê-lo feito.

Um cenário mais plausível parece, portanto, se desenhar: um jovem estudante capaz de assimilar rapidamente o essencial dos conteúdos do currículo regular, mas não se satisfazendo com isso; um solitário sabendo se

---

10. Oliver Cromwell (1599-1658) foi o líder da primeira revolução inglesa, guerra civil com uma duração de sete anos (de 1642 a 1649), que opôs os parlamentaristas, guiados pelo próprio Cromwell e que sustentavam a autoridade do parlamento, aos monarquistas, que sustentavam a autoridade de Carlos I Stuart. A vitória dos parlamentaristas provoca a execução de Carlo I e, em 1653, a eleição de Cromwell ao cargo de lorde-protetor da Inglaterra, da Escócia e da Irlanda. Cromwell morreu em 1658, pouco após ter assumido os poderes de um soberano constitucional e de dissolver o parlamento, que veio a se tornar hostil para ele.

destacar por sua inteligência; um meio intelectual em decadência e sujeito a um projeto de restauração política, mas ainda suscetível a oferecer estímulos; alguns espíritos abertos e um movimento de ideias novas em rápida expansão para além de toda fronteira política, de toda tentativa de contenção e de todo projeto de restauração, que o rebelde solitário, como foi o jovem Newton, não poderia querer nada mais do que assimilar.

I.2. Os primeiros cadernos

De Woolsthorpe para Cambridge, Newton levou um grande caderno, que pertenceu a seu padrasto Barnabas Smith, no qual restavam muitas páginas em branco. Ele as preencheria, mais tarde, com notas matemáticas. Em sua chegada a Cambridge, adquiriu outros cadernos que preencheu, em seguida, com notas de leituras, com considerações pessoais, com pensamentos. Encontra-se ali até mesmo uma declaração de suas despesas. Em sua maior parte, esses cadernos estão conservados, e consultá-los nos esclarece, em certos aspectos, a vida e o curso dos estudos desse surpreendente jovem rapaz.

Sabe-se por esses cadernos, por exemplo, que esse solitário frequentava tavernas, consumia cerveja, jogava cartas, perdia dinheiro no jogo e emprestava dinheiro, talvez, até mesmo, a juros. Sabe-se também que, em 1662, Newton teve uma crise religiosa que o levou a fazer uma lista de seus pecados, direcionada diretamente à intenção de Deus: lista ingênua em muitos aspectos, mostrando uma adolescência marcada pela ausência do pai, o abandono da parte da mãe e a animosidade do padrasto. Mas, ao mesmo tempo, há a manifestação de uma intransigência religiosa no limite do fanatismo e de uma concepção de Deus como senhor absoluto, dominando com seu poder e sua autoridade os homens e o mundo. Essa é uma concepção que acompanharia Newton durante toda sua vida e que se deve, provavelmente, aos primeiros estudos teológicos empreendidos em Grantham.

Esses mesmos cadernos mostram que Newton continuou tais estudos em Cambridge, interessando-se mais particularmente pela interpretação dos textos sagrados e pela cronologia antiga. Mostram que abordou igualmente assuntos históricos, que leu os clássicos gregos e latinos, que se iniciou na fonética e que se entusiasmou pelo projeto de uma linguagem universal[11], proposto entre outros por Georges Dalgarno em seu *Ars signorum* (*Arte dos signos*), publicado em Londres em 1661.

Um dos primeiros cadernos, que mais tarde veio a se tornar célebre sob o nome *Philosophical Notebook*[12] (*Caderno filosófico*), estava destinado ao recolhimento de notas de leituras dos textos pertencentes ao currículo universitário. Conforme seu hábito, Newton o preencheu dos dois lados. Nas primeiras páginas ele tomou notas a respeito do *Organon* de Aristóteles[13], em seguida a respeito da *Physiologiae peripateticae* de Magirus. Essas são as notas que Newton interrompeu para escrever seu primeiro comentário a respeito de Galileu. Nas últimas páginas, encontram-se notas a respeito da *Ética* de Aristóteles, da *Axiomatica philosophica* (*Axiomática filosófica*) de D. Stahl (um *compendium* de filosofia aristotélica), da *Ethica* (*Ética*) de Eustachius de St. Paul, e das *Rhetorices Contractae* (*Retóricas contraídas*) de Vossius. Por sua vez, ele as interrompeu para escrever outro comentário a

---

11. Cf. Verlet, 1993, p. 40.
12. Este é o caderno Add. MS 3996 da Biblioteca da Universidade de Cambridge.
13. O *Organon* é o conjunto de textos de lógica de Aristóteles, incluindo: as *Categorias*, o *Da interpretação*, os *Primeiros* e os *Segundos analíticos*, os *Tópicos* e as *Refutações sofísticas* (ou *Retórica*).

respeito de Descartes. Entre o comentário a respeito de Galileu e esse a respeito de Descartes, restavam muitas páginas em branco, que Newton utilizou para redigir um *commonplace book* [livro de anotações] dedicado à nova filosofia natural, ao qual ele deu um título muito sóbrio: *Questiones quedam Philosop[hi]cae* (*Algumas questões de filosofia*).[14]

A técnica do *commonplace book* era comum na época. No lugar de tomar notas conforme a ordem de leitura de um texto, elaborava-se uma lista ordenada de assuntos, atribuindo-se a cada qual um espaço supostamente grande o suficiente para conter as notas que se desejasse tomar ao longo do estudo projetado. Essa era uma técnica particularmente adaptada ao estudo sistemático de um conjunto de textos como esses que constituíam a tradição da escolástica. Newton a utilizou para construir um catálogo de questões sobre vários fenômenos naturais, focadas na possibilidade de fornecer uma descrição ou uma explicação alternativa àquelas fornecidas pela escolástica.

Trata-se de fazer um tipo de diálogo entre dois sistemas, tanto um quanto o outro de inspiração mecanicista: o sistema de Descartes, com seus vórtices e sua negação do vazio, e o de Gassendi, com seus átomos se movendo em um espaço vazio. Se as simpatias de Newton parecem ir até o segundo desses sistemas — que provavelmente ele tomou conhecimento através da leitura da *Physiologia Epicuro-Gassendo-Charletoniana* (*Fisiologia epicuro-gassendo-chaletoniana*) de Walter Charleton, publicada em Londres, em 1654 —, é bem verdade que ele não se limitou a justapor as soluções oferecidas por esses sistemas. Ele interveio no diálogo, antecipando críticas, propondo soluções ou reformulando as questões à sua

---

14. Cf. Newton (CPQ).

maneira. R. Westfall chegou mesmo a defender[15] que as *Questiones* "parecem marcar a primeira formulação no espírito de Newton das questões às quais sua vida científica seria consagrada".

Se forem acrescentados aos indícios textuais, que podem ser tirados das *Questiones*, outros indícios provenientes de outras notas que remontam, como as primeiras, nos anos de 1663-1665, pode-se concluir que nesse período, após ter decidido deixar de lado o programa universitário, Newton alimentava sua investigação a respeito da filosofia natural de inspiração mecanicista não somente com a leitura dos tratados que expõem as concepções de Descartes e Gassendi, mas, também, com a leitura dos *Diálogos* de Galileu, e talvez dos *Discursos*, de várias das numerosas monografias de Robert Boyle, publicadas nesses mesmos anos, e de textos de Thomas Hobbes, Joseph Glanvill, Kenelm Digby[16] e Henry More. Newton conduziu muitas das leituras de forma temática — interrompendo-as frequentemente para tomar notas — para seguir o fio de suas reflexões, explorar percursos alternativos, emitir ideias ou elaborar hipóteses e teorias novas.

Esse foi um grande trabalho para um estudante que acabara de fazer vinte anos. No entanto, entre dezembro

---

15. Cf. Westfall, 1962, p. 178.
16. Thomas Hobbes (1588-1679), um dos principais filósofos políticos inglês, interessava-se também pelas matemáticas. Partidário da monarquia absoluta, preocupado com a revolução que estava por vir, ele se refugia na França em 1640 e ali permanece até 1651. Em especial, devemos a ele o *Leviatã*, publicado em Londres em 1651, e a trilogia composta pelo *De corpore* (*Do corpo*), o *De homine* (*Do homem*) e o *De cive* (*Da cidade*), publicados entre 1642 e 1658.

    Kenelm Digby (1603-1665), escritor, diplomata e naturalista, foi o primeiro a demonstrar a necessidade do oxigênio para a vida das plantas; foi um dos fundadores da Royal Society.

    Joseph Glanvill (1636-1680), filósofo de orientação cética, conhecido, dentre outras coisas, pela sua crítica à noção de *causa*.

de 1664 e novembro de 1665, se for julgado por essas notas, não foi ao estudo da filosofia natural que Newton dedicou maior energia, mas sim às matemáticas. Ele leu partes dos *Elementos* de Euclides, muito superficialmente, se devemos acreditar em John Conduit.[17] Ele leu também as *Opera mathematica* (*Obras matemáticas*) de François Viète, a *Clavis mathematicae* (*Chave das matemáticas*) de William Oughtred, os *Exercitationum mathematicarum* (*Exercícios de matemáticas*) de Frans van Schooten, e o *De ratiociniis in ludo alae* (*Dos cálculos a respeito do jogo de dados*) de Huygens[18], textos que se

---

17. John Conduit — marido de Catherine Barton, filha de uma das duas meias-irmãs de Newton, Hannah Smith, e primeiro biógrafo de Newton — conta que antes de 28 de abril de 1664, data da eleição dos membros estudantes do Trinity College, Newton procurou Barrow para tentar obter seu apoio. Ele conta que Barrow interrogou Newton sobre os *Elementos* de Euclides, dos quais Newton "não sabia grande coisa", ainda que fosse um especialista da *Geometria* de Descartes: cf. por exemplo, Westfall, 1980, p. 135. Sobre a leitura dos *Elementos* pelo jovem Newton, cf. também Whiteside, 1982, p. 112.

18. Fraçois Viète (1540-1603), advogado, homem político e matemático, promotor de uma reforma do método da análise e da síntese baseado no uso do formalismo algébrico (que ele contribuiu grandemente para melhorar); ele igualmente forneceu um método de aproximação das raízes das equações numéricas.

William Oughtred (1574-1660), matemático e homem da Igreja. *Fellow* do King's College de Cambridge desde 1595, vigário de Shalford, em 1604, e reitor de Albury, em 1610. A *Clavis*, publicada em Londres, em 1631, é sua principal obra matemática: ela é dedicada à melhoria do formalismo algébrico e aritmético.

Frans van Schooten (1615-1660) esteve à frente de uma importante escola matemática, em Leyde, voltada ao desenvolvimento da matemática cartesiana. Ele publicou duas edições latinas da *Geometria* de Descartes, acrescida de numerosos comentários e adendos, e uma edição das *Obras* de Viète.

Christian Huygens (1629-1659), matemático, astrônomo e físico (sem dúvida, o maior de seu tempo, junto com Newton) — nós retomaremos muitas vezes seus trabalhos nos capítulos III, V e VI. Dentre outras coisas, Huygens fez o seguinte: formalizou o cálculo das probabilidades; descobriu os anéis de Saturno assim como seu primeiro satélite, Titã; estabeleceu a rotação de Marte e o seu período; estudou

encontram entre os mais importantes dos publicados ao longo dos trinta anos precedentes (mesmo o primeiro desses textos sendo uma coletânea de tratados redigidos entre o fim do século XVI e o início do XVII). Mas são a *Geometria* de Descartes e a *Arithmetica infinitorum* (*Aritmética dos infinitos*) de John Wallis[19] que o apaixonam verdadeiramente. A leitura desses dois livros deu início às pesquisas que, em três anos, fariam de Newton o maior matemático de seu tempo, conduzindo-o à primeira formulação de sua teoria das fluxões.

Trata-se de uma das principais contribuições de Newton à ciência moderna. Vale a pena lhe consagrar todo um capítulo.

---

matematicamente o movimento de um pêndulo (e mostrou como suas propriedades podiam ser utilizadas na construção dos relógios) e o choque dos corpos; propôs uma teoria ondulatória da luz; criou a primeira máquina a fogo com combustão interna.

19. John Wallis (1616-1703), professor de matemática em Oxford e membro fundador da Royal Society. Foi autor de numerosos tratados de matemática e fez contribuições fundamentais em quase todos os aspectos dessa disciplina: da teoria das quadraturas (a qual está consagrada a *Arithmetica infinitorum* [*Aritmética dos infinitos*], publicada em Oxford, em 1656), e da teoria das cônicas, até à álgebra e à mecânica.

II
A teoria das fluxões
1664-1771

A matemática é geralmente concebida como a ciência das quantidades e de suas relações. É uma imagem parcial, mas que dá conta satisfatoriamente do que ela foi em seu desenvolvimento histórico. Na geometria, as formas e as figuras eram certamente um objeto de estudo, como habitualmente se diz. Porém, nessa época, o objetivo era o de conduzir o estudo dessas formas à consideração de relações entre quantidades, o que se faz, por exemplo, afirmando que um quadrado se caracteriza pela igualdade entre seus lados e um círculo pela igualdade de seus raios. A transformação dessa concepção restrita da matemática em uma concepção mais abrangente não é devida diretamente a Newton. Ela ocorrerá somente a partir da primeira metade do século XIX. Entretanto, desde a época de Newton, duas mudanças conduziram ao início dessa transformação, em grande parte graças à sua obra. Para compreender melhor tais mudanças, é preciso retroceder um pouco, historicamente.

A partir de Euclides, os matemáticos pensavam as quantidades como objetos particulares, diferentes uns dos outros e definidos separadamente, cada um de seu próprio modo. Eles os distinguiam em dois tipos: os números (aqueles que chamamos atualmente de "inteiros positivos") e as grandezas extensas (em particular as grandezas geométricas tais como os segmentos, os ângulos, os polígonos e os poliedros). Essas duas classes constituíam, respectivamente, os objetos de duas teorias diferentes: a *aritmética* e a *geometria*. Após os gregos, os matemáticos de língua árabe encontraram uma maneira de empregar, em ambas as teorias, uma linguagem comum, sem, por isso, unificá-las. É essa linguagem comum, ou, para ser mais preciso, o conjunto dos métodos destinados a expressá-la, que eles denominaram álgebra.

No século XVII, essa linguagem comum torna-se cada vez mais ágil e eficaz, transformando-se em um verdadeiro formalismo. Contudo, ela se torna também a base para vários métodos, ao empregar os procedimentos comuns para a solução de problemas relativos às duas teorias. Descartes, particularmente, encontra o modo de exprimir as curvas por meio de equações e, sobretudo, o modo de estudar as propriedades das curvas ao manipulá-las. Newton ampliou os métodos de Descartes, contribuindo para fazer das equações objetos de estudo em si. É isso que conduz, em seguida, ao nascimento da noção de *função*, uma das noções-chave da matemática moderna. Essa foi a primeira mudança.

A segunda mudança concerne à noção de variação, no que diz respeito às quantidades e, primeiramente, às grandezas extensivas. Muito antes de Newton, os matemáticos haviam compreendido que as quantidades poderiam ser concebidas e tratadas seja como constantes, seja como variáveis. Tomemos o exemplo de uma elipse. Podemos concebê-la como a deformação de um círculo, produzida pela duplicação do centro em dois focos separados um do outro. Da mesma maneira que todos os pontos de um círculo situam-se à mesma distância do centro, os pontos da elipse situam-se a distâncias dos dois focos cuja soma é sempre igual para todos os pontos. Então, essa soma é uma grandeza constante. Porém, também é possível concebê-la como a soma de duas grandezas que, por sua vez, são variáveis. Ou seja, é possível considerar os distintos raios que unem um ponto da elipse a um de seus focos como os valores diferentes de uma única e mesma grandeza, concebida, portanto, como *geratriz*: o raio da elipse.

Entretanto, conceber as quantidades como variáveis ainda não é a mesma coisa que estudar sua variação. Para isso, é preciso encontrar a maneira de representar, assim como os *objetos*, além das quantidades e suas relações, também as modalidades de suas respectivas variações. A ampliação dos métodos de Descartes, realizada por Newton, consiste essencialmente nisso: Newton compreendeu o modo como devem ser estudadas, enquanto tais, as respectivas variações das grandezas envolvidas nas equações que expressam as curvas. Esse é, precisamente, o objeto da teoria das fluxões, a primeira versão do que chamamos atualmente de "análise infinitesimal", um dos ramos centrais da matemática moderna.

II.1. *A geometria cartesiana, ponto de ancoragem da teoria das fluxões*

A diferença entre a álgebra aritmética e a álgebra geométrica — herdada pelos matemáticos da Renascença de seus predecessores árabes, de modo mais ou menos direto — diz respeito, essencialmente, à operação de multiplicação. Quando essa operação era aplicada aos números, era concebida de tal modo que o produto de dois números era, por sua vez, um número. Assim, esperava-se que ela associasse um objeto de certo gênero a dois objetos dados, do mesmo gênero. O mesmo não ocorria quando a multiplicação era aplicada a grandezas geométricas.

O produto de dois segmentos (grandezas de uma dimensão) era concebido como um retângulo (grandeza de duas dimensões); o produto de três segmentos, como um paralelepípedo (grandeza de três dimensões); o produto de uma figura plana (grandeza de duas dimensões) e de um segmento, como um sólido (grandeza de três dimensões). Não era concebido nenhum outro produto entre grandezas como um produto possível.[1] A terceira dimensão parecia inultrapassável. Assim, a construção de uma única teoria das quantidades dependia da possibilidade de ultrapassar a diferença radical entre multiplicação de números e multiplicação de grandezas.

Uma tentativa nesse sentido foi feita, no final do século XVI, por François Viète, no contexto de uma reformulação do método clássico de análise e síntese.[2] Viète construiu um verdadeiro sistema axiomático, definindo implicitamente o conjunto de operações algébricas entre quantidades quaisquer, mas ele o fez generalizando os caracteres próprios da multiplicação geométrica. Nesse sistema, as quantidades eram concebidas como pertencentes a ordens diferentes e a multiplicação funcionava como uma operação que fazia transitar de uma ordem a outra.

Descartes escolheu outra perspectiva. O objetivo da *Geometria* — publicada em 1637, entre os ensaios destinados a apresentar os exemplos do método exposto no *Discurso do método* — era o de propor uma profunda

---

1. Por outro lado, não havia nada que impedisse de conceber e, portanto, de admitir o produto de um número (inteiro positivo) e de uma grandeza de qualquer gênero, pois esse produto torna-se uma adição repetida dessa grandeza a ela mesma, o que produz, evidentemente, uma grandeza do mesmo gênero.
2. Cf. Panza, 1997.

reforma da geometria clássica.[3] Desde as primeiras páginas da *Geometria*, Descartes mostra que para conceber a multiplicação de qualquer tipo de quantidade como uma operação que associa um objeto de certo gênero (o resultado) a dois objetos dados do mesmo gênero (as quantidades multiplicadas ou fatores), é suficiente dispor, entre essas quantidades, de uma quantidade particular que funcione como unidade, com a qual todos os produtos devem estar imediatamente relacionados. Seja u essa quantidade. Então, o produto ab de duas quantidades do mesmo gênero que u não poderá ser outra coisa que a quantidade c, do mesmo gênero, que satisfaz a proporção[4] $c : a = b : u$.

Suponhamos que a e b sejam segmentos. Então, seu produto ab é um segmento fácil de construir. Se a é AD (fig. 1), basta tomar u sobre esse segmento e b sobre qualquer reta que forme com AB um ângulo não nulo — por exemplo, $u = AE$ e $b = AB$ — e buscar nessa segunda reta um ponto C, tal que DC seja paralela a EB. Assim, o segmento $c = AC$ é o produto buscado, pois AC está para AD assim como AB está para AE (é o chamado teorema "de Tales"). Não é o caso se a e b não são segmentos, mas grandezas de outro gênero (tal como polígonos ou ângulos): ainda poderíamos definir seu produto — ou

---

3. Para uma exposição simples e precisa do conteúdo da *Geometria* de Descartes, cf. Jullien, 1996.
4. Evidentemente, para que a definição de Descartes não seja circular, é preciso contar com uma definição da proporção que não necessite nem da multiplicação, nem de sua operação inversa, a divisão, aplicadas às quantidades da proporção. A definição proposta por Euclides no livro V dos *Elementos* e que remonta a Eudoxo de Cnido (406-355 a.C., matemático da escola de Platão) é exatamente desse tipo: quatro grandezas a, b, α e β são consideradas em proporção (a está para b assim como α está para β) se e somente se, por qualquer par de números (inteiros positivos) n e m, do fato que o produto na (cf. nota 1 anterior) é menor, igual ou maior que o produto mb, segue-se que o produto $n\alpha$ é respectivamente menor, igual ou maior que o produto $m\beta$.

seja, poderíamos indicar sob que condições outra grandeza *c* do mesmo tipo é o produto de *a* e *b* —, mas não poderíamos construir essa grandeza.

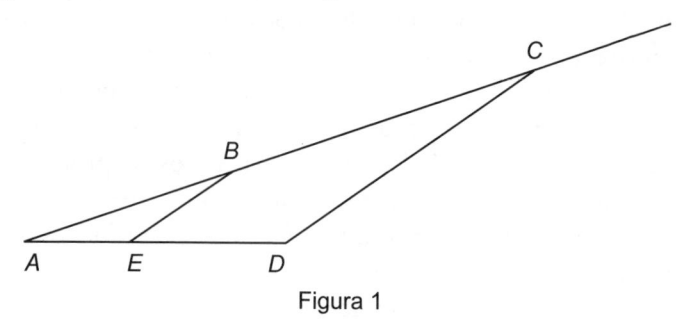

Figura 1

Isso fornece, de fato, aos segmentos, um privilégio decisivo sobre qualquer outro gênero de grandezas geométricas. É por essa razão que Descartes procura uma maneira de caracterizar todos os tipos de objetos geométricos em termos de relações entre segmentos. Isso permitirá que ele aplique ao estudo desse objeto uma álgebra perfeitamente análoga à álgebra numérica, na qual toda operação possui um resultado que pode ser determinado (ainda que seja o caso de uma construção, mais que de um cálculo propriamente dito).

O que torna possível essa redução do conjunto da geometria a uma teoria dos segmentos é o uso generalizado das coordenadas, chamadas atualmente de "cartesianas". Dada uma reta qualquer — chamada de "eixo" —, basta fixar sobre ela um ponto — chamado de "origem" — e estabelecer o valor de um ângulo, para conseguir caracterizar de maneira unívoca cada ponto de um plano ao qual pertença essa reta, graças a um par de segmentos, chamados de "coordenadas cartesianas", desse ponto.

Imaginemos que o ângulo em questão seja reto (o que é, em geral, a escolha mais cômoda). Nesse caso, as coordenadas cartesianas — que serão ditas "ortogonais" —

de qualquer ponto M (fig. 2) são dadas respectivamente pelos segmentos OA e MA, contanto que a reta r seja o eixo, o ponto O seja a origem e o ângulo OÂM seja reto. Para distinguir essas coordenadas, a primeira é habitualmente nomeada "abcissa" e a segunda "ordenada", e elas são respectivamente denotadas pelas variáveis x e y.

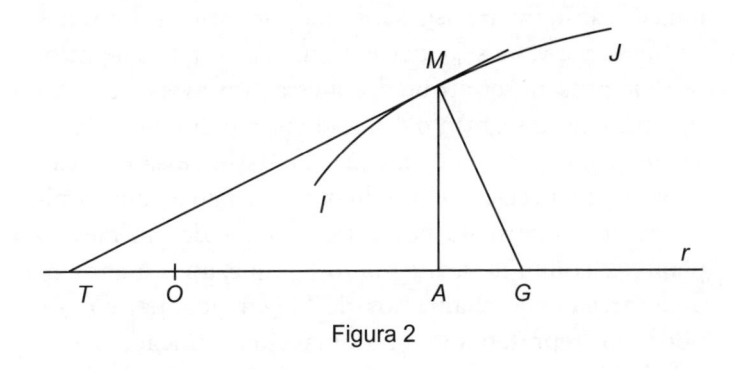

Figura 2

Suponhamos agora que o ponto M não está determinado e que se sabe somente que entre suas coordenadas cartesianas, $x = OA$ e $y = AM$, existe certa relação. Se denotamos respectivamente essas coordenadas pelas variáveis x e y, é possível que essa relação seja expressa por meio de uma equação entre tais variáveis. Nos casos mais simples, essa equação será composta de uma soma finita de termos da forma $kx^n y^m$ (onde k é uma constante qualquer e n e m são números inteiros positivos[5]) que, supõe-se, seja igual a zero. Por exemplo, a equação $x^2 - 2ax + a^2 + y^2 - r^2 = 0$.

Em seguida, para aumentar a generalidade, nota-se uma equação desse tipo (chamada de equação "inteira") pelo símbolo "$F(x, y) = 0$". Assim, o símbolo "$F(x, y)$", tomado sozinho, denotará uma soma finita de termos

---

5. Lembremos que um número é positivo se ele é maior ou igual a zero e que $x^0 = y^0 = 1$, para todo x e y.

da forma $kx^n y^m$, o que chamamos de "polinômio" em x e y. Na álgebra dos segmentos de Descartes, um polinômio não é nada mais que a expressão de certo segmento, o segmento que resulta da aplicação das operações, indicadas pelo próprio polinômio, aos segmentos denotados pelas variáveis e constantes, envolvidas no polinômio.

É possível — e pode-se dizer que é o caso geral — que uma equação inteira seja satisfeita por vários valores das variáveis x e y, ou seja, que existam vários pares de valores que possam ser atribuídos a essas variáveis e que fazem com que o segmento denotado pelo polinômio $F(x, y)$ se anule, como pretende a equação. Assim, essa equação exprime uma relação entre duas coordenadas indeterminadas que é satisfeita por vários pontos de um mesmo plano. O conjunto desses pontos — que, após a antiguidade grega, nós chamamos de "lugar geométrico" — pode ser representado por uma curva traçada sobre aquele plano. Assim, essa curva será expressa pela equação em questão e, inversamente, a equação será representada pela curva. Por exemplo, a equação anterior é a de um círculo de raio r, cujo centro situa-se no ponto de abcissa $x = a$ e de ordenada $y = 0$ (pois todos os pontos cujas coordenadas x e y satisfazem essa equação se encontram a uma distância r do centro).

Bem sabia Descartes que não é possível expressar, por uma equação inteira, todas as curvas que podem ser traçadas sobre um plano. Entre as que não podem ser expressas desse modo, algumas haviam atraído a atenção dos matemáticos desde a antiguidade, por exemplo, as espirais. Contudo, existe uma classe que reúne um número infinito de curvas que podem ser expressas por meio de equações inteiras. Descartes chama essas curvas de "geométricas" e afirma que nenhuma outra curva pode ser definida através de métodos geométricos exatos.[6] Ele estabelece, portanto, que a geometria não é senão a teoria das curvas geométricas e que todo problema geométrico pode ser resolvido por meio da manipulação de equações inteiras que expressam essas curvas.

O fato é que, exceto um número bem restrito de casos simples, não é fácil passar de uma equação inteira dada à curva que ela exprime, ou seja, deduzir dessa equação um procedimento geométrico que valha como uma construção dessa curva. E se a equação ultrapassa o quarto grau em uma de suas variáveis (em outras palavras, que essa variável aparece na equação elevada a uma potência superior a 4), geralmente é impossível calcular os valores que essa variável deve assumir para satisfazer tal equação, quando atribui-se à outra variável um valor conhecido.

Entretanto, para conseguir formar uma imagem aproximada da curva expressa por uma equação dada, Descartes sugere considerar um ponto genérico dessa curva e procurar a tangente da curva nesse ponto[7], baseando-se apenas na equação da curva. Consideremos, ainda, a figura 2 (p. 49). Trata-se de encontrar um meio que permita a passagem da equação da curva *IJ* à expressão de um segmento, como *AT* ou *AG*, que determine a tangente no ponto genérico *M*; sendo *MT* e *MG*, respectivamente, a tangente e a normal (perpendicular à tangente no ponto *M*). Nesse caso, *AT* e *AG* são chamados de "subtangente"

---

6. Consideremos o caso de uma espiral: para defini-la, é necessária a participação de dois movimentos (um circular e outro retilíneo), pois uma espiral é a curva descrita por um ponto que avança sobre uma reta em rotação. Ora, se queremos que a definição seja precisa, deve-se estabelecer uma relação entre esses movimentos (suas velocidades). A tese de Descartes é a de que isso não pode ser feito de maneira puramente geométrica. Daí a qualificação de "mecânicas" que ele reserva às curvas não geométricas.

7. A tangente de uma curva em um ponto é a reta que toca a curva nesse ponto, sem cortá-la, ou seja, sem atravessá-la. Ela indica a inclinação da curva nesse ponto e nos informa sobre o comportamento da curva na vizinhança de tal ponto.

e "subnormal", nessa ordem. Essa expressão será dada por uma composição de operações baseada nas coordenadas x e y do ponto M, cujo resultado é o segmento em questão (AT ou AG). Descartes mostra como é possível determinar essa expressão em geral, ainda que por intermédio de um método que exige cálculos muito complexos e, frequentemente, impraticáveis, assim que a equação da curva ultrapassa os primeiros graus.

II.2. Tangentes e áreas: generalização e primeiras ampliações dos métodos cartesianos

Newton, quando leu a *Geometria*, não possuía uma cultura matemática suficiente para comparar a abordagem de Descartes com os métodos clássicos e capturar seu caráter reformador. Apesar disso, não tardaria a encontrar suas bases matemáticas e mover-se facilmente nesse campo.

Seu objeto principal de atenção era o método das tangentes. Em anexo à segunda edição latina da *Geometria* — publicada em dois volumes por F. van Schooten, em Amsterdam, entre 1659 e 1661, e que foi a versão estudada por Newton — encontravam-se duas cartas, respectivamente de J. Hudde e H. van Heuraet, dois discípulos holandeses de Descartes, nas quais esse método é abordado.

Na primeira dessas cartas, Hudde mostra como esse método pode ser reduzido à aplicação de uma regra muito simples. Na segunda, Van Heuraet mostra que o problema das tangentes está intrinsecamente ligado a outro problema geométrico, aparentemente muito distinto: o das retificações (que consiste na busca do comprimento de um arco de curva dado). Em certos casos, a solução de um desses problemas fornece a solução do outro. Essas cartas foram uma grande fonte de inspiração para Newton, que conseguiu ler entre suas linhas e delas derivar, a partir do verão de 1664, dois resultados fundamentais.[8]

Do argumento de Hudde, Newton retira que, se compomos a equação da curva com uma equação padrão (a mesma em cada caso) e multiplicamos cada termo da equação resultante pelo expoente de x nesse termo, obtemos, então, uma terceira equação que exprime a relação entre a abcissa OA, a normal MG e o segmento OG (soma de OA com a subnormal AG). Então, operando desse modo, frequentemente é possível determinar de imediato a normal MG e, portanto, a tangente MT.

Explorando o argumento de Van Heuraet, ele alcança o seguinte resultado: supondo que saibamos exprimir a ordenada AM e a subnormal AG de uma certa curva referida a um sistema ortogonal de coordenadas cartesianas, é possível obter a equação de uma nova curva, em termos da abcissa OG, cuja área pode ser facilmente determinada.[9] Aplicando este último resultado, pode-se calcular a área de um grande número de curvas, limitando-se a delimitar a subnormal de outras curvas, escolhidas convenientemente.

Isso fornece um método, fundado sobre a consideração das equações de certas curvas, que permite "quadrar" essas curvas, o que resolve um problema geométrico clássico que era considerado, no século XVII, como particularmente difícil.

---

8. Cf. Newton (MP), vol. I, pp. 218-233.
9. Determinar a área de uma curva — ou, como se dizia frequentemente no século XVII, quadrar essa curva — significa determinar a área da figura delimitada por essa curva, o eixo ao qual ela se refere e duas outras ordenadas quaisquer. Na sequência, voltaremos a esse ponto, mais detalhadamente.

Alguns complementos técnicos

Seja $F(x, y) = 0$ a equação da curva IJ, suponhamos que MT seja a tangente a essa curva no ponto M e MG seja a normal correspondente, e tomemos $MG = s$ e $OG = v$. Se compomos a equação $F(x, y) = 0$ com a equação padrão $s^2 = y^2 + (v - x)^2$, exprimindo um círculo de raio MG e centro G e eliminando entre essas duas equações a variável y, obtemos uma nova equação inteira em x, s e v. É a equação que deve ser transformada, multiplicando cada termo pelo expoente de x nesse termo.

Tomemos um exemplo simples. Suponhamos que a equação dada é $y - ax^n = 0$ ou, o que é o mesmo, $y = ax^n$. Compondo essa equação com $s^2 = y^2 + (v - x)^2$, obtêm-se $a^2x^{2n} + x^2 - 2xv + v^2 - s^2 = 0$. Multiplicando cada termo dessa equação pelo expoente de x nesse termo — o que significa aplicar a essa equação uma regra padrão, chamada "regra de Hudde" —, obtém-se a equação $2na^2x^{2n} + 2x^2 - 2xv = 0$, em que a variável s não aparece mais e a variável v aparece apenas elevada à primeira potência (pois[10] $v^2 = v^2x^0$ e $s^2 = s^2x^0$). Essa equação exprime, portanto, a relação entre a abcissa $x = OA$ e o segmento $v = OG$. Então, utilizando-se essa relação, é fácil concluir que $v = na^2x^{2n-1} + x$ e, portanto, $AG = v - x = na^2x^{2n-1}$, o que determina a tangente buscada para todo valor de x.

Agora, suponhamos como dada a equação de uma curva, sob a forma explícita $y = f(x)$, onde $f(x)$ é uma certa expressão em x que fornece o valor de y para todo valor de x. Suponhamos também que estamos em condição de exprimir, sempre em termos de x, a subnormal AG. Isso significa que essa subnormal se deixa exprimir por uma certa expressão $g(x)$ que sabemos determinar.

---

10. Cf. nota 5 anterior.

Se retomarmos o exemplo acima, teremos $f(x) = ax^n$ e $g(x) = na^2x^{2n-1}$. Então, poderíamos escrever a equação $y[f(x)] = g(x)$. Em nosso exemplo, essa equação será $yax^n = na^2x^{2n-1}$), ou seja, $y = nax^{n-1}$. Ora, se H e K (fig. 3) são dois pontos quaisquer, tomados sobre o eixo ao qual uma certa curva é referida e que estabelecemos $OH = \kappa$ e $OK = \xi$, sendo O a origem, então a área dessa curva compreendida entre os limites $x = \kappa$ e $x = \xi$ é a medida da extensão da figura $KHLN$ delimitada por essa curva.

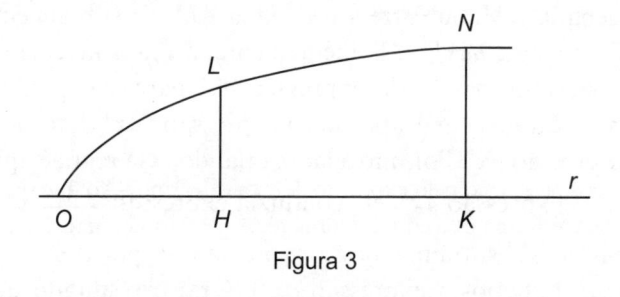

Figura 3

Do ponto de vista moderno, essa medida é um número. Para Newton e seus contemporâneos, ela não poderia ser outra coisa senão um segmento. A conclusão a que chega Newton é a seguinte: se a curva da equação $y[f(x)] = g(x)$ sempre cresce ou sempre decresce entre os limites $x = \kappa$ e $x = \xi$, ou seja, ela não apresenta pontos de *maximum* ou de *minimum* entre L e M, logo sua área entre esses limites é igual a $f(\xi) - f(\kappa)$ ou a $f(\kappa) - f(\xi)$, dependendo se ela cresce ou decresce. Se aplicarmos essa conclusão ao nosso exemplo, retiramos que a área da curva da equação $y = nax^{n-1}$, entre os limites $x = \kappa$ e $x = \xi$, é igual a $a\xi^n - a\kappa^n$. Se $\kappa = 0$, o que significa que H coincide com 0, então essa área se reduz a $a\xi^n$.

O resultado que Newton retira da carta de Van Heuraet nos fornece muito mais do que um método cômodo para encontrar a área de várias curvas particulares. Ele mostra que, qualquer que seja a regra utilizada para obter a equação de uma curva, a relação entre a subnormal AG e a ordenada AM dessa curva (fig. 2) — ou, o que é o mesmo, entre a ordenada AM e a subtangente AT —, invertendo-se essa regra, obtém-se uma outra regra que permite alcançar a solução do problema das áreas.

Retomemos. Do resultado que Newton retira de sua leitura da carta de Hudde, segue-se que, por uma curva de equação $y = ax^n$, a relação entre a subnormal AG e a ordenada AM, ou entre a ordenada AM e a subtangente AT é igual a nax^{n-1}. Evidentemente, a regra inversa da que permite passar da expressão ax^n para a expressão nax^{n-1} é aquela que, aplicada à expressão nax^{n-1}, fornece a expressão ax^n. Por outro lado, quando essa regra é aplicada à expressão ax^n, ela conduz à expressão $\dfrac{1}{n+1} x^{n+1}$ (pois, se substituímos nessa expressão an por a e $n-1$ por n, obtemos a expressão ax^n). Ora, o resultado que Newton retira da carta de Van Heuraet nos diz que a área de uma curva de equação $y = ax^n$, calculada entre os limites $x = 0$ e $x = \xi$ (o mesmo que a área do triângulo curvilíneo KON da figura 3) é igual a $\dfrac{1}{n+1} \xi^{n+1}$, ou ainda, igual a $\dfrac{1}{n+1} x^{n+1}$, pela substituição $x = \xi$.

De sua leitura das cartas de Hudde e Van Heuraet, Newton retira, portanto, duas regras muito simples, inversas uma da outra, que permitem determinar de uma só vez a tangente e a área de toda curva de equação $y = ax^n$. Tais regras são as seguintes:

R. 1 : $ax^n \rightarrow nax^{n-1}$

R. 2 : $ax^n \rightarrow \dfrac{a}{n+1} x^{n+1}$

Elas constituem o núcleo do formalismo que se tornará, mais tarde, o formalismo da teoria das fluxões e são, ainda hoje, os algoritmos de base da análise infinitesimal.[11]

Os resultados obtidos a partir da leitura das cartas de Hudde e Van Heuraet confirmaram, para Newton, suas ideias, na medida em que a regra R. 2 mostra-se compatível com um outro método de quadratura ao qual ele chega mais ou menos ao mesmo tempo, seguindo um procedimento completamente diferente.[12] Nesse caso, tal método foi sugerido pela leitura da *Arithmetica infinitorum* de John Wallis, publicada em Oxford em 1656.

Aprofundando esse tratado, Newton alcançou outros resultados de grande envergadura, incluindo, particularmente, uma maneira de escrever uma potência racional de um binômio qualquer sob forma polinomial. Dito de outro modo, trata-se de como transformar a expressão $(1 + z)^v$, quaisquer que sejam z e v — contanto que v seja um expoente racional (quer dizer, um número fracionário positivo ou negativo) — em uma soma, eventualmente infinita, de termos da forma μz^n, onde μ é, por sua vez, um número racional e n um número inteiro positivo. Empregando somas infinitas desse tipo — ditas "séries inteiras" —, Newton conseguiu, em seguida, exprimir sob forma polinomial a ordenada de qualquer curva expressa por uma equação inteira, assim como a ordenada de várias curvas mecânicas. Isso posto, é suficiente aplicar termo a termo as regras R. 1 e R. 2 para obter expressões

---

11. A primeira regra fornece a relação diferencial ou a derivada da função $y = ax^n$; a segunda fornece a primitiva que, nesse caso, corresponde à integral definida, tomada entre os limites 0 e x. Elas operam sobre a variável x, sem alterar o fator constante a: a primeira regra ordena que se multiplique a potência x^n dessa variável pelo expoente n e que se multiplique x^n pelo inverso do expoente $n + 1$, obtido dessa forma. Essas duas regras podem se justificar de diferentes maneiras. Expusemos apenas uma delas. Na sequência, encontraremos outras.

12. Cf. Newton (MP), vol. I, pp. 89-142.

polinomiais que expressam respectivamente a relação entre a ordenada e a subtangente dessas curvas e sua área.

II.3. Dois teoremas de maio de 1665: muito além dos métodos cartesianos

Os resultados apresentados acima, obtidos entre o início de 1664 e o início de 1665, após um curto contato com textos matemáticos, convenceram Newton de que é possível dotar a geometria de Descartes de um formalismo apto a fornecer a solução dos problemas geométricos mais clássicos e difíceis, por meio de manipulações convenientes das equações que expressam curvas. Entre o início de 1665 e o outono do mesmo ano[13], ele se dedicou a tornar esse formalismo mais preciso, generalizando as regras R. 1 e R. 2. Durante esse processo, Newton chegou a dois teoremas muito gerais que ele enunciou e demostrou em duas notas escritas respectivamente em 20 e 21 de maio de 1665.[14]

O primeiro desses teoremas consiste no enunciado de uma forma geral que indica como é possível chegar, de uma só vez, às expressões da subnormal e da subtangente de uma curva expressa por qualquer equação inteira, a partir dessa mesma equação. Newton fornece duas provas que se fundamentam no mesmo raciocínio.

Tomado em si mesmo, esse raciocínio não é novo, podendo-se reivindicar sua presença em um uso astucioso de métodos infinitesimais, introduzidos alguns anos antes por Pierre de Fermat[15] (que Newton havia tomado

---
13. Cf. ibidem, pp. 234-368.
14. Cf. ibidem, pp. 272-297.
15. Pierre de Fermat (1601-1665), advogado, político e matemático, ocupou-se da matemática apenas por lazer. Entretanto, foi um dos maiores matemáticos do século XVII. Devemos a ele um método para encontrar

conhecimento por meio da leitura do comentário de Van Schooten à *Geometria* de Descartes). Porém, Newton passou a aplicar esse raciocínio não às equações inteiras particulares mais ou menos simples — que exprimem uma, e apenas uma, curva ou uma família restrita de curvas —, mas a uma equação inteira qualquer, que exprime qualquer curva geométrica. Em resumo, ele consegue determinar a forma geral das expressões da subnormal e da subtangente de uma curva geométrica, qualquer que seja sua equação.

Alguns complementos técnicos

Sendo dada uma curva *IJ*, consideremos dois pontos *M* e *M'* sobre ela, infinitamente próximos um do outro (fig. 4), e tracemos a tangente *MT* em *M*. Se *N* é o ponto onde a perpendicular *A'M'* ao eixo *AO* encontra essa tangente, então a diferença *M'N* entre os segmentos *A'M'* e *A'N* é infinitamente menor que a diferença *BM'* entre *A'M'* e *AM* que é, por sua vez, infinitamente pequena. Portanto, podemos considerar que os pontos *M'* e *N* coincidem e podemos tomar *AN* como sendo a ordenada da curva *IJ* correspondente à abcissa *AO'*.

---

os *maxima* e os *minima*, assim como contribuições fundamentais à geometria, à mecânica, ao cálculo das probabilidades e à teoria dos números. Estudando as *Aritméticas* de Diofanto, ele preencheu suas margens de conjecturas. A demonstração da mais célebre entre essas conjecturas, o "grande teorema de Fermat" (que afirma que se n é um número inteiro maior que 2, não existe nenhum trio de números inteiros maiores que zero x, y e z, tal que $x^n + y^n = z^n$), foi feita somente em 1994, pelo matemático britânico Andrew Wiles.

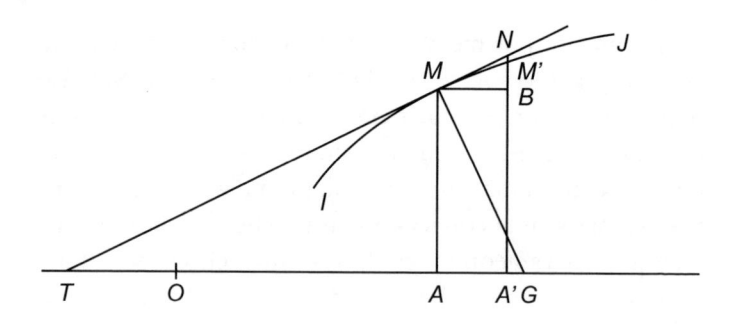

Figura 4

Ora, se afirmamos que $OA = x$, $AM = y$, $AA' = o$, $A'M' = A'N = z$, e $TA = t$, a similitude dos triângulos TAM e MBN nos permite retirar a igualdade $z = y + \dfrac{o}{t} y$. Sendo dada a equação da curva, nela podem ser substituídas as coordenadas x e y do ponto M pelas coordenadas $x + o$ e $y + \dfrac{o}{t} y$ do ponto N. Simplificando a equação resultante dessa substituição e negligenciando todos os termos que, após a simplificação, ainda contêm a grandeza infinitamente pequena o, retiramos uma nova equação em que t aparece apenas elevado à primeira potência. Partindo daí, finalmente é fácil de retirar o valor dessa variável em termos de x e y, o que fornece a expressão procurada da subtangente TA.

Suponhamos que a equação da curva é $F(x, y) = 0$ e denotemos pelos símbolos "$F_x^*(x, y)$" e "$F_y^*(x, y)$" os polinômios obtidos quando se aplica a regra de Hudde ao polinômio $F(x, y)$, respectivamente à variável x e à variável y, ou seja, multiplicando cada um dos termos desse polinômio pelo expoente de x, no primeiro caso, e pelo expoente de y, no segundo. Então, o teorema de Newton pode ser expresso pela seguinte igualdade:

$$t = -x \, \frac{F_y^*(x, y)}{F_x^*(x, y)}$$

Se a equação $F(x, y) = 0$ é tal que é possível dela retirar uma expressão de y em termos de x, então é possível eliminar de uma tal igualdade a variável y, e obter, assim, o valor da subtangente para qualquer ponto da curva cuja abcissa é conhecida. Portanto, essa igualdade fornece um algoritmo formalmente equivalente ao empregado atualmente para resolver o problema das tangentes. Porém, diferentemente desse algoritmo atual, o de Newton opera sobre as equações inteiras, e somente sobre elas, antes de pretender operar sobre funções.

Aqueles, entre os leitores, que estão familiarizados com a análise infinitesimal, compreenderão que o algoritmo de Newton não apresenta nenhuma das propriedades formais que nós associamos ao operador de diferenciação. Para os demais leitores, é suficiente reter que, ainda que apresente os mesmos resultados fornecidos pelo algoritmo moderno, o algoritmo de Newton se difere pelas propriedades formais não secundárias, que fazem com que ele não se apresente como um sistema de regras elementares que podemos compor entre si e aplicar a toda expressão algébrica. Além disso, tal característica torna mais difícil de estender esse algoritmo a expressões não algébricas.

Para dar um exemplo, consideremos ainda a curva de equação $y - x^n = 0$. Teríamos: $F_x^*(x, y) = -nax^n$; $F_y^*(x, y) = y$, e, portanto, $t = -x \, \dfrac{y}{-nax^n}$. Como da equação da curva se segue que $y = ax^n$, é fácil concluir que $t = TA = \dfrac{x}{n}$. Como os triângulos TAM e AMG são semelhantes, teremos então $AG = \dfrac{y^2}{t} = \dfrac{na^2 x^{2n}}{x} = na^2 x^{2n-1}$, como visto anteriormente.

Enquanto o problema das tangentes pode ser resolvido com a ajuda da regra R.1, o teorema de 20 de maio de

1665 fornece os mesmos resultados que essa regra. Há, entretanto, uma aplicabilidade mais geral no caso da regra considerada.

Tendo fornecido uma solução geral para o problema das tangentes das curvas geométricas, sintetizando-a em uma única fórmula, Newton considerou em seguida um problema mais complexo: o da quantidade de curvatura dessas mesmas curvas. Compreender precisamente a natureza desse problema e da solução proposta por Newton requer que se entre em detalhes consideravelmente técnicos. Diremos apenas que se trata de fornecer um indicador que assinala a curvatura em um determinado ponto.

Esse indicador — chamado de "raio de curvatura" — é o raio do círculo que, na vizinhança desse ponto, se aproxima mais da curva: quanto menor for esse raio, maior é a curvatura; quanto maior ele for, menor é a curvatura. Com efeito, se *PQ* e *RS* (fig. 5) são dois arcos de mesmo comprimento, tomados sobre dois círculos diferentes, respectivamente de raios *OP* e *OR*, tais que *OP* > *OR*, o ângulo *PÔQ*, que corresponde ao primeiro desses arcos, é menor que o ângulo *RÔS*, que corresponde ao segundo.

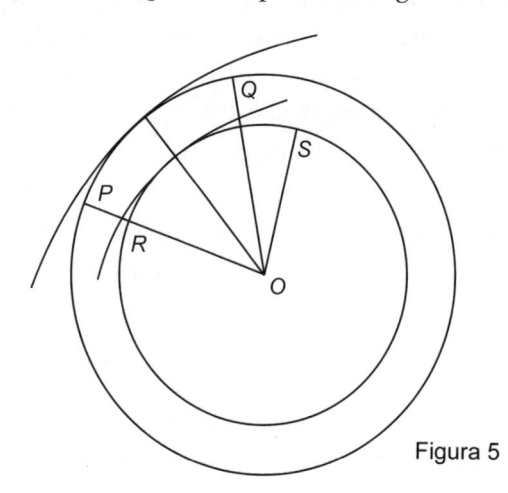

Figura 5

O teorema que Newton enunciou e demonstrou em sua nota de 21 de maio está ligado a uma fórmula perfeitamente análoga àquela encontrada na nota de 20 de maio: uma fórmula que fornece de uma só vez uma expressão em x e y do raio de curvatura de qualquer curva geométrica da qual se conhece a equação. Assim como a do dia 20, a fórmula de 21 de maio se segue da regra de Hudde — e, portanto, da regra R. 1 —, mas prevê, diferentemente dela, duas aplicações reiteradas dessa regra. Ela prefigura um algoritmo análogo ao das derivadas segundas, aplicadas atualmente para resolver o mesmo problema.[16]

II.4. As condições de inversão do algoritmo das tangentes

Os sucessos que Newton obtém em seu esforço de generalização da regra R. 1 o impulsionaram a buscar uma generalização análoga para a regra R. 2.

Primeiramente, ele se deu conta[17] de que essa regra poderia ser aplicada do mesmo modo que a primeira, quando o expoente inteiro positivo n é substituído por um expoente racional qualquer, tanto positivo quanto negativo, contanto que diferente de -1. Em seguida, ele procurou determinar as condições sob as quais é possível inverter o algoritmo retirado do teorema de 20 de maio.[18] Supondo

---

16. A derivada segunda de uma função é, de fato, a derivada da derivada dessa função. Do mesmo modo que a derivada de uma função exprime o ritmo de variação da grandeza expressa por essa função, sua derivada segunda exprime o ritmo de variação desse ritmo de variação. Segue-se que se a função é representada por uma curva, então sua derivada exprime o declive dessa curva em relação ao eixo. Sua derivada segunda exprime, assim, o ritmo com o qual esse declive muda, passando de um ponto ao outro, o que resulta na curvatura dessa curva.
17. Cf. Newton (MP) vol. I, pp. 313-321.
18. Cf. ibidem, pp. 332-341.

como dada uma equação inteira $G(x, w) = 0$, que expressa a relação entre a abcissa x de um ponto qualquer de uma curva desconhecida e a subnormal w dessa curva, relativa a esse ponto, tratava-se de compreender sob quais condições seria possível chegar a uma outra equação inteira $F(x, y) = 0$, expressando essa mesma curva.

Newton consegue demonstrar que, do fato de que a relação — entre a abcissa de um ponto qualquer de uma curva e a subnormal dessa curva, relativa a esse ponto — poder ser expressa por uma equação inteira como $G(x, y) = 0$, não se segue, absolutamente, que essa curva seja geométrica, quer dizer, que ela possa, por sua vez, ser expressa por uma equação inteira como $F(x, y) = 0$. Ele estabelece, além disso, certas condições suficientes que a primeira dessas equações deve respeitar para que a curva em questão seja efetivamente geométrica.

O primeiro desses resultados mostra que a operação inversa da que permite determinar a tangente de uma curva expressa por uma equação algébrica — que, como vimos anteriormente, permite determinar a área de uma outra curva também expressa por uma equação algébrica — pode sair dos limites da álgebra: é possível que a área de uma curva expressa por uma equação algébrica não seja, por sua vez, passível de ser expressa em termos algébricos. O segundo resultado mostra que, se a equação dessa curva respeita certas condições, então certamente sua área pode ser expressa em termos algébricos.

Esses resultados constituem o ponto de partida do ramo da análise infinitesimal que será, mais tarde, chamado de "cálculo integral" e que ocupará os melhores matemáticos do século XVIII.[19]

---

19. O objetivo do cálculo integral é o de estudar as condições sob as quais é possível passar de uma função dada à função da qual ela é a derivada.

II.5. O encontro com o método das tangentes de Roberval: rumo à teoria das fluxões

No início do verão de 1665, a Universidade de Cambridge havia fechado suas portas em razão de uma epidemia de peste. Newton aproveitou para retornar à sua residência de origem, em Woolsthorpe, onde permaneceu até o mês de abril de 1667. Essa longa estada foi muito benéfica. Na solidão campestre de Woolsthorpe, Newton chegou à teoria das fluxões, apoiando-se nos resultados mostrados anteriormente e comparando-os, como veremos adiante, com o método das tangentes de Roberval.[20]

Ao deixar Cambridge, Newton havia tomado o cuidado de levar livros, mas é difícil supor que, durante seu afastamento, ele pôde procurar outros estudiosos ou tirar proveito de conselhos esclarecedores. Portanto, é razoável admitir que ele teria conhecido o método de Roberval antes de sua partida, durante a primavera de 1665.

Roberval havia exposto seu método em diferentes ocasiões entre 1636 e 1644, mas nada publicou sobre esse assunto. Um de seus alunos, François de Bonneau, Sieur de Verdus — que se tornaria, mais tarde, amigo e colaborador de T. Hobbes —, havia redigido notas a partir de suas lições, bastante difusas, antes de serem publicadas em 1693.[21] O mais provável é que, talvez por intermédio do Hobbes, Barrow tenha conhecido o método de Roberval e falado a Newton sobre ele, ou que

---

20. Gilles Personne de Roberval (1602-1675), matemático e físico, foi nomeado professor de matemática no Collège de France, em 1634, e um dos fundadores da Académie des Sciences em 1666. O método das tangentes (retirado do estudo dos movimentos compostos) é uma de suas maiores contribuições à geometria, que ele queria reformar por meio de uma revisão crítica dos *Elementos* de Euclides. Ele é, também, o inventor da balança que carrega seu nome (1670).
21. Cf. Roberval, 1693.

tenha exposto as linhas diretrizes desse método em um curso ao qual Newton assistiu. Como fundamento desse método, há a concepção de uma curva como traço do movimento contínuo de um ponto. Essa, também, era a concepção de Barrow, e Newton não tarda a tomá-la para si.

Desse ponto de vista, uma curva *IJ* referida a um sistema de coordenadas cartesianas de eixo *r* e de origem *O* (fig. 2) pode ser concebida como sendo traçada pela extremidade de sua ordenada *AM* que translada sobre o eixo *r* — traçando, assim, sobre esse eixo a abcissa *OA* — e que varia ao mesmo tempo em comprimento. É assim que Newton representa uma curva em uma nota redigida em torno do mês de setembro de 1665.[22] Desse modo, a equação $F(x, y) = 0$ expressa uma relação entre dois segmentos gerados, separadamente um do outro, por dois movimentos retilíneos.

Aristóteles já havia concebido os movimentos retilíneos como distintos uns dos outros por suas velocidades respectivas. Mais tarde, em particular durante o século XIV, os físicos do Merton College, em Oxford, e Nicolau de Oresme[23], em Paris, começavam a conceber essas velocidades como qualidades intensivas, associadas ponto a ponto a esses movimentos. Portanto, não é estranho que, três séculos mais tarde, Newton faça o mesmo, representando as velocidades dos movimentos que geram as coordenadas cartesianas x e y de uma curva geométrica como duas grandezas p e q, ligadas entre si por uma associação que depende da relação expressa pela equação $F(x, y) = 0$ dessa curva.

---

22. Cf. Newton (MP), vol. I, pp. 343-347.
23. Nicolau de Oresme (1325-1382), bispo de Lisieux, célebre por seus tratados de astronomia e de matemática.

Então, o resultado principal contido na nota de setembro pode ser enunciado assim: a relação das velocidades pontuais p e q dos movimentos que geram as coordenadas cartesianas de uma curva geométrica pode ser expressa pela mesma expressão que exprime a relação entre a subtangente e a ordenada dessa curva, igualando-se, portanto, a essa relação. Assim, o algoritmo das tangentes pode ser concebido como um algoritmo de velocidades pontuais.[24]

Em sua nota, Newton não forneceu nenhuma justificação desse resultado. Sua natureza é tal que ele somente pode alcançá-la raciocinando a partir de uma curva, concebida como referida a um sistema de coordenadas cartesianas e expressa, com relação a ele, por uma equação, pois a expressão a qual ela se refere resulta de uma transformação de tal equação. Isso mostra que, já tendo tomado conhecimento do método das tangentes de Roberval, em torno do mês de setembro de 1665, ele ainda não havia tornado esse método objeto de uma reflexão atenta. Com efeito, a característica de um tal método é de ser completamente independente de toda expressão de uma curva, por uma equação inteira, e mesmo de todo sistema de coordenadas, ao qual uma curva pode ser referida.

Newton apoia-se no método de Roberval para refletir sobre a natureza intrínseca do problema das tangentes, para além de toda equação ou de todo sistema de coordenadas que serviram para determinar essa equação. Desse modo, que ele chegou, entre o outono de 1665 e a primavera de 1666, a inserir seus resultados precedentes em um horizonte mais amplo, que vale tanto para as curvas geométricas quanto para as curvas mecânicas.

---

24. Considerando as fórmulas e lembrando-se do teorema de 20 de maio (cf. seção II.3), isso pode ser escrito assim: $\dfrac{q}{p} = -\dfrac{x}{y} \dfrac{F_y^*(x,y)}{F_x^*(x,y)}$, sendo a equação da curva $F(x,y) = 0$.

II.5.1. O método de Roberval

Considerando toda curva como o traçado de um movimento, Roberval havia definido a tangente como a direção pontual desse movimento. Por esse meio, havia proposto que a tangente fosse determinada, precisando essa direção. Para isso, observou que todo movimento pode ser concebido como composto, de qualquer maneira que seja, por dois tipos de movimentos elementares: os movimentos retilíneos e os movimentos circulares. Sendo previamente conhecidas as direções pontuais desses movimentos — a direção de um movimento retilíneo não é nada além da própria trajetória desse movimento e a direção de um movimento circular é a perpendicular ao raio de sua trajetória —, seu método consegue determinar a direção de um movimento composto, apoiando-se sobre o conhecimento prévio das direções dos movimentos componentes.

Fundamentando-se sobre esse "princípio de invenção"[25], Roberval havia mostrado como é possível construir a tangente de várias curvas particulares. Entre essas curvas, algumas são geométricas (ainda que as equações dessas curvas não sejam absolutamente levadas em consideração), outras são mecânicas, como a espiral, a quadratriz (uma curva conhecida desde o século V a.C., definida e estudada por Hípias[26]) e a cicloide (ou roleta,

---

25. Cf. Roberval, 1693, p. 70.
26. Hípias de Elis (cidade do Peloponeso), filósofo e matemático do século V a.C., pertencente ao grupo dos sofistas, entrou para a história pela invenção da *quadratriz*: curva traçada pelo ponto de intersecção de uma barra horizontal que desce em um movimento uniforme e um raio que gira uniformemente em torno de uma das extremidades da barra, de tal modo que no início do movimento esse raio é perpendicular à barra e ao final eles são colineares. Essa curva foi assim chamada porque, supondo-a conhecida, é possível *quadrar* o círculo, isto é, construir (por régua e compasso) um quadrado igual a um círculo dado.

como a nomeou Pascal). Entretanto, a diferença entre essas construções é tal que é bem difícil retirar, apenas dos argumentos de Roberval, um procedimento geral e unívoco, perfeitamente estabelecido em todos os seus detalhes: todos os seus resultados são concretos, mas as razões que lhes justificam frequentemente são obscuras.

Isso se deve ao fato de que, no método de Roberval, a noção de composição de movimento permanece bastante vaga. Todas as curvas consideradas por ele certamente podem ser concebidas como traços deixados por um movimento que pode, por sua vez, ser concebido como composto por movimentos retilíneos ou circulares. Porém, a natureza dessa composição é diferente, segundo o caso. Portanto, para tornar claro o método em geral, seria necessário, inicialmente, distinguir os diferentes tipos de composição que estão em sua origem.

Quando, um século mais tarde, em 1758, Montucla[27] apresentou, em sua *História das matemáticas*, o método de Roberval, ele não soube fazer essa distinção e caiu em um erro, referente à determinação da tangente da quadratriz. Quatro décadas mais tarde, um erro similar, concernente dessa vez ao exemplo de uma curva no espaço, seria também cometido por G. Monge[28], nas suas lições de geometria, nas Écoles normales de l'An III. Foi preciso

---

27. Jean Montucla (1725-1799) foi o primeiro historiador profissional da matemática; autor de uma *Histoire des recherches sur la quadrature du cercle* [História das pesquisas sobre a quadratura do círculo], publicada em Paris, em 1754, e de uma *Histoire des mathématiques* [História das matemáticas], cujo primeira edição, em dois volumes, foi publicada em Paris em 1758, e a segunda, em quatro volumes, também em Paris, entre 1798 e 1802.

28. Gaspard Monge, conde de Péluse (1746-1818), um dos mais importantes matemáticos do século XVIII, concentrou-se sobretudo na geometria das figuras no espaço; participou ativamente da criação e organização da École Normale Supérieure e da École Polytechnique; partidário entusiasta da Revolução, ligou-se, em seguida, a Bonaparte; participou da expedição militar ao Egito e foi condecorado com as honras do

esperar o ano de 1838 para que J. M. C. Duhamel[29] superasse esses erros e tornasse mais clara a situação, apoiando-se em métodos de geometria diferencial, elaborados durante o século XVIII.

II.5.2 A reformulação, por Newton, do método de Roberval

As conclusões alcançadas por Duhamel não se diferem, em seu núcleo, daquelas às quais Newton chegou, 170 anos antes, sem dispor dos mesmos métodos, em uma série de notas redigidas de outubro de 1665 a maio de 1666[30], que permaneceram como manuscritos.

Newton não cita o nome de Roberval, mas a leitura de suas notas não deixa nenhuma dúvida quanto ao seu conhecimento dos princípios que inspiraram o método de Roberval e mesmo dos princípios considerados por ele. Na primeira nota, datada de 30 de outubro, a abordagem de Newton ainda é imprecisa. No caso da quadratriz, ele comete o erro que Montucla e Monge cometeriam mais tarde. Nos dois outros casos — o da elipse e o da espiral — ele apresenta soluções corretas, mas não parece ter compreendido plenamente o porquê dessas soluções. Em dez dias, ele vai se retificar. Em uma nota de 8 de novembro, corrige seu erro e mostra que compreendeu em que se diferem os casos considerados por Roberval.

Império, antes de cair em desgraça por ocasião da Restauração. Em 1989, suas cinzas foram transferidas para o Panthéon.

29. Jean Marie Constant Duhamel (1797-1872) foi professor de matemática na École Polytechnique e suas contribuições principais concernem à aplicação do cálculo integral (e em particular da teoria das equações diferenciais às derivadas parciais) ao estudo da transmissão do calor e do som.
30. Cf. Newton (MP), vol. I, pp. 369-399.

Entretanto, Newton tratou esses casos, incluindo e justificando o de Roberval, apenas como exemplos de aplicação de um método muito geral. As primeiras características desse método se encontram em uma terceira nota, datada de 13 de novembro de 1665. O essencial dessa nota pretende fornecer uma prova do resultado enunciado na nota do mês de setembro precedente (cf. *supra*), e retirar novas provas dos teoremas de 20 e 21 de maio. Entretanto, o resultado de setembro é apresentado, nessa ocasião, sem que se faça nenhuma referência às curvas: sendo dada uma equação inteira que expressa a relação entre vários segmentos gerados por movimentos, trata-se de encontrar a relação entre as velocidades pontuais desses movimentos. Concebido desse modo, tal resultado toma a forma de uma ferramenta que pode ser empregada não apenas para provar os teoremas de 20 e 21 de maio, mas também, e sobretudo, para abordar e resolver todo problema concernente às velocidades pontuais de vários movimentos que mantêm uma relação entre si.

Entre esses problemas, Newton cita o da determinação da tangente a uma elipse e mostra como, sendo dada essa ferramenta, tal problema pode ser facilmente resolvido, aplicando-se o método de Roberval. Ele observa ainda que, operando de maneira análoga, é possível determinar as tangentes de outras curvas, tanto geométricas quanto mecânicas.

O foco de Newton não estava mais no algoritmo das tangentes. Para além disso, o foco estava na noção de velocidade pontual e seus usos possíveis em geometria.

Alguns complementos técnicos

Na versão newtoniana do método de Roberval, a noção de velocidade pontual tem um papel essencial.

Newton parece ter compreendido que, para encontrar a direção dos movimentos compostos, é preciso concentrar-se mais em suas velocidades pontuais que na direção dos movimentos componentes. Certamente, Roberval já havia observado que somente a consideração da direção não é suficiente, sendo preciso acrescentar a ela a consideração de uma grandeza mensurável, por assim dizer, a relação dos diversos movimentos que compõem o movimento composto na sua formação. Em termos estritamente geométricos, isso significa que, sobre as retas que indicam as direções dos movimentos componentes, era preciso tomar os segmentos dotados de um comprimento determinado que entrariam, como tal, na construção das tangentes procuradas.

Newton ultrapassa essa etapa e compreende que esses segmentos podem, e mesmo devem, ser tratados como novos tipos de grandezas dotadas de dois componentes: um, que mais tarde será chamado de *escalar*[31], determinado por seu comprimento; o outro, *direcional*, determinado pela posição da reta à qual esses segmentos pertencem. São esses segmentos, determinados dessa forma em comprimento e em posição, que ele considera como representações geométricas das velocidades pontuais. Essa é a primeira aparição do que será posteriormente chamado de "vetor".

Entretanto, é necessário precisar que Newton caracteriza esses protovetores apenas por meio de suas representações geométricas no interior de um diagrama, no qual sua posição é claramente exibida como tal. Dito em termos modernos, isso significa que Newton não possuía

---

31. O termo "escalar" (do latim *scala*: gradação) empregado como um adjetivo que qualifica uma grandeza ou uma componente de uma grandeza, indica que essa grandeza é avaliada por seu tamanho, comparando-o ao tamanho outras grandezas do mesmo gênero.

nada similar a uma álgebra vetorial.³² Assim, as velocidades pontuais representadas por esses protovetores somente podem tornar-se objetos de um formalismo uma vez que sua componente direcional esteja fixada por meios geométricos. Na medida em que suas velocidades são expressas por variáveis que intervêm em um formalismo, elas somente podem ser consideradas como grandezas ordinárias, isto é, como segmentos dados em posição.

Decorre daí uma consequência de envergadura para o desenvolvimento dos métodos matemáticos e mecânicos de Newton: o formalismo das velocidades pontuais, estabelecido por ele, deve ser acompanhado de uma representação geométrica dessas velocidades, se tal formalismo pretende resolver problemas concernentes à composição de vários movimentos retilíneos dotados de direções diferentes ou, de modo mais geral, de movimentos não retilíneos.

Retomemos. Na nota de 13 de novembro, Newton pareceu considerar a possibilidade de incluir os algoritmos que ele havia estabelecido durante os dois anos precedentes, no interior de uma teoria mais geral das velocidades pontuais, fundada sobre a noção de composição dos movimentos. Porém, ele realizaria esse programa apenas seis meses mais tarde. Esse é o objeto de duas novas notas, datadas respectivamente de 14 e 16 de maio de 1666. Trata-se de duas versões das primeiras proposições de um verdadeiro tratado, no qual Newton havia pretendido apresentar, de maneira unitária, o conjunto de seus resultados matemáticos. Inicialmente abandonado, esse projeto foi retomado no

---

32. Atualmente, chamamos de "álgebra vetorial" um formalismo que exibe as regras de composição de dois ou mais vetores e define, de maneira mais geral, as operações realizadas sobre eles.

mês de outubro seguinte, sem que nenhuma modificação essencial tenha sido feita nas proposições de abertura. Portanto, elas permaneceram as mesmas das notas de 14 e 16 de maio.

A proposição 6 da segunda versão (que generaliza a proposição 7 da primeira) aborda o problema da busca da tangente de uma curva, descrita pelo ponto de interseção de duas outras curvas dadas, que se movem sobre o plano ao qual elas pertencem. Deste momento em diante, esse seria o único tipo de composição de movimento que Newton preservaria, pois ele considerava, com razão, que todos os casos de composição de movimento poderiam ser reportados a esse.

Assim, essa proposição constitui uma verdadeira recapitulação de toda a teoria da composição de movimentos e, portanto, do método de Roberval, tomado em seu conjunto. Nela, Newton mostra como a tangente procurada pode ser construída, contanto que sejam conhecidas as velocidades pontuais dos movimentos das duas curvas dadas, assim como as tangentes dessas curvas. E ele o faz de tal modo que o teorema de 20 de maio de 1665 pôde, a partir de então, ser concebido como uma consequência dessa construção geral, no caso particular em que as curvas móveis se reduzem a duas retas, que deslizam uma sobre a outra, simulando, assim, um sistema de coordenadas cartesianas.

Esse teorema apresentava um algoritmo geral que se aplicava a toda equação inteira e era capaz de fornecer a expressão da subtangente da curva expressa por essa equação, em qualquer ponto dessa curva, em termos das coordenadas desse ponto. Demonstrando esse teorema a partir da teoria da composição dos movimentos, Newton mostrou não apenas que esse algoritmo coincide com o das velocidades pontuais (o que ele já havia demonstrado na nota de setembro de 1665), mas também, e sobretudo, que sua determinação é apenas uma consequência particular de tal teoria, que engloba tanto a solução do problema das tangentes quanto das curvas geométricas.

Alguns complementos técnicos

Sendo dadas as curvas RS e UV (fig. 6), suponhamos que na sequência de seu movimento seu ponto de intersecção M descreve a curva HK da qual busca-se a tangente. Newton distingue cinco movimentos diferentes aos quais supõe-se que o ponto M esteja submetido, segundo o modo como ele é considerado.

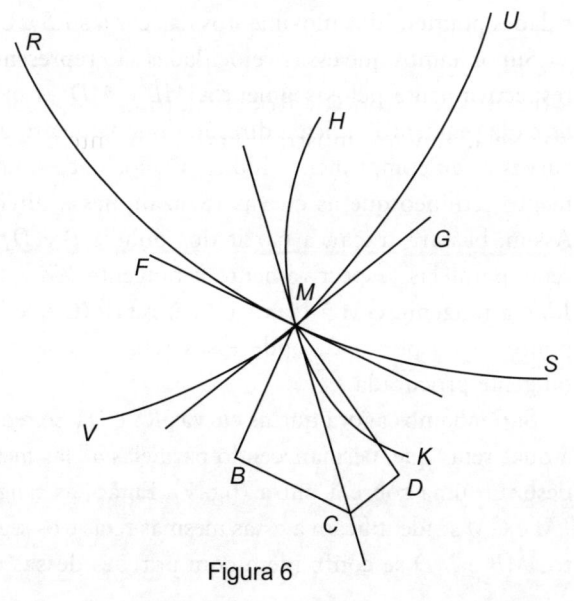

Figura 6

Inicialmente, pode-se conceber esse ponto como sendo fixo sobre uma das duas curvas RS e UV. Assim, tal ponto é conduzido pelo movimento dessas curvas e está, portanto, submetido respectivamente aos seus dois movimentos.

Em seguida, pode-se conceber o ponto M como deslizando sobre as duas curvas, de tal modo que ele permanece como ponto de intersecção dessas curvas, enquanto elas mudam de posição uma com relação à outra. Portanto, ele está submetido a dois outros movimentos, cada um ao longo dessas duas curvas.

Por fim, pode-se conceber o ponto M como descrevendo a curva HK. Ele está submetido, então, a um quinto movimento cuja trajetória é dada por essa última curva. Portanto, a tangente dessa curva não é outra coisa senão a direção pontual do quinto movimento. Para encontrar essa direção, deve-se conhecer as velocidades pontuais dos dois primeiros desses cinco movimentos, ou seja, as velocidades pontuais dos movimentos das curvas RS e UV.

Suponhamos que essas velocidades são representadas respectivamente pelos segmentos MB e MD. A direção de cada segmento indica a direção do movimento dessas curvas e seu comprimento indica a velocidade do movimento retilíneo que as curvas realizam nessa direção.[33] Assim, bastará traçar, a partir dos pontos B e D, duas retas paralelas respectivamente à tangente FM à curva RS e à tangente GM à curva UV. A reta MC que liga o ponto M ao ponto C, onde essas retas se cortam, é a tangente procurada.

Suponhamos agora que as curvas RS e UV se reduzem a duas retas que, permanecendo paralelas a elas mesmas, deslizam uma sobre a outra (fig. 7). Então, as tangentes FM e GM se identificam a essas mesmas retas e os segmentos MB e MD se confundem com porções dessas retas:

---

33. Pode-se representar os segmentos MB e MD como segmentos gerados pelo ponto M, concebido como estando fixo, respectivamente sobre as curvas RS e UV, ao longo de certo lapso de tempo escolhido como unidade, se as velocidades pontuais dessas curvas (e, portanto, também da direção de seus movimentos) não mudarem durante esse tempo.

o segmento MB é uma porção da reta UV e o segmento MD uma porção da reta RS.

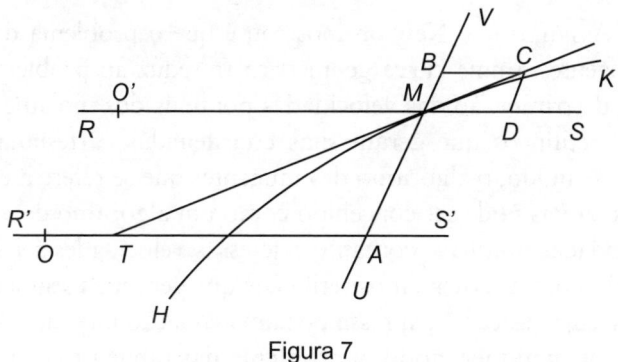

Figura 7

Assim, para dispor de um sistema de coordenadas cartesianas ao qual referir a curva HK, basta tomar como eixo uma reta fixa R'S', correspondente a uma posição qualquer, assumida pela reta RS durante seu movimento, e fixar sobre essa reta um ponto O servindo de origem. Desse modo, as coordenadas do ponto M serão $x = OA = O'M$ e $y = AM$, e os segmentos MD e MB representarão respectivamente as velocidades pontuais dos movimentos que geram essas coordenadas. Pode-se, então, estabelecer $MD = p$ e $MB = q$, e apoiar-se sobre a semelhança dos triângulos TAM e MDC para retirar a igualdade:

$$TA = t = \frac{p}{q} y$$

Segundo essa construção, a diagonal MC do paralelogramo MDCB não indicará apenas a direção da tangente à curva HK. Ela representará também a velocidade pontual do ponto M, contanto que esse ponto seja concebido como gerando a curva HK. Diremos, assim, que as velocidades $MD = p$ e $MB = q$ se compõem segundo a regra do paralelogramo: a velocidade composta é representada pela diagonal do paralelogramo construído sobre os segmentos que representam as velocidades componentes.

Assim, o que Newton mostrou é que o problema das tangentes a uma curva geométrica se reduz ao problema da determinação das velocidades pontuais dos movimentos retilíneos que geram suas coordenadas cartesianas. Desse modo, o algoritmo das tangentes que se refere a essas curvas pode ser concebido como um algoritmo de velocidades pontuais, contanto que essas velocidades sejam atribuídas a movimentos retilíneos que geram os segmentos, cuja relação é expressa por uma equação inteira.

De qualquer modo, o problema das tangentes é apenas um entre os numerosos problemas geométricos cuja solução pode ser englobada por essa teoria. O objetivo de Newton, nesse tratado, seria justamente o de mostrar isso.

II.6. *O Tratado de Outubro de 1666: a edificação de uma teoria geral das velocidades pontuais*

Esse tratado, interrompido no mês de maio de 1665, após as primeiras proposições, e completado entre outubro e novembro de 1666, é conhecido atualmente sob o nome de *Tratado de outubro de 1666*.[34] Ele se apresenta como uma coleção de problemas geométricos e mecânicos cuja solução é deduzida da aplicação de oito proposições gerais.

As seis primeiras proposições apresentam uma teoria geral da composição dos movimentos e culminam com a proposição 6, que retoma palavra por palavra, a proposição

---

34. Cf. Newton (MP), vol. I, pp. 400-448 e, para uma edição anterior, Hall e Hall, 1962, pp. 15-64.

6 da nota de 16 de maio. A proposição 7 anuncia o algoritmo das velocidades pontuais para movimentos que geram segmentos, cuja relação é expressa por uma equação inteira. A proposição 8 provém do problema da inversão do algoritmo, enunciado pela proposição 7: trata-se de encontrar uma equação inteira, $F(x, y) = 0$, a partir da qual pode-se encontrar, pela aplicação desse algoritmo, uma equação inteira dada entre as variáveis x, y, p, q, de primeiro grau, com relação a p e q. Como já foi observado, esse problema nem sempre tem solução, e, mesmo quando tem, tal solução pode ser muito difícil de ser encontrada. A proposição 8 apresenta a solução desse problema em certos casos particulares.

Os problemas geométricos e mecânicos, resolvidos com a ajuda dessas proposições, podem ser divididos em cinco famílias: quatro famílias de problemas geométricos — problemas das tangentes, dos raios de curvatura, das áreas, e das retificações — e uma família de problemas mecânicos, baseados na busca de eixos e de centros de gravidade de uma figura plana qualquer.

Uma novidade importante desse tratado, com relação às notas precedentes, está no argumento que Newton emprega para demonstrar que a solução do problema da proposição 8 equivale à solução do problema das áreas das curvas geométricas referidas a um sistema de coordenadas cartesianas ortogonais. Trata-se de um argumento muito simples e geral fundado sobre a consideração da área de uma curva como uma variável gerada, também ela, por um movimento que possui uma velocidade pontual. Raciocinando dessa maneira, Newton associa a noção de velocidade pontual não mais apenas ao movimento que gera um segmento, mas, de modo mais geral, a todo movimento que se supõe gerar uma grandeza geométrica expressa por uma variável: essa noção está se transformando, então, na noção mais geral de fluxão.

Alguns complementos técnicos

Antes de considerarmos essa transformação, vamos nos deter um instante no argumento de Newton. Suponhamos uma curva dada HK referida ao sistema de coordenadas cartesianas ortogonais de eixo $R'S'$ e de origem O, e, sobre essa curva, um ponto I (fig. 8). Se M é um ponto qualquer, também tomado sobre essa curva, o problema das áreas consiste na determinação da área do trapezoide $EAMI$, gerado pelo movimento de translação da ordenada AM.

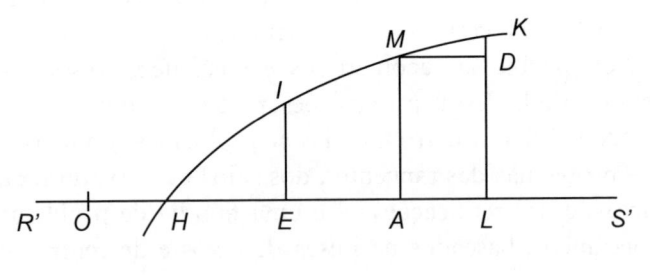

Figura 8

Suponhamos que esse trapezoide está designado pela variável y e estabeleçamos $OA = x$ e $AM = z$. Suponhamos também que o segmento MD representa a velocidade pontual do movimento que gera a abcissa OA, e façamos $MD = p$. A velocidade pontual q do movimento que gera o trapezoide y será assim representada pelo retângulo $ALDM$, cuja área é igual a zp. Teremos então a igualdade $q = zp$.

Segue-se que, buscando o segmento y cuja velocidade pontual é dada por certa expressão $[g(x)]p$, encontramos a área da curva de ordenada $z = g(x)$. Assim, para determinar essa área, é preciso retornar da equação $q = [g(x)]p$ para a equação $y = f(x)$, da qual ela deriva, pela aplicação do algoritmo das velocidades pontuais.

II.7. A teoria das velocidades pontuais se transforma em teoria das fluxões

No *Tratado de outubro de 1666*, o termo "fluxão" não aparece. Newton introduziu esse termo, em seu vocabulário, apenas cinco anos mais tarde, por ocasião de uma revisão desse tratado que deu origem ao *Tractatus de methodis serierum et fluxionum* (*Tratado do método das séries e das fluxões*).[35] Esse termo é empregado somente para designar as variáveis p e q, anteriormente concebidas como velocidades pontuais. Essa pequena mudança de terminologia é o sinal de uma mudança mais profunda. Nas notas de 1665-1666 e no *Tratado de outubro de 1666*, as variáveis p e q estavam associadas às variáveis x e y, por intermédio de um movimento que supostamente gerava essas últimas variáveis, por sua vez concebidas como segmentos gerados pelo movimento de um ponto, ou como trapezoides gerados pela translação de um segmento variável. Portanto, a teoria de Newton era abertamente geométrica, assentada sobre uma concepção mecânica de grandezas geométricas, concebidas justamente como geradas por movimentos.

Em 1671, no *De methodis*, as variáveis p e q são, por outro lado, diretamente associadas às variáveis x e y, que são elas mesmas concebidas como grandezas quaisquer que Newton qualifica de "fluentes". As fluxões são, por sua vez, grandezas que medem diretamente o ritmo de variação dos fluentes, sem que nenhum movimento seja interposto entre fluxões e fluentes. Portanto, a teoria das fluxões se apresenta diretamente como uma teoria geral da variação de grandezas.

Não se trata de uma mudança trivial: o formalismo algébrico é concebido a partir de agora como uma ferramenta

---

35. Cf. Newton (MP), vol. III, pp. 3-372.

que permite alcançar uma generalidade maior que aquela própria da geometria e seus diagramas. Estamos, assim, bem longe da primazia da geometria que parece ainda constituir a base do *Tratado de outubro de 1666*, e já próximos, por outro lado, da concepção que constituiria o fundamento, no século seguinte, da matemática de Euler, de D'Alembert, de Laplace e de Lagrange.[36] A teoria

---

36. Leonard Euler (1707-1783) deve ser considerado um dos principais matemáticos da história. Sua obra é imensa e cobre a totalidade dos domínios da matemática e de suas aplicações: sua edição ocupa a *Académie* suíça de ciência, desde 1909 (o primeiro volume foi publicado em 1911) e, após a publicação de quase oitenta volumes, ainda está longe de terminar. Ele também é autor de alguns textos filosóficos, em particular a respeito da concepção do espaço. Suas *Cartas a uma princesa da Alemanha* (escritas à futura princesa de Anhalt Dessau, filha de um dos atores mais importantes da corte de Frederico II da Prússia, entre 1760 e 1762, e publicadas em Leipzig entre 1770 e 1774) constituem uma apresentação geral da ciência do século XVII.

Jean Baptiste de Rond d'Alembert (1717-1783), matemático, físico e filósofo, foi um dos principais representantes das Luzes. Ele estava, com Diderot, na origem da *Enciclopédia*, na qual redigiu o *Discurso preliminar*, publicado no primeiro volume, em 1751, e numerosos artigos consagrados à matemática. Foi eleito aos 23 anos na Académie des Sciences, onde exerceu uma enorme influência durante toda a sua vida. Suas pesquisas em física dizem respeito à mecânica racional e à hidrodinâmica. Ele é o autor de um *Tratado de dinâmica*, publicado em Paris, em 1742, onde propõe uma reformulação da mecânica de Newton. Em matemática, suas principais contribuições concernem à análise e à álgebra.

Pierre Simon, conde de Laplace (1749-1827), matemático e astrônomo, foi um dos sábios mais envolvidos na vida política francesa: foi ministro do interior de Napoleão e, posteriormente, presidente do senado. Votou, em 1814, a deposição do imperador e se aliou a Luís XVIII, que o nomeou marquês e *pair de France* (alto oficial). Sua *Exposition du sistème du monde* [*Exposição do sistema de mundo*], publicada em Paris, em 1796, contém a célebre hipótese cosmogônica dita de Kant--Laplace, segundo a qual o sistema solar teria provindo de uma nebulosa em rotação, que envolveu um núcleo fortemente condensado e de temperatura muito elevada. Sua *Mécanique céleste* [*Mecânica celeste*], publicada em Paris em cinco volumes, entre 1799 e 1825, é a exposição mais completa e matematicamente precisa da astronomia newtoniana e de seus desenvolvimentos ulteriores. Sua *Théorie analytique des probabilités* [*Teoria analítica das probabilidades*], publicada em Paris, em

das grandezas não é mais concebida como uma geometria, pois as grandezas, elas mesmas, não são mais concebidas como objetos geométricos: elas não são mais pensadas como uma natureza individual específica (como a de um segmento ou de um trapezoide), mas preferencialmente pelas modalidades de sua variação e, portanto, pelo sistema de relações que as liga a outras grandezas. Elas não são mais apresentadas como sendo expressas por variáveis que intervêm em um formalismo: elas são diretamente concebidas como essas variáveis e, portanto, caracterizadas pelo lugar que elas ocupam nesse formalismo. A noção de grandeza, e com ela a de quantidade, transformou-se em uma noção mais abstrata. Essa abstração é, desse momento em diante, concebida como a condição de sua generalidade.

As pesquisas matemáticas de Newton — que, inicialmente, eram simples reflexões de um jovem estudante, decepcionado pela escolástica, a respeito dos métodos da geometria cartesiana — acabaram por conduzi-lo, em alguns anos, a revolucionar profundamente essa geometria.

1812, constitui o nascimento da teoria das probabilidades moderna, teoria cuja introdução à segunda edição (1814) expõe, sem nenhum dispositivo matemático, os princípios e as aplicações da geometria do acaso. Também são devidas a ele contribuições fundamentais em análise e em diversos domínios da física.

Joseph Louis de Lagrange (1736-1813), professor de matemática na Escola de Artilharia de Turim, foi chamado, em 1766, a Berlim, por Frederico II da Prússia, sob o conselho de Euler, para dirigir a Académie des Sciences. Em 1787, instala-se em Paris e torna-se um membro influente dessa academia. Sua obra matemática se estende da álgebra à análise e à mecânica, domínios aos quais trouxe contribuições fundamentais. Sua *Mécanique analytique* [Mecânica analítica], publicada em Paris em 1788, fornece uma reformulação analítica e um desenvolvimento considerável da mecânica de Newton. Por outro lado, sua *Thérie des fonctions analytiques* [Teoria das funções analíticas], também publicada em Paris, em 1797, apresenta um fundamento do cálculo infinitesimal, que se pretende independente de toda consideração a respeito do infinito e do infinitamente pequeno.

Em primeiro lugar, Newton a enriqueceu, pela introdução de algoritmos muito gerais, aptos a fornecer soluções imediatas para os problemas das tangentes, dos centros de curvatura e das áreas de curvas geométricas. Em seguida, ele a colocou a serviço de uma teoria mais geral, a teoria das velocidades pontuais, concebida como uma teoria de geração de curvas pelo movimento, no interior da qual a geometria de Descartes tinha o estatuto de um ramo particular. Enfim, ele se serviu do formalismo cartesiano e dos algoritmos que havia enriquecido para transformá-los em uma nova forma de generalidade, que domina toda a geometria e se apresenta como uma teoria universal das grandezas e de suas variações: *a teoria das fluxões*.

Veremos adiante que, posteriormente, Newton recusará essa abordagem para retornar à primazia da geometria, sobre todo formalismo algébrico. Entretanto, a semente de uma nova matemática, mais abstrata e mais formal, estava plantada. É ela que, depois da morte de Newton, fará nascer o programa que virá se impor ao século XVIII, de uma redução de todas as matemáticas a uma teoria das funções. É desse programa que provém a matemática moderna, e temos pleno direito de considerar Newton um de seus ancestrais.

II.8. *Professor lucasiano de matemática*

Como notamos anteriormente, cinco anos separam o *Tratado de outubro de 1666* do *De methodis*. Se (deixando de lado a mudança de perspectiva que acaba de ser descrita), o segundo desses tratados é apenas uma reformulação do primeiro, é porque, durante esses cinco anos, Newton retomou apenas de maneira esporádica os problemas matemáticos, tendo descoberto outros interesses, dos quais falaremos no próximo capítulo. Entretanto, uma das razões que o fizeram retornar à matemática merece ser lembrada, pois ela está na origem de um evento que mudou o curso de sua vida.

Quando entrou em Cambridge, no mês de abril de 1667, Newton era apenas um estudante entre os outros. Dia 2 de outubro de 1667, ele foi eleito *Minor Fellow* do Trinity College, o que lhe dava um novo status, um salário e, por conseguinte, a possibilidade de prosseguir em seus estudos. No dia 1 de abril de 1668, ele obteve o *Master of Arts* da Universidade de Cambridge e, no dia 7 de julho, foi promovido a *Major Fellow*. A razão da eleição de Newton não é conhecida: novamente pode-se imaginar que ele se beneficiou do apoio de Babington, em razão da antiga ligação que Newton tinha com ele, ou que Newton foi, de maneira mais honrosa, apoiado por Barrow, que de algum modo teria sabido reconhecer seu talento matemático, ainda não exposto publicamente.

Talvez, o apoio de Barrow não tenha sido a razão de sua eleição, mas, ao menos, foi uma consequência. No dia 20 de julho de 1669, Barrow escreveu a Collins[37] — na época secretário da Royal Society (a sociedade científica que reunia os pensadores britânicos) —, para agradecê-lo pelo envio de uma cópia da *Logarithmotechnia* de N. Mercator[38], um curto tratado em que eram abordados

---

37. John Collins (1624-1683), autor de numerosos manuais de matemática elementar e aplicada à economia, foi eleito para a Royal Society, em 1667, da qual torna-se em seguida secretário e se engaja em um trabalho de promoção da pesquisa científica e de difusão dos resultados obtidos.

38. Nicolas Kaufmann, chamado Mercator (1620-1687), matemático alemão célebre por seus estudos sobre as séries e sobre o desenvolvimento de Log $(1 + x)$ em função das potências crescentes de x. Inicialmente, ensinou os matemáticos nas universidades de Rostock e de Copenhague, depois se instalou na Inglaterra, onde foi nomeado *fellow* da Royal Society. Em 1682, na França, foi chamado para participar do projeto

certos desenvolvimentos em séries inteiras. E ele acrescenta o seguinte:

> Um de meus amigos aqui, que é um grande gênio para essas coisas, me entregou outro dia notas das quais, suponho, você vai gostar, e onde ele expôs métodos para calcular a dimensão das grandezas, similares àquelas do Sr. Mercator, concernentes à hipérbole, mas muito mais gerais, e [aptas] também a resolver as equações.[39]

Em sua carta, Barrow não dava ao correspondente nenhum exemplo da genialidade de Newton. Por outro lado, ele o encorajou a redigir uma nova apresentação de seus resultados, pensando em Collins. Newton se limitou ao problema das áreas. Ele redigiu um escrito — que seria conhecido depois como o *De analysi per aequationes numero terminorum infinitas* (*Da análise para equações infinitas quanto ao número dos termos*)[40] —, no qual ele mostra como é possível expressar a área de várias curvas, seja por meio de uma expressão finita, retirada diretamente da equação dessas curvas, seja por meio das séries inteiras.

Tratava-se de resultados aos quais ele havia chegado muitos meses antes, mas que não havia absolutamente tornado públicos. No dia 31 de julho, Barrow enviou esse escrito a Collins, sem mencionar o nome de seu autor. Collins ficou entusiasmado. Ainda mais impressionado pelo talento de seu jovem amigo, Barrow, que tinha, sem dúvida, outras perspectivas a respeito de sua própria carreira, pediu demissão de seu posto de professor lucasiano,

---

de alimentação hidráulica do castelo de Versalhes. A *Logarithmotechnia* contém suas contribuições matemáticas mais importantes.
39. Cf. Newton (C), vol. I, p. 13.
40. Cf. Newton (MP), vol. II, pp. 206-247.

certo de ter encontrado um sucessor. No dia 29 de outubro de 1669, Newton foi eleito em seu lugar.

Não obstante sua nova distinção, ligada à função, e as insistências de Collins e Barrow, Newton não publicou o *De analysi*. Do mesmo modo, dois anos mais tarde, não publicou o *De methodis*. A partir de então, envolvido em outras pesquisas, teria ele não encontrado tempo para dar a esses tratados a forma que desejava, na perspectiva de uma publicação? Convencido de sua genialidade e de sua superioridade, teria ele considerado inútil comunicar seus resultados a leitores que não acreditava estarem à altura? De fato, ele se contenta em mostrar de vez em quando seus manuscritos a leitores discretos e selecionados segundo sua vontade.

O *De analysi* viria a ser publicado apenas em 1711, por W. Jones, enquanto o *De methodis* esperaria até 1736, para que J. Conson viesse a publicar sua tradução inglesa. Assim, a maior parte dos matemáticos da Europa deveria esperar vários anos antes de ser atualizada a respeito dos extraordinários resultados matemáticos que Newton havia obtido entre 1664 e 1666. Em 1693, J. Wallis publicou, na versão latina de seu *Traité d'algèbre* [*Tratado de álgebra*], uma carta de Newton, apresentando, aliás de forma bem obscura, uma pequena parte de seus resultados. Foi apenas em 1704 que Newton publicou um verdadeiro tratado de geometria, cujo conteúdo é próximo do conteúdo do *De analysi*: o *De quadratura curvarum* (*Da quadratura das curvas*).

Nesse meio tempo, em 1684 e em 1686, Leibniz havia publicado em suas *Acta Eruditorum* dois curtos escritos, que fizeram rapidamente um grande eco — o *Nova methodus pro maximis et minimis* (*Novo método para os máximos e os mínimos*) e o *De geometria recondita et analysi indivisibilium atque infinitorum* (*Da geometria escondida e da análise dos indivisíveis e dos infinitos*) —

nos quais ele apresentava os elementos principais de uma teoria formalmente equivalente à teoria das fluxões, *o cálculo diferencial e integral.*

A querela de prioridade que explodiria mais tarde entre os dois homens faria grande ruído na Europa. Nós retornaremos a isso no capítulo VI. Por ora, convém voltar o olhar para o assunto que detém a atenção de Newton após o outono de 1665: a teoria das cores.

III
A teoria da luz e das cores
1664-1675

Entre o início do ano de 1664 e o outono de 1665, Newton avança a grandes passos em seus estudos matemáticos, o que não o impede de se interessar também por outros assuntos. Após 13 de novembro de 1665, provavelmente satisfeito com suas aquisições matemáticas, ele se dedica, com uma energia cada vez maior, ao estudo da luz e, em particular, ao dos fenômenos da cor. Fenômenos esses por ele escolhidos como assunto dos primeiros cursos que ministrou com o título de novo professor lucasiano de matemática. Em 1672, ele toma isso como assunto de sua primeira publicação: uma carta, enviada a Henry Oldenburg, secretário da Royal Society, na data[1] de 6 de fevereiro de 1671-72, que seria lida, assim que recebida, em uma sessão dessa sociedade, e publicada treze dias mais tarde nos *Philosophical Transactions*, com o título de "New Theory about Light and Colours".[2]

---

1. Nessa época, na Inglaterra o ano começava em 25 de março, enquanto no continente o ano começava em 1º de janeiro. Por isso havia o costume de indicar os dias entre essas duas datas por uma notação que mostrava os dois anos. Considerando a diferença de dez dias entre o calendário gregoriano, adotado no continente, e o calendário juliano, empregado na Inglaterra, conclui-se que essa data corresponde a 16 de fevereiro de 1672, conforme o calendário continental.
2. Cf. Newton, 1671-1672.

A "nova teoria" que Newton expõe nessa carta se afasta das concepções aristotélicas e também daquelas que vieram a se formar no interior do movimento antiescolástico, principalmente sob a influência da obra de Descartes. Em poucas palavras, Newton rejeita a concepção da luz solar como luz homogênea de onde as cores somente surgiriam em razão de modificações provocadas por circunstâncias acidentais. Por outro lado, ele propõe que se conceba essa luz como composta desde a origem por raios de diferentes cores que, em certas circunstâncias (em particular na ocasião de refração ou de reflexão), podem se separar uns dos outros.[3]

---

3. É uma concepção aceita, ainda hoje, de que as diferentes cores da luz surgem por decomposição da luz solar. Nesse sentido, pode-se dizer que Newton é o iniciador da moderna teoria das cores. Em compensação, a imagem newtoniana da luz solar como sendo composta de vários raios de diferentes cores já presente nela, como uma mistura de indivíduos dotados de diferentes propriedades específicas, foi em grande medida ultrapassada.

As concepções ondulatórias, opostas a essas de Newton e defendidas por cientistas como Hooke ou Huygens, se mostraram aptas a dar conta de vários fenômenos que permaneciam inexplicáveis com a luz sendo pensada como um feixe de raios retilíneos. Além disso, a adoção do modelo ondulatório permitiu representar a composição e a decomposição da luz de uma outra maneira daquela que a representa como uma unificação ou uma separação de diferentes componentes já presentes como tais antes que essa unificação ou separação acontecesse. Esse modelo reivindica, antes de tudo, uma modelização matemática que descreve essa composição ou decomposição com a ajuda de ferramentas técnicas das quais Newton estava longe de dispor. Elas foram criadas muito mais tarde, entre o fim do século XVIII e o início do século XIX: a imagem das ondas concêntricas formadas por duas pedras jogadas na água que se compõem uma com as outras poderia, de maneira muito aproximativa, ajudar a dar uma ideia do modo como esta modelização funciona.

No entanto, é necessário observar que Newton se esforçava sempre para apresentar suas explicações dos fenômenos das cores de tal modo que elas não prejudicassem a natureza da luz e que elas não fossem, por consequência, compatíveis com diferentes concepções da luz.

Para um rápido panorama, mas muito preciso, da história das concepções da luz das teorias modernas, cf. Blay, 2001.

III.1. A lei da refração de Descartes

A carta a Oldenburg tem, primeiramente, como propósito, responder às demandas de explicação dos membros da Royal Society. Seduzidos por um telescópio de reflexão construído por Newton alguns anos antes e trazido a Londres por Barrow, em volta de 1671, os membros da Royal Society tendo acabado de eleger Newton membro titular, queriam conhecer as razões que o levaram a construir tal maravilha. Com efeito, esse telescópio não foi somente um testemunho da extraordinária habilidade técnica de Newton, que havia polido cuidadosamente o espelho após o ter fundido em um liga concebida por ele para a ocasião. Newton o havia imaginado com base em sua própria teoria da refração.

No Discurso VIII, da *Dióptrica*[4], Descartes havia previsto que as distorções produzidas pelos telescópios comuns (de refração) poderiam ser evitadas substituindo as lentes esféricas habituais por outras lentes que apresentariam uma seção em forma de elipse ou hipérbole. Newton não acreditava que isso se daria de tal modo e, em vez de tentar produzir lentes de tal forma — o que na época comportava grandes dificuldades técnicas e ocuparia muitos artesãos vidreiros —, construiu um telescópio de reflexão que não produzia nenhuma distorção.

Os membros da Royal Society queriam saber de onde Newton havia tirado sua opinião contrária à previsão de Descartes: ainda mais que essa previsão se fundamentava em uma lei óptica que governava a refração e que Descartes mesmo havia enunciado no "Discurso II" do seu ensaio, tornando precisa, assim (pela primeira vez em um

---

4. Assim como a *Geometria* e os *Meteoros*, a *Dióptrica* foi publicada em anexo ao *Discurso do método*, em 1637.

texto publicado), uma regularidade que já tinha sido observada várias vezes séculos antes.[5]

A refração de um raio luminoso consiste no desvio sofrido por esse raio quando ele passa de um meio a outro. Imaginemos que um raio luminoso se propaga no ar e que encontra a superfície da água. Dizer que o raio foi refratado por essa superfície significa afirmar que ele penetra na água seguindo uma direção diferente daquela que ele seguiria no ar. A lei de refração de Descartes afirma o seguinte: o ângulo que o raio forma com a face de separação dos dois meios, antes da refração, está ligado ao ângulo que ele forma com essa mesma face depois da refração, por uma relação que depende de uma constante k. Essa constante, por sua vez, depende da natureza dos dois meios, mas, se esses meios são dados, é a mesma para todo raio.

Alguns complementos técnicos

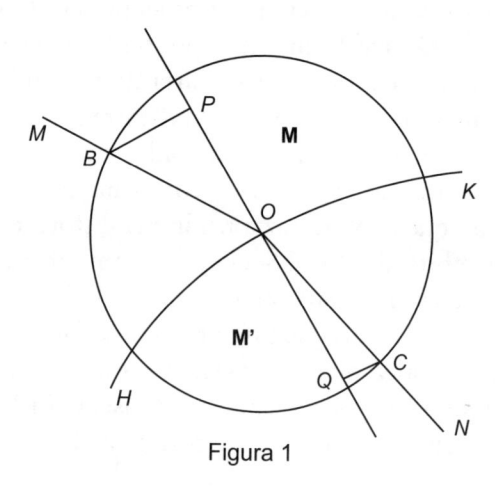

Figura 1

---

5. Sobre a lei de refração de Descartes, enunciada mais ou menos ao mesmo tempo por W. Snell em um manuscrito perdido, ver, entre outros, Sabra, 1967, cap. 4.

Para compreender essa lei, suponhamos (fig. 1) que um raio luminoso MON encontre, no ponto O, a curva HK, que separa um meio **M** de outro meio **M'**. E suponhamos que o raio é desviado. Se PQ é a normal a esta curva, então o ângulo $P\hat{O}M = \varphi$ é chamado "ângulo de incidência" e o ângulo $Q\hat{O}N = \psi$, "ângulo de refração". A lei de Descartes afirma que o seno[6] do ângulo de incidência é proporcional ao seno do ângulo de refração, isto é: $\sin \varphi = \kappa \sin \psi$, onde k é uma constante que depende da natureza do dois meios **M** e **M'**.

Se confiamos nessa lei, para encontrar o ângulo $Q\hat{O}N = \psi$, que fornece a direção do raio após a refração, será suficiente: escolher à vontade um ponto B sobre esse raio; traçar um círculo de centro O e de raio BO; e buscar sobre esse círculo o ponto C, tal que a perpendicular CQ, traçada desse ponto até a normal PQ à curva HK, esteja na relação $1/\kappa$ com a perpendicular BP, traçada do ponto B até essa mesma normal.

Baseando-se nessa contrução, Descartes demonstra, na *Dióptrica*, que se a curva HK é uma elipse ou uma hipérbole cujo ponto A é o vértice, então, qualquer que seja a constante k, todos os raios luminosos que encontram essa curva, paralelamente a PQ, convergem após a refração

---

6. Um ângulo $Y\hat{O}X = \alpha$ (fig. 2) sendo dado, tomando-se um ponto B sobre um dos seus lados OY e traçando-se a partir desse ponto a perpendicular BA até o outro lado: a relação $\frac{BA}{OB}$ será o seno de α. Observa-se que essa relação é a mesma, qualquer que seja o ponto B, e que ela é igual à relação $\frac{CD}{OC}$, qualquer que seja o ponto C tomado sobre o lado OX, desde que CD seja perpendicular a OY (porque os triângulos OCD e OAB são, desse modo, semelhantes). Se supomos, como de costume nos textos atuais, que o vértice O do ângulo α é a origem de um sistema de coordenadas cartesianas ortogonais cujo eixo das abscissas é colinear ao lado OX, então o seno desse ângulo não será nada mais que a ordenada AB do ponto B, onde o outro dado OY encontra o círculo de raio unitário centralizado em O. A abscissa OA desse mesmo ponto será, então, o cosseno de α, que, de modo mais geral, é definido como a relação entre OA e OB.

para um foco dessas curvas. A lei de Descartes é, de qualquer modo, compatível com um fato comum: quando um raio luminoso é perpendicular à superfície de separação entre dois meios nos quais ele propaga, tal raio não sofrerá nenhum desvio ao passar de um desses meios a outro.

Segue-se que, se uma lente apresenta uma seção *KOHE* (fig. 3), tal que *KOH* seja um arco da elipse ou da hipérbole cujo *F* é um foco e que *KEH* é um arco do círculo de centro *F*, então os raios luminosos paralelos ao diâmetro *OF* de *KOH* — que entram na lente a partir da parte que apresenta essa curva *KOH* como seção e que sai pela parte oposta que apresenta como seção o arco de círculo *KEH* — são refratados de tal modo que eles convergem para *F*, pois, sendo todos perpendiculares a esse arco do círculo[7], eles não sofrem nenhuma refração ao sair da lente.

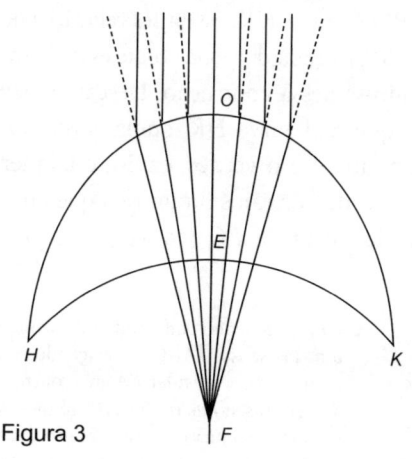

Figura 3

Para um observador que se encontra em *F*, a distância aparente entre as fontes desses raios deveria, portanto, ser maior que a distância real entre esses pontos, de modo

---

7. Todo raio de um círculo realmente perpendicular (ou, se preferir, normal) a esse círculo, isto é, que é perpendicular à tangente ao círculo traçada a partir do ponto onde o raio o encontra.

que a imagem propagada por esses raios deveria aumentar sem deformação: essa é precisamente a previsão de Descartes.

III.2. Uma "irregularidade" na refração: como a nova teoria de Newton se opõe às visões aristotélicas e às teorias de Descartes e de Hooke

Newton começa suas *Lectiones opticae* (*Lições de óptica*)[8] com uma refutação dessa previsão de Descartes:

> [...] os escritores de óptica [...] deixaram a seus sucessores a descoberta de algo de uma importância extrema. De fato eu encontrei uma certa irregularidade, nas refrações, que pertuba tudo [...].

A carta a Oldenburg, de 1672, está precisamente dedicada a dar conta da descoberta dessa "irregularidade", que Newton considera como uma base sobre a qual ele se propõe a edificar uma verdadeira teoria matemática das cores.

De acordo com uma opinião clássica, que remete essencialmente a Aristóteles, há na origem de toda visão uma só espécie de luz, branca, pura e homogênea, que se

---

8. Trata-se de um relatório em latim das lições de óptica entregues por Newton após sua nomeação ao título de professor lucasiano. Entre 1670 e 1672, Newton as redigiu em duas versões: uma mais curta, servindo provavelmente de base para seus cursos, e uma mais importante, que ele pensou provavelmente em publicar, mas que se contentou em depositar na biblioteca universitária, como testemunho de suas aulas. Essa segunda versão (a qual eu irei me referir mais adiante), traduzida para o inglês, seria publicada depois da morte de Newton: parcialmente em 1728 e integralmente em 1729. Uma edição crítica moderna dessas duas versões, com tradução, comentários e notas feitas por A. Shapiro, se encontra em: Newton (OP, I). Para a citação: cf. ibidem, pp. 48-49 e 280-283.

propaga em linha reta e que sofre, ao encontrar certos obstáculos, reflexões ou refrações, provocando alterações responsáveis por nossas sensações de cores. Estima-se, portanto, que essas sensações seriam o produto do encontro da luz, modificada pela reflexão ou pela refração, com os olhos.

Partindo-se dessa premissa, seria natural fazer a distinção entre uma teoria — que trata da propagação da luz e que se fundamenta em um modelo muito simples, no qual a luz seria concebida como um conjunto de raios representados por retas — e um conjunto de outras teorias, muito diferente entre elas, que visam à explicação de fenômenos da cor com a ajuda de um estudo da natureza da luz, de modificações possíveis dessa natureza durante as reflexões e as refrações, e de interações entre a luz e os nossos órgãos dos sentidos.

A primeira seria uma teoria perfeitamente geométrica, precisamente a óptica geométrica, que, como tal, não dependeria de nenhuma hipótese relativa à natureza da luz. Seria suficiente supor que a luz se propaga em linha reta e que ela se reflete e se refrata conforme leis dadas que não dependem em nada dos raios considerados. Em compensação, as teorias do segundo conjunto seriam essencialmente qualitativas, cujo objetivo seria fornecer imagens mais ou menos fiéis da natureza da luz e da maneira como ela produz seus efeitos. A geometria e a mecânica entrariam nas teorias desse segundo conjunto somente de maneira marginal, à medida que pudessem ser empregadas para fornecer essas imagens. Entretanto, isso não levaria a nenhuma caracterização quantitativa da natureza da luz e desses efeitos, porque nessas teorias jamais seria identificada uma grandeza física mensurável (ao menos em princípio) da qual teria sido possível fazer depender a produção desses efeitos e, em particular, a diferença entre as cores.

A primeira teoria seria, portanto, uma teoria matemática, mas, no fundo, ela manteria vínculos muito fracos com o fenômeno físico da propagação de luz. Supondo-se que a luz se propaga na forma de raios retilíneos e que entre esses raios não subsista nenhuma diferença específica, tal teoria reduziria de imediato esse fenômeno a um modelo muito simples (em que se limitaria a chamar de "raios luminosos" nada mais do que retas geométricas), transformando-o subitamente em um fenômeno bastante circunstanciado, desassociado a um grande leque de fatores físicos que parecem se relacionar a ele, como por exemplo a formação das cores. As teorias do segundo conjunto visariam, em compensação, dar conta de fenômenos físicos mais complexos, mas em nada seriam consideradas teorias matemáticas.

Entre essas últimas teorias estão as de Descartes e de Hooke[9], que se tornariam, em torno da metade do século XVII, particularmente importantes.

Alguns complementos técnicos

Conforme a opinião dominante antes de Newton (opinião também de origem aristotélica), o branco e o preto seriam cores da luz e da escuridão, enquanto as outras cores, sendo compreendidas entre esses dois extremos, surgiriam por ocasião de um encontro ou de

---

9. Robert Hooke (1635-1703), físico e astrônomo, foi, com Newton e Boyle, um dos mais importantes filósofos ingleses da natureza, no século XVII. Sua carreira científica se mistura em várias ocasiões com a de Newton. Por isso, posteriormente, com frequência retornaremos à sua obra e às suas atividades. Entre suas maiores contribuições, pode-se citar sua proposta de utilizar o movimento de um pêndulo para medir a aceleração da gravidade e a enunciação da lei, que leva seu nome, da proporcionalidade entre as deformações elásticas de um corpo e os esforços aos quais esse corpo está submetido.

uma mistura da luz e da escuridão, isto é, do branco e do preto.

Descartes, assim, teria adiantado, em *O Mundo ou tratado da luz*[10], que a luz é uma tendência ao movimento, uma pressão [*poussée*] das partículas do éter uma sobre as outras, chegando até nós e provocando, assim, uma pressão [*poussée*] em nossos olhos.[11]

No Discurso I, da *Dióptrica*, Descartes também explica as sensações de cores diferentes do branco e do preto. Ele sustenta que, na ocasião de reflexão e refração, tais partículas adquirem um certo movimento de rotação que, transmitindo-se de uma partícula a outra, chega até as partículas que pressionam [*poussent*] nossos olhos.

No Discurso VIII, dos *Meteoros*, além disso, Descartes teria justificado a formação do espectro iridescente pela refração de um feixe de luz solar por prisma (um espectro luminoso que apresenta a mesma disposição de cores do arco-íris, que seria ali, aliás, um caso particular). Ele o faz sustentando que, nas fronteiras da zona luminosa, o movimento de rotação das partículas, adquirido na refração, é, por sua vez, alterado pela fricção com as partículas inertes da zona de sombra de maneira diferente, conforme os casos particulares se encontrem (em relação à direção de propagação) à direita ou à esquerda das partículas em rotação.[12]

Hooke também pensava ser a luz transmitida na forma de pressão [*poussée*], ou como uma "impulsão" (*"pulse"*, em inglês) — como afirma na *Micrographia*, publicada em 1665. Ele acreditava que essa impulsão existiria devido a

---

10. Descartes redige *O Mundo* entre 1629 e 1633, ano da condenação de Galileu. Em seguida a esse acontecimento, ele decide não publicar seu tratado, sendo publicado em 1664, catorze anos após a morte de seu autor.
11. Cf. Sabra, 1967, cap. 2.
12. Cf. Blay, 1983, pp. 33-38.

uma vibração da fonte luminosa, que se propaga no espaço como as ondas circulares que se formam na superfície de um lago quando uma pedra o atinge, propagando-se sobre essa superfície.

Conforme essa teoria, os raios luminosos retilíneos nada seriam senão os raios dessas ondas esféricas que, partindo de seu centro constituído pela fonte luminosa, propagam-se em toda direção. Para Hooke, porém, ao contrário dos raios matemáticos, os "raios físicos" possuiriam uma espessura determinada, constituindo uma frente — normalmente perpendicular à direção de propagação — tal como a frente da onda luminosa tomada em seu conjunto.

Do mesmo modo, Hooke pensava que, quando esses raios passam de um meio a outro, onde eles se propagam com mais ou menos facilidade relativamente ao primeiro, e que eles o fazem de tal modo que a superfície de separação dos dois meios não esteja paralela à sua frente, essa frente perde sua perpendicularidade em relação à direção da propagação. Quando um dos lados do raio entra antes do outro no novo meio, a velocidade de propagação desse primeiro lado do raio muda antes da velocidade do outro lado. É isso que produziria a formação do espectro e, quando os raios encontram nossos olhos, as sensações de cores.

Sendo extremamente diferentes uma da outra, essas duas teorias, todavia, assemelham-se em um aspecto essencial: ao mesmo tempo que elas associam as sensações de cores a movimentos determinados, essas teorias não indicam como submeter tais movimentos a mensurações e, além disso, ambas dependem unicamente de imagens mecânicas muito vagas.

Foi graças à consideração daquilo que ele qualificou como irregularidade da refração que Newton chegou a ultrapassar essa situação e a edificar uma verdadeira teoria matemática das cores: uma teoria na qual a diferença entre as cores precisa depender de uma grandeza com significação física precisa. Esse é um exemplo do modo de proceder que temos qualificado frequentemente como *matematização da física*. Outro exemplo, bem mais célebre que esse primeiro, é constituído (como será visto no capítulo V) pela mecânica de Newton e, em particular, pela teoria da gravitação universal que dela resulta.

Para chegar a esse resultado, foi necessário, no entanto, renunciar a uma concepção secular que fazia da luz solar uma luz homogênea (e, portanto, perfeita), da qual as cores poderiam derivar por uma espécie de contaminação: ao falar de uma "irregularidade" da refração, parece ser essa renúncia que Newton quer assinalar.

Com efeito, Newton supôs que, antes de toda reflexão ou refração, a luz solar apresenta componentes distintos, sendo cada um responsável pela propagação de uma cor determinada: componentes apresentados como "raios" diferentes entre eles pelos seus "graus de refrangibilidade".[13]

Sua conclusão é de que a lei de Descartes somente é válida se ela estiver se referindo a raios de luz de uma cor determinada. Isso quer dizer que, se os dois meios **M** e **M'** sendo dados, o índice de refração k varia com a cor do raio considerado.

Suponhamos que um feixe de luz solar, propagando-se pelo ar, encontre uma superfície refratária tal como a de um prisma de vidro. Os diferentes raios que compõem esse feixe seriam desviados de modos diferentes, conforme suas cores. Se for suposto que, antes da refração, esses raios são mais ou menos paralelos, consequentemente, a refração separará os raios de cores diferentes, dando-lhes uma direção diversa e produzindo, assim, o espectro

---

13. Cf. Newton, 1671-1672, p. 183.

iridescente que Descartes já havia observado em circunstâncias similares. A formação das cores espectrais não dependeria, pois, de uma modificação da luz, mas da separação de diferentes componentes.

Dito isso, não seria necessário supor que a todas as tonalidades de cores que percebemos correspondem componentes da luz solar. Assim como o branco, cor da luz solar, surgiria da composição de todos os componentes dessa luz em igual medida, as outras cores poderiam surgir de outros tipos de composição. Daí decorre que há cores primárias — que compõem o espectro iridescente que se produz por refração em um prisma — e cores secundárias, tal como o branco, formadas pela composição de cores primárias. Quanto ao preto, ele não pode ser considerado como uma cor, em um sentido próprio, sendo, antes, devido à ausência de luz.

Falta explicar as cores dos corpos opacos que nos cercam. Longe de serem os efeitos de alguma refração, conforme a teoria de Newton, elas derivariam da reflexão sofrida pela luz quando ela encontra a superfície desses corpos. Essa reflexão produziria, de fato, uma outra espécie de separação dos componentes da luz. Os corpos opacos, diz Newton, "são diferentemente qualificados para refletir um só tipo de luz em maior quantidade que outro".[14] Isso quer dizer que a superfície dos corpos seria de tal modo que absorveria certos raios e refletiria outros: sua cor seria somente essa que é dada pela composição das cores dos raios refletidos.

Assim, uma superfície branca seria uma superfície que refletiria em igual medida todos os componentes da luz solar, ao passo que uma superfície preta absorveria todos esses componentes. Uma superfície vermelha seria, por outro lado, uma superfície que reflete os raios vermelhos

---

14. Cf. ibidem, p. 186.

e absorve todos os outros, valendo o mesmo para todas as outras cores.

Eis, em resumo, a explicação dos fenômenos da cor que Newton expõe em sua carta a Oldenburg, de fevereiro, de 1672. Veremos, agora, como ele chegou a isso e como a justificou.

III.3. As primeiras experiências de Newton referentes às cores

Os principais testemunhos das pesquisas de Newton em relação às teorias das cores, antes da carta a Oldenburg e da redação das *Lectiones opticae*, provêm de duas fontes manuscritas com o mesmo título, *Of Colours* (*Das cores*): trata-se de uma entrada das *Questiones quaedam Philoso[hi]cae* (divididas em duas partes e redigidas provavelmente entre 1664 e 1665) e de um curto tratado escrito provavelmente entre 1666 e 1668.[15]

Se, a partir dessas fontes, está claro que Newton, desde o início de seus estudos, se confrontou com as teses de Descartes, está claro, também, que sua atitude estaria mais próxima da atitude de R. Boyle. Embora aceitando a hipótese corrente, segundo a qual o surgimento das cores decorre de uma modificação da luz, Boyle teria evitado acompanhar tal hipótese de um modelo explicativo, descrevendo, de maneira conjectural, essa modificação

---

15. Cf. Newton (CPQ), respectivamente, pp. 388-389 e 430-443, para a entrada das *Questiones*. E apêndice, pp. 466-489, para o tratado. Para uma reconstrução do percurso que conduz Newton à teoria enunciada na carta a Oldenburg e nas *Lectiones opticae*, cf. Blay, 1983, pp. 86-112; Newton (OP, I), pp. 10-15; e Maniani, 1986, que se refere, também, a duas outras fontes: uma nota sobre a refração, contida em um caderno dedicado sobretudo a pesquisas matemáticas (MS Add. 4000, *Cambridge Univ. Library*, ff. 26^r-33^v); e notas de leituras da *Micrographia* de Hooke [Cf. Newton (USPHH), pp. 397-413].

como um efeito mecânico particular. Em seu *Experiments and Considerations Touching Colours* (*Experiências e considerações a respeito das cores*), publicado em 1664, Boyle apresentou sua hipótese "em um sentido geral", sem se preocupar em detalhá-la, dedicando-se, preferencialmente, a relatar o maior número de experiências, com o objetivo de evidenciar as consequências observáveis de uma tal modificação. São essas experiências que comporão o primeiro objeto das reflexões de Newton.

Tais reflexões visariam, desde o início, dar conta de tais consequências por meio da suposição de uma variação no valor de uma grandeza mensurável.

Newton, primeiramente, busca a quantidade de movimento que os raios luminosos adquirem, quando se encontram com uma certa superfície, algo que ele qualificava, preferencialmente, de força[16], empregando um vocabulário ainda incerto. No entanto, não tardou para que ele observasse que "nenhuma cor surgiria da mistura do puro preto e do branco", ao menos se essa mistura consistisse em uma superposição de tais cores, tal como a que se produz quando se traça um signo com a tinta preta sobre uma folha branca. Ele conclui disso que as cores "não [poderiam] surgir de uma menor ou maior reflexão da luz ou das sombras misturadas com a luz".[17] A eventual variação da quantidade de movimento durante a formação das cores não poderia, então, corresponder a uma variação da quantidade de luz.

É difícil de tornar compatível essa conclusão com a hipótese segundo a qual as cores surgiriam de uma modificação da luz, considerada como homogênea, sobretudo

---

16. Cf. Newton (CPQ), p. 388. Como veremos no capítulo V, na mecânica, a quantidade de movimento é somente o produto da velocidade pela massa do corpo movido, enquanto a força é a causa da aceleração sofrida por esse corpo.

17. Cf. ibidem, p. 388.

se essa alteração é concebida como derivando da reflexão e como produzindo a sensação de diversas cores dos corpos que nos rodeiam (mais do que a imagem do espectro iridescente após a refração, como no modelo de Descartes).

Newton começou, portanto, a suspeitar que as cores dependem de certas propriedades que a luz possui antes de sua reflexão ou refração.

Foi nesse momento que o prisma fez sua aparição nas notas de Newton. O prisma não lhe serviu para produzir cores, submetendo a luz proveniente diretamente do Sol a uma refração, mas lhe serviu para estudar a refração sofrida pelos raios provenientes de uma reflexão prévia. Newton considerou[18] uma superfície plana dividida em duas partes que, olhadas diretamente, parecem ter duas cores diferentes: uma mais luminosa e outra mais escura. E olhou essa superfície através de um prisma, observando a cor aparente de uma faixa imediatamente abaixo da linha de separação.

Ele interpretou seus resultados da seguinte maneira: os raios provenientes da zona mais clara são mais misturados, alguns são mais rápidos e outros mais lentos; a refração separa os raios mais lentos dos mais rápidos, dividindo-os de maneira diferente, de tal modo que se tem a impressão de que eles provêm de zonas diferentes da superfície refletora.

Em seguida, seria abandonada a hipótese da velocidade maior ou menor dos raios que são diferentemente desviados durante uma refração. Aliás, nessa situação, tal hipótese é, aqui, perfeitamente gratuita, pois Newton não dispunha de nenhum meio para medir a velocidade dos diferentes raios e podia apenas constatar as cores produzidas pela refração. Todavia, o importante é que,

---

18. Cf. ibidem, pp. 430-434.

fundamentando-se em tal experiência, Newton teria, pela primeira vez, sugerido a hipótese de que uma refração produziria uma separação de componentes distintos já presentes na luz incidente e que seria essa separação que forneceria, por sua vez, a sensação das cores.

Para testar essa hipótese, Newton olhou[19], através de um prisma, um fio meio azul e meio vermelho sobre o fundo de uma superfície escura. Ele observou, em seguida, que esse fio parecia estar quebrado, com uma metade mais alta que a outra, sem, por isso, mudar de cor. Tomou isso como um sintoma de uma diferença no índice de refração dos raios de cores distintas e como um testemunho do fato de que a refração desses raios não comporta nenhuma mudança de cor. Nesse período, todavia, Newton continuava a associar essa diferença de refração à velocidade diferente dos raios que compõem a luz incidente. Essa suposição lhe parecia necessária para tornar compatível sua nova explicação dos fenômenos observados com a teoria da modificação da luz [*modificationiste*]: as cores surgiriam por causa de uma modificação da luz incidente, produzindo-se de maneira diferente conforme a velocidade dos raios que compõem essa luz.

É somente com o tratado *Of Colours* que Newton abandonou a suposição da presença de uma diferença de velocidade entre os raios que compõem a luz incidente. Por ocasião de uma nova experiência[20], ele pintou duas partes de uma folha de papel em azul e vermelho e observou que, quando essa folha é atingida por raios azuis, as duas partes se mostram azuis, ao passo que elas se mostram vermelhas quando a folha é atingida pelos raios vermelhos. Ele observou também que, no primeiro caso, a parte que seria originalmente vermelha se mostrava

---

19. Cf. ibidem, p. 434.
20. Cf. ibidem, p. 469.

com um azul mais fraco que o da outra parte, ao passo que, no segundo caso, a parte que seria originalmente azul é que se mostrava com um vermelho mais fraco que o da outra.

Disso Newton obteve que a cor dos raios incidentes não é modificada pela reflexão: uma superfície azul ou vermelha somente faz a reflexão, respectivamente, dos raios azuis e vermelhos, absorvendo os outros. Quando tal superfície é atingida por raios que têm a sua cor, ela os refletiria tais quais. Quando ela é atingida por raios de uma outra cor, ela os absorveria. Quando a cor dessa superfície não pode ser tornada perfeitamente pura (como é o caso na experiência de Newton), tal superfície refletiria, assim mesmo, raios de uma cor diferente, mas de maneira um tanto mais fraca que quando sua cor é mais pura.

Para tornar mais clara sua nova teoria, Newton não poderia se limitar ao estudo dos efeitos da reflexão dos raios de diferentes cores. Ele deveria, também, estudar os efeitos de sua refração. Para fazer isso, faltava-lhe montar uma experiência na qual interviriam ao menos dois prismas: um refrataria a luz já refratada pelo outro. Esse é o esquema geral de uma experiência que Newton descreveu mais tarde em sua carta a Oldenburg, ali apresentando-a como "crucial".

III.4. A carta a Oldenburg, de fevereiro de 1672

Nessa carta[21], Newton alega ter chegado de imediato à versão definitiva de sua teoria, ao observar — quase por acaso — a imagem de um feixe de luz refratada por

---

21. Uma edição dessa carta, acompanhada de comentários esclarecedores, foi feita por: Sepper, 1994, segunda parte, pp. 19-59.

um prisma[22] projetada em uma tela. De fato, no início de 1666, Newton conta que quis "fazer o teste [...] do célebre fenômeno das cores"[23] e que logo foi surpreendido pela forma da imagem projetada, na parede de seu quarto, pela luz filtrada por um pequeno furo circular nas persianas fechadas e refratada por um prisma.

A experiência com um só prisma, que refrata um feixe de luz em um quarto escuro, era clássica. Mas, apoiando-se nas conclusões obtidas durante suas experiências precedentes, Newton pôde conceber e interpretar tal experiência de maneira totalmente nova.[24] Em vez de conceber a reduzida dimensão do feixe de luz refratada como um meio para misturar sombra e luz — como em todas as versões precedentes dessa experiência —, Newton a concebeu como uma maneira de impedir que os raios, separados pelo prisma, recomponham-se do outro lado desse prisma por suposição de vários espectros. Além disso, Newton escolheu (fig. 4) o ângulo de inclinação do feixe de luz, filtrado pelo furo na persiana, e a inclinação do prisma, de modo que o ângulo de refração $Q\hat{O}B$ (formado pelo feixe que sai do prisma com a normal da superfície desse mesmo prisma) fosse igual ao ângulo de incidência $A\hat{I}P$, e que o feixe chegasse de maneira perpendicular à tela onde a imagem era projetada.

---

22. Trata-se de uma narrativa imaginária, construída *a posteriori*, como provam as fontes que acabamos de mencionar: ele não dá testemunho do percurso da descoberta, mas visa fornecer uma justificativa para as conclusões obtidas de um modo que ela estivesse apta a convencer os leitores. Não sendo meu objetivo aqui reconstruir em detalhes a gênese da teoria de Newton, nada me impede de me apoiar nessa narrativa que, apresentada conforme indicações precedentes, não deverá correr o risco de produzir uma imagem falsa dessa teoria e de suas origens.
23. Cf. Newton, 1671-1672, p. 181.
24. Newton também expõe essa experiência nas *Lectiones opticae*, sec. I, arts. 3 e 11-15.

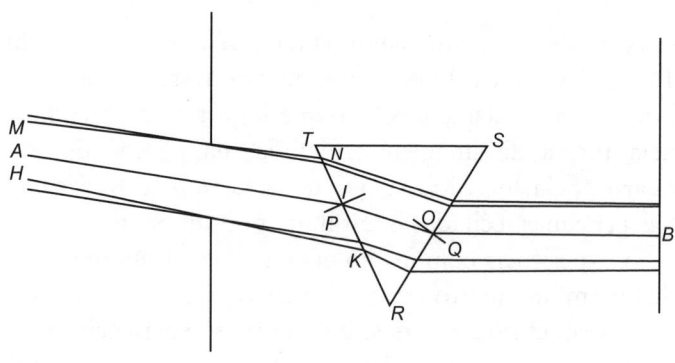

Figura 4

Segundo a óptica geométrica até então conhecida e a lei de refração de Descartes, nessas condições, a forma da imagem projetada sobre essa tela deveria ter mais ou menos a mesma forma da imagem do furo realizado na persiana (como mostra a figura 4), pois os raios do feixe, que incidem paralelamente à direção desse mesmo feixe, deveriam permanecer paralelos entre eles, e os outros raios só deveriam mudar muito ligeiramente sua inclinação relativa.[25]

Com a experiência feita, Newton afirma ter constatado que a forma da imagem projetada era sensivelmente diferente daquela do furo realizado na persiana: ela era alongada, mais ou menos cinco vezes mais alta que larga.

Segundo essa mesma narrativa, Newton teria então modificado de diferentes maneiras as condições da experiência, obtendo sempre o mesmo resultado. Isso o levaria a concluir que essa forma não tem efeitos contingentes,

---

25. Mais precisamente, Newton formula essa propriedade dos raios obedecendo a lei de Descartes e a demonstra no início de suas *Lectiones opticae*, seção I, art. 4-9. Para ilustrar tal propriedade, considerou-se aqui a direção de um raio que passa pelo centro do furo, como sendo a direção do feixe. No entanto, está claro que esse feixe não pode ser reduzido a cilindro, já que seus raios extremos MN e HK (fig. 4) são divergentes por causa da inclinação relativa dos raios solares, devido ao diâmetro aparente do Sol.

mas que depende de uma *propriedade* da luz. Observando também que a diferença entre o comprimento da imagem projetada e o diâmetro do furo nas persianas aumentaria proporcionalmente conforme a distância entre a janela e a tela, Newton teria também descartado a possibilidade de essa forma ocorrer devido ao fato de, após a refração, os raios de luz se propagarem seguindo uma linha curva.

Restaria somente supor que a forma alongada da imagem projetada seria em virtude de os raios que compõem o feixe refratado apresentarem ângulos de refração diferentes daqueles prescritos pela lei de Descartes.

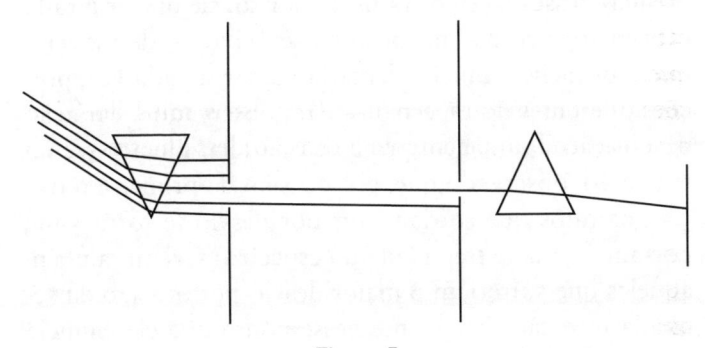

Figura 5

A experiência que Newton qualifica como crucial em sua carta — e que corresponde àquela descrita no tratado *Of Colours* — tem precisamente como objetivo confirmar essa suposição. Em relação à experiência precedente, trata-se[26] (fig. 5) de intercalar, entre o prisma e a tela, duas pranchas, cada uma com um pequeno furo, e de dispor, após a segunda dessas pranchas, outro prisma que

---

26. Cf. Blay, 1983, pp. 116-117. A respeito da réplica dessa experiência (que Newton, em 1714, pediu para J. T. Désaguliers realizar) e das precisões que essa réplica fornece à narrativa de 1772, cf. Verlet, 1993, pp. 185-191.

refrata novamente a luz antes que ela chegue na tela. Somente uma parte dos raios que saem da refração ocorrida no primeiro prisma passa pelo furo da primeira prancha, raios esses que pertencem a uma certa porção do espectro formado por essa refração. A segunda prancha, por sua vez, detém uma boa parte desses raios, de maneira que os que passam pelo seu furo chegam a atingir o segundo prisma em ângulos de incidência aproximadamente iguais.

O objetivo de Newton era de comparar o desvio (devido à refração produzida pelo primeiro prisma) dos raios que passam para além das duas pranchas com o desvio (resultado da refração produzida pelo segundo prisma) desses mesmos raios. Para isso, ele diz ter girado o primeiro prisma em torno de seu eixo — de maneira que a primeira prancha deixaria passar, a cada vez, porções diferentes do espectro — e ter observado a variação da posição da imagem projetada na tela. Ele acrescenta ter, então, observado que, por ocasião da primeira refração, os raios que sofriam o maior desvio (e formavam, portanto, uma extremidade do espectro) seriam também aqueles que sofreriam o maior desvio por ocasião da segunda refração. É somente nesse ponto que ele enuncia sua conclusão: "a verdadeira causa" da forma alongada da imagem projetada na tela durante a primeira experiência é que "a luz se compõe de raios diferentemente refrangíveis", ou seja, que "a luz não é uniforme, ou homogênea, mas se compõe de raios diferentes, alguns sendo mais refrangíveis que outros [...] e isso, não por causa de alguma qualidade do vidro ou de uma outra causa exterior, mas por causa de uma predisposição, que possui cada raio particular, de sofrer um certo grau de refração".[27]

---

27. Cf. Newton, 1672-1673, p. 182.

Deve-se notar que Newton chegou a essa conclusão sem, absolutamente, se apoiar em considerações sobre as diversas cores do espectro. Somente depois ele constatou que os raios igualmente refrangíveis propagam a mesma cor, transformando, assim, após a justificação, sua conclusão precedente (que atesta a não homogeneidade da luz solar) em uma explicação da natureza das cores:

> As cores não são qualificações da luz, derivadas de refrações ou de reflexões [...], mas das propriedades originais e inatas, que são diferentes considerados os raios. [...] A um mesmo grau de refrangibilidade sempre corresponde uma mesma cor, e a uma mesma cor sempre corresponde o mesmo grau de refrangibilidade. [...] [Isso quer dizer que] a espécie da cor e o grau específico de refrangibilidade, não importando de qual tipo de raio, não podem ser alterados nem por refração, nem por reflexão [...]. Há, portanto, dois tipos de cores: as cores simples e primitivas, de um lado, e suas misturas, de outro lado. [...] A mais surpreendente e a mais extraordinária composição é a do branco. [...] Ele é sempre composto, e, para a sua composição, entram todas as cores primárias supramencionadas, misturadas conforme as proporções convenientes. [...] Disso, por consequência, segue-se que o branco é a cor normal da luz.[28]

III.5. Em qual sentido a teoria de Newton é uma explicação do fenômeno da cor?

O que permitiu a Newton matematizar a teoria das cores foi exatamente essa separação entre o estudo prévio dos diferentes desvios (que os raios, que compõem um

---

28. Cf. ibidem, pp. 183-185.

feixe luminoso, sofrem durante uma refração) e a identificação sucessiva das cores primárias com as propriedades características desses raios (que fazem com que cada um deles sofra um certo desvio, e não outro).

O estudo das trajetórias dos raios luminosos foi, como visto acima, o objeto da óptica geométrica clássica. Ao propor a modificação da lei de Descartes, como acabamos de ver, Newton faria mais do que corrigir localmente essa teoria quanto ao aspecto relacionado à refração. Ele abandonaria um dos seus pressupostos fundamentais: a afirmação de que entre os diferentes raios luminosos não subsiste nenhuma diferença específica. Por esse gesto, ele invalidava toda tentativa de representar tais raios por meio de puras retas geométricas, tornando-se necessário associar a essas retas uma grandeza característica sob a forma de "grau de refrangibilidade". Grandeza que, aliás, Newton mostrava como medir, servindo-se do dispositivo experimental revelado em seu experimento "crucial".

Essa transformação profunda da óptica geométrica provoca um alargamento decisivo em seu campo de aplicação, tornando-a uma teoria *matemática* das cores.

Em sua carta a Oldenburg, Newton somente indica a possibilidade desse alargamento, que será, em compensação, o objeto principal das *Lectiones opticae*. Não é necessário, para nós, seguir Newton em sua exposição de sua geometria das cores[29], que, por exemplo, chega a fornecer uma explicação matemática da formação do arco-íris.[30] Basta observar que, ao introduzir em seus argumentos considerações relativas às grandezas infinitamente pequenas ou às passagens ao limite, essa

---

29. Cf. Blay, 1983, 3ª parte, pp. 125-174.
30. Uma exposição muito acessível dos principais elementos dessa teoria encontra-se em: Blay, 2001, pp. 30-39.

geometria não faz nenhum uso da teoria das fluxões que Newton veio a estabelecer, mantendo-se essencialmente muito próximo da maneira de proceder da óptica geométrica clássica.[31]

Para o nosso propósito, o mais importante é observar isto: tal alargamento do campo de aplicação da óptica geométrica se fez excluindo o fenômeno da cor do número de fenômenos naturais, cuja explicação científica só seria possível na condição em que se dispusesse de uma representação conveniente da natureza da luz e do mecanismo físico de sua propagação.

Assim, a nova teoria de Newton não se opõe diretamente às hipóteses de Descartes ou de Hooke, nem se preocupa em desvendar a natureza da luz, nem mesmo em justificar a diferença de comportamento dos diferentes raios luminosos durante uma refração. Ela só permite supor essa diferença e associá-la a uma outra, a das cores. É a própria natureza do que é considerado uma explicação científica que muda na passagem das hipóteses de Descartes e Hooke para a teoria de Newton. De um lado, a explicação é dada por um modelo mecânico que representa a natureza da luz, por outro, ela é dada pela suposição de uma diferença de comportamento, quanto a sua trajetória, dos raios luminosos, cuja natureza intrínseca permanece perfeitamente indeterminada.

Essa é uma diferença análoga àquela que longamente teria distinguido a óptica geométrica clássica das diversas teorias da luz. Mas o alargamento do campo de aplicação da óptica geométrica, tornado possível pela transformação operada por Newton, mostra claramente que não é necessário desvendar a natureza da luz para fornecer

---

31. Aliás, isso não é surpreendente, porque a teoria das cores de Newton não faz nenhum uso de considerações a respeito da variação contínua de uma grandeza.

uma explicação de certos fenômenos físicos que lhe dizem respeito. No entanto, conclui-se que essa explicação não é do mesmo tipo daquelas buscadas pelas teorias de Descartes e de Hooke, assim como por todas as que lhes haviam precedido desde Aristóteles. Para ser sucinto, ela é uma explicação formal, mais que material ou mesmo causal, no sentido de uma causa eficiente. A seguir, retomaremos mais detalhadamente essa diferença fundamental, pois ela reaparecerá quando estiver em questão a cosmologia de Newton e as suas relações com outras teorias cosmológicas. Por hora, limitemo-nos a tomar nota de sua presença no quadro da teoria das cores de Newton.

Para descrever essa teoria, foram empregados acima os termos "supor" e "suposição", no entanto, esses termos são somente um reflexo de uma atitude epistemológica moderna segundo a qual nenhuma teoria científica pode se prevalecer de uma prova experimental definitiva e certa. Newton não teria partilhado dessa atitude. Ele pretendia ter provado, graças a experiências bem organizadas, a diferença de comportamento dos diferentes raios luminosos durante uma refração e ter, assim, fornecido uma verdadeira demonstração para suas conclusões. Essa é a razão pela qual, ao se referir a elas, Newton jamais utilizava o termo "hipótese", algo que ele reservava às concepções de seus predecessores e que considerava como simples conjecturas, não somente injustificadas, mas mesmo inúteis, tendo em vista um tratamento científico dos fenômenos da cor.[32]

Sem querer diminuir o ganho da teoria, é necessário observar que essa pretensão de Newton não é absolutamente justificada, pois nada em seus experimentos e

---

32. A respeito do uso do termo "hipótese", por Newton, cf. Koyré, 1968, III, pp. 51-84.

em seus argumentos prova definitivamente a tese da heterogeneidade da luz solar, da assimilação da luz como uma mistura de raios dotados de propriedades características distintas, da identificação das cores com essas propriedades.[33]

A carta a Oldenburg constitui-se, no máximo, como um argumento retórico a favor dessas conclusões, um argumento certamente bem construído, que se apoia de modo muito astuto na metodologia científica prescrita algumas décadas antes por F. Bacon[34], mas ainda é um argumento não conclusivo, até mesmo vicioso.[35]

A objeção essencial que pode ser posta a Newton é a seguinte: mesmo supondo ter mostrado, pela experiência, que um feixe de luz solar tende a se alargar após uma refração e a apresentar porções distintas, das quais cada uma é responsável por conferir uma zona diferentemente colorida na imagem projetada, disso não se deduz, absolutamente, que as cores sejam propriedades intrínsecas de qualquer coisa, tais como raios luminosos, raios já presentes com sua individualidade característica em todo feixe de luz solar.

Em outros termos: no que se pode analisar um feixe de luz solar por refração, projetando imagens de cores diferentes em diferentes porções, não se conclui que a luz

---

33. Na nota 3, anteriormente, considerou-se por um breve momento o que permanece atualmente da teoria de Newton e o que, por outro lado, foi abandonado, insistindo, em particular, na superação da concepção da luz como feixe de raios dotados com propriedades específicas.
34. Francis Bacon, barão de Verulam (1561-1626), chanceler da Inglaterra e filósofo, foi um dos criadores do método experimental e indutivo. Deve-se a ele, particularmente, o *De dignitate et argumentis scientiarum* e o *Novum organum*.
35. O caráter não conclusivo do argumento da carta a Oldenburg, assim como suas dúvidas em relação à metodologia baconiana, foi sublinhado, entre outros, por Sabra, 1967, cap. 9-11, pp. 231-297, e Blay, 1983, 2ª parte, pp. 61-123.

solar contenha previamente, misturados, raios de natureza diferente que vão depois compor essas porções. Em particular, esse não é o caso, conforme a teoria das cores aceita atualmente. Tal teoria atual não concebe a luz branca como uma mistura de raios de cores diferentes.[36]

É ainda mais importante notar que a identificação das cores em relação às propriedades características de diversos tipos de raios, que compõem a luz solar, argumenta a favor de uma concepção *substancialista* da luz. É o próprio Newton que sugere tal conceito na carta encaminhada a Oldenburg, publicada nos *Philosophical Transactions*:

> Visto que as cores são as qualidades da luz, tendo seus raios como seu objeto total e imediato, como poderíamos pensar que esses raios seriam também qualidades, a menos que admitamos que uma qualidade possa ser o sujeito de uma outra qualidade e sustentar essa última? O que de fato conduz a chamá-la de substância.[37]

E, alguns meses mais tarde, em uma nova carta a Oldenburg:

> É verdade que, na minha teoria, eu afirmo a corporeidade da luz, mas eu o faço sem qualquer positividade [...], no máximo como uma consequência muito plausível da doutrina e não como uma suposição fundamental, nem como uma parte dela [...].[38]

---

36. Cf. ainda a nota 3 anterior.
37. Cf. Newton, 1671-1672, p. 187.
38. Cf. Newton (C), p. 173 (carta a Oldenburg, 11 de junho de 1672). Dizer que a luz é uma substância não é, no entanto, a mesma coisa que dizer que ela é um corpo ou um sistema de corpos, como afirma a hipótese corpuscular (cf. Koyré, 1968, pp. 66-67). Newton somente afirmará

Tal concepção se opõe implicitamente às identificações da luz a uma propensão ao movimento ou à vibração, propostas respectivamente por Descartes e Hooke: mesmo não tomando partido na controvérsia sobre a natureza da luz, Newton, assim, parece fornecer — sem, para isso, dispor de uma justificação sem falha — uma condição que as principais hipóteses afirmadas, para dar conta dessa natureza, não respeitariam.

Essa é a razão principal da controvérsia suscitada pela carta de Newton.[39]

III.6. A controvérsia

O primeiro protagonista dessa controvérsia foi R. Hooke, um dos membros da Royal Society que participaram da sessão ao longo da qual havia-se lido a carta de Newton. Nove dias mais tarde, em 15 de fevereiro de 1671-72[40], ele tomou a palavra, diante da mesma assembleia, para expor suas *Considerations upon Newton's Theory* (*Considerações a respeito da teoria de Newton*).[41]

Mesmo reconhecendo o valor das experiências de Newton, Hooke contesta que elas pudessem ser suficientes para justificar as conclusões de Newton a respeito da natureza das cores. O que se obteria dessas

---

    essa hipótese na questão 29, anexada à edição latina da *Óptica*, publicada em 1706 [cf. Hall, 1992, pp. 105-106]. Retornaremos a isso no capítulo VI.

39. Sobre essa controvérsia: cf. Sabra, 1967, cap. 10, pp. 251-272.
40. Cf. nota 1 anterior.
41. Para uma edição moderna dessas *Considerations* — publicadas pela primeira vez em 1757 por T. Birch, em sua *History of the Royal Society of London* —, cf. Newton (C), vol. I, pp. 110-114. Para uma apresentação rápida e precisa de seu conteúdo, cf. Blay, 1983, pp. 82-84.

experiências é somente uma hipótese como qualquer outra. Em particular, ele observou que os resultados experimentais de Newton são compatíveis tanto com o modelo que ele mesmo havia exposto na *Micrographia* quanto com outro modelo que ele expôs na ocasião. Conforme esse último modelo, surpreendentemente próximo das concepções ondulatórias atuais, um raio de luz é comparado a uma corda, posta em vibração em uma de suas extremidades, e que transmite a vibração até o olho de tal maneira que as vibrações uniformes corresponderiam a uma luz branca, podendo ser concebidas como compostas pelas vibrações correspondentes às outras cores, assim "como um movimento retilíneo e uniforme pode ser composto de milhares de movimentos superpostos".[42]

A reação de Hooke não se difere, essencialmente, de outras que a sucederam, entre as quais as do padre jesuíta I. G. Pardies[43] e de C. Huygens, o único dentre os contemporâneos de Newton que mereceu sua devida estima incondicional. Todos insistem na natureza puramente hipotética da teoria de Newton.

Newton respondeu a essas objeções por meio de várias cartas, endereçadas diretamente aos seus interlocutores ou ao secretário da Royal Society, nas quais ele lamentou não ter sido compreendido, insistindo na diferença entre as várias hipóteses que podem ser evocas para representar a natureza da luz e nos fundamentos experimentais de sua teoria matemática das cores — que ele pretendia ter provado para além de toda incerteza possível. A controvérsia continuou até que,

---

42. Cf. Newton (C), vol. I, p. 114, citado e traduzido em: Blay, 1983, p. 83.
43. A respeito da controvérsia com Pardies e, de maneira mais geral, com os representantes da companhia de Jesus: cf. Verlet, 1993, cap. 3, pp. 127-179.

em 27 de abril de 1676, o experimento "crucial", descrito na carta de fevereiro de 1672, foi enfim reproduzido diante da Royal Society, produzindo os mesmos efeitos descritos por Newton em sua carta a Oldenburg. Depois disso, Newton desistiu de gastar parte de seu precioso tempo na tentativa de convencer adversários que ele considerava não estarem em condições de compreendê-lo.

Antes de se retirar da discussão, no entanto, ele cedeu à tentação de apresentar, em uma nova carta a Oldenburg, datada em 7 de dezembro de 1675, suas próprias considerações sobre a natureza da luz.[44]

Isso, diz Newton, não deve ser confundido nem com o movimento vibratório de um éter sutil, nem com este éter em si mesmo, sendo de preferência "algo de uma espécie diferente". Que ela seja "um agregado de propriedades peripatéticas variadas" ou "uma multidão de corpúsculos inimagináveis, pequenos e rápidos, de dimensões variadas, emitidos pelos corpos brilhantes a grandes distâncias uns dos outros". O que importa é que ela "consiste em raios sucessivos que se diferem uns dos outros por circunstâncias contingentes, tais como a grandeza, a forma ou o vigor, assim como diferem entre si os grãos de areia na praia, as ondas do mar, as cabeças dos homens, ou outras coisas naturais da mesma espécie", e que "a luz e o éter ajam mutuamente um no outro, o éter refratando a luz e a luz aquecendo o éter, de tal modo que o éter, sendo mais denso, age mais fortemente".[45]

Essas considerações se enquadram em uma concepção mais geral de universo que se aproxima das representações cosmológicas, próprias da tradição

---

44. Essa carta foi igualmente publicada por Birch em 1757. Para uma edição moderna, cf. Newton (C), vol. I, pp. 352-392.
45. Cf. Newton (C), vol. I, pp. 370-371.

hermética. Não se pode, então, compreender o ponto de vista que Newton defende nessa carta e as razões que ali ele apresenta sem se abrir outro capítulo na reconstrução de suas pesquisas.

IV
Jeova Sanctus Unus
À procura dos segredos da natureza e da história
1668-1684

Em 1669, quando se instala na cadeira de professor lucasiano de matemática e adquire o direito de vestir a toga escarlate, mostrando aos olhos de todos que, a partir de então, havia alcançado um dos patamares mais elevados da sociedade inglesa, Newton era ainda um desconhecido para a maioria dos protagonistas da vida intelectual, na Europa e mesmo na Inglaterra. Graças a Collins, alguns matemáticos tinham acabado de ler o *De analysi*, ou de serem informados de sua existência e, em linhas gerais, de seu conteúdo. Mas ninguém, mesmo Barrow e Collins, sabia que Newton já possuía uma teoria matemática muito mais geral que aquela exposta nesse curto tratado, e que ele tinha chegado ao essencial de sua teoria das cores.

Ninguém, *a fortiori*, sabia que, desde 1665, ele vinha fazendo pesquisas de mecânica que levaram a resultados muito significativos, dos quais ele se lembraria mais tarde, quando escrevera os *Principia*.[1] O que lhe valeu

---

1. Entre esses resultados, veremos os principais nas seções V.2. e V.3.

uma cadeira de professor em Cambridge foi um pequeno fragmento de sua ciência: a maior parte ainda estava escondida no fundo de suas gavetas.

Nos anos que se seguiram, ele se mostrou pouco apressado para tornar públicos seus resultados, consentindo apenas com a publicação da carta a Oldenburg, que expõe a sua teoria das cores. Ao longo das controvérsias e das correspondências científicas, que se seguiram à publicação dessa carta, ele manifesta várias vezes a sua vontade de pôr um fim rapidamente na discussão, quase arrependendo-se de ter deixado divulgar seus resultados. Se isso ocorreu, não foi por causa de seu caráter altivo e tímido, também não foi devido às obrigações de seu cargo de professor, que, como a maior parte de seus colegas, ele não considerava como algo muito trabalhoso. A razão principal é que novos assuntos de estudo começavam a atraí-lo, distanciando-o progressivamente da matemática[2] e da filosofia *natural*, e o impulsionavam a pesquisas dedicadas que ele cultivou no isolamento de seu apartamento e de seu laboratório de Cambridge durante quinze anos: a teologia e a alquimia.

Trata-se, para nossos olhos modernos, de dois domínios inconciliáveis com toda forma de ciência. Entretanto, para Newton, o investimento incondicional nesse domínio devia parecer coerente com suas preocupações precedentes, como participante de um mesmo esforço de compreensão do mundo. No presente capítulo, vamos procurar restituir essa coerência, considerando ao mesmo tempo a obra de Newton nesses domínios.

---

2. O pequeno número de textos matemáticos que Newton redigira entre 1672 e 1684 restringia-se às suas obrigações ligadas ao ensino, ou a projetos precedentes.

IV.1. A distinção entre causas formais e causas eficientes e a crítica ao mecanicismo: o De Gravitatione et aequipondio fluidorum

Newton começara a desenvolver suas teorias científicas ao mesmo tempo que estudava as obras de Descartes, de Gassendi e de outros filósofos mecanicistas, mas as conclusões alcançadas por ele não enfatizavam a abordagem mecanicista, para a qual a explicação dos fenômenos naturais deveria abraçar uma descrição do mundo como uma máquina perfeitamente organizada.

I. B. Cohen afirmou que o aspecto mais inovador da obra científica do Newton — o que justifica que possamos falar de uma revolução científica[3] — é o "estilo newtoniano". Esse "estilo" se caracterizaria, essencialmente, por uma separação entre dois momentos distintos na explicação dos fenômenos da natureza: inicialmente, a edificação de um contexto matemático abstrato; depois, a interpretação desses fenômenos como especificações particulares desse contexto. É o caso da astronomia de Newton, como veremos no capítulo V, que encontra seu fundamento em uma teoria puramente matemática do movimento. Se, por outro lado, consideramos a teoria das cores, à qual consagramos o capítulo III, devemos concluir que uma tal separação está longe de ser tão clara: se Newton consegue fornecer uma explicação matemática do fenômeno da cor, não é porque ele interpreta esse fenômeno dentro de um contexto matemático estabelecido anteriormente, mas, antes, porque acredita ter identificado uma grandeza física mensurável, como o grau de refrangibilidade de um raio luminoso, tomando valores diferentes segundo a cor desse raio.

---

3. Cf. Cohen, 1980.

Por outro lado, existe uma outra separação que caracteriza ao mesmo tempo a teoria das cores e a astronomia de Newton, mais fundamental e ainda mais distante dos preceitos da filosofia mecanicista: a cisão entre uma descrição das propriedades formais dos fenômenos (o que permite, entre outras coisas, formular previsões), e um rastreamento de causas que fazem com que os fenômenos tenham justamente essas propriedades. Em termos aristotélicos, é uma separação entre a determinação de causas *formais* e a determinação de causas *eficientes*.[4]

Assim, na teoria das cores, a explicação das cores prismáticas como resultado de uma decomposição da luz branca é separada das hipóteses sobre a natureza da luz; e na mecânica celeste, nós veremos com mais detalhes nos capítulos V e VI, a redução dos fenômenos cósmicos

---

4. A distinção entre quatro tipos de causas (formal, eficiente, final e material) é uma das pedras de toque da física e da metafísica de Aristóteles e do pensamento da escolástica. Nós a encontramos, entre outros, exposta no capítulo 7, Livro II, da *Física*, e no capítulo 3, do Livro I, da *Metafísica*.

A noção moderna de causa física de um fenômeno deriva de uma evolução da noção aristotélica de causa eficiente. Com efeito, Aristóteles identifica a causa eficiente de um fenômeno com o "motor mais próximo" (*Física*, 198a, 19) desse fenômeno, quer dizer, com aquilo que força esse fenômeno a acontecer. Em vez de causa formal de um fenômeno, atualmente preferimos falar de sua estrutura formal ou, mais simplesmente, de sua forma. Entretanto, se queremos permanecer próximos da noção de Aristóteles, é preciso cuidar para considerar apenas uma forma intrínseca ou essencial, uma forma que esse fenômeno não poderia não possuir e, ainda assim, permanecer como tal.

Tendo sofrido uma transformação profunda devida, entre outras, às mudanças científicas das quais Newton foi um dos principais protagonistas, as noções de causa eficiente e de causa formal estão entre as numerosas noções de origem aristotélica, que, apesar do abandono da física aristotélica e de numerosas críticas contra a sua metafísica, continuam a fazer parte de nossa bagagem conceitual fundamental. Ainda que Newton não empregue a terminologia de Aristóteles, parece-me que o uso da distinção entre causas eficientes e causas formais pode servir para esclarecer seu ponto de vista a respeito dos objetivos, das funções e das características de uma teoria científica.

à mecânica das forças de atração é distinta das hipóteses sobre as causas dessas forças.

Se nos detivermos no plano metodológico, a necessidade dessa distinção está no fundo da mensagem principal contida em um tratado que Newton deixou inacabado, mas que se tornou célebre após sua publicação por Rupert e Marie Boas Hall, em 1962, o *De gravitatione et aequipondio fluidorum* (*Sobre gravitação e do equilíbrio dos fluidos*). Segundo a sugestão desses autores[5], a maior parte dos biógrafos de Newton situam a redação desse tratado no fim dos anos 1660, correspondendo ao período em que ele foi nomeado professor em Cambridge. Mais recentemente, B. J. Teeter Dobbs propôs que lhe fosse atribuído um período posterior, entre o fim de 1684 e o começo de 1685.[6]

Em favor desta última datação, podemos citar o início desse tratado, em que Newton parece descrever o estilo de exposição adotado nos *Principia*, que ele começou justamente a redigir próximo do verão de 1684:

> Convém tratar da ciência da gravitação e do equilíbrio dos fluidos e dos sólidos por um duplo método. Na medida em que ela concerne às ciências matemáticas, é conveniente fazer o máximo possível de abstração de considerações físicas. Portanto, é por essa razão que eu propus demonstrar estritamente, à maneira dos geômetras, cada uma de suas proposições, a partir dos princípios abstratos e suficientemente conhecidos. A seguir, como se estima que essa doutrina é de uma certa maneira afim à filosofia natural, na medida em que ela é aplicada para elucidar a maior parte dos seus fenômenos [...], eu não terei dificuldade para ilustrar as

---

5. Cf. Hall e Hall, 1962, p. 90, e Hall, 1992, pp. 74-75 e 78.
6. Cf. Dobbs, 1991, pp. 139-146.

proposições, também por diversas experiências, mas de tal maneira que esse gênero de argumentação menos rigoroso encontra lugar nos escólios para que não seja confundido com o primeiro tratado, sob forma de lemas, proposições e corolários.[7]

Mais que uma distinção — em si bastante clássica, na época — entre dois níveis de exposição próprios a um texto matemático, o que Newton propõe é uma diferenciação entre dois aspectos da ciência da natureza: a determinação (rigorosa) da estrutura matemática dos fenômenos — suas causas formais — e a apreensão (hipotética) de sua natureza mais íntima — suas causas eficientes.

No mesmo tratado, Newton distingue implicitamente o espaço (relativo) da geometria e o espaço (absoluto) da física, onde ocorrem os fenômenos naturais.[8] Além disso, ele faz uma distinção entre a matéria e a extensão: a matéria é uma porção do espaço físico à qual Deus assegura as propriedades de interagir com outras porções do mesmo tipo e de atingir nossas sensações, propriedades que o extenso não tem por si mesmo. Esta última distinção acompanha a rejeição da hipótese de um éter que

---

7. Cf. Newton (DGB), pp. 16-17.
8. Segundo uma concepção moderna que parece ter sido preconizada por Newton, o espaço geométrico pode ser identificado como uma estrutura de possibilidades relativas a uma teoria geométrica que estabelece as fronteiras entre o que se pode fazer objeto dessa teoria e o que não se pode. Essa estrutura compreende um conjunto de posições possíveis para esses objetos. Como a geometria se ocupa apenas das relações que seus objetos têm entre eles, essas posições são relativas uma à outra, quer dizer que elas não podem ser relacionadas a um referencial fixo e universal. Por outro lado, o espaço físico é o teatro dos eventos físicos, o conjunto de posições que eles podem assumir. Newton parece pensá-lo como um tipo de conteúdo universal dotado de um referencial invariável ao qual todos os fenômenos físicos se relacionam. Cf. nota 62 do capítulo V.

preenche a totalidade do espaço cósmico. Se houvesse um éter, ele não seria apenas sutil, mas também muito rarefeito: entre suas partes deveria haver grandes porções de vazio. Dobbs propôs unir essa conclusão aos resultados de uma série de experiências sobre o movimento dos pêndulos que Newton havia alcançado, um pouco antes de 1684. Essas experiências[9] o teriam convencido da ausência de uma resistência oposta, causada pelo éter, ao movimento dos corpos. Ora, um éter que não resiste não pode, de modo algum, empurrar. Disso, Newton teria retirado que não saberíamos explicar o movimento dos corpos por uma pressão exercida sobre eles por partículas etéreas. Portanto, ele estava atacando a raiz do sistema de causas eficientes, próprio da filosofia mecânica — fundada sobre a hipótese de uma transmissão do movimento por contato entre as partículas minúsculas. Se era necessário buscar as causas eficientes para os fenômenos naturais, em particular para o movimento dos corpos, era necessário buscá-las em outra parte.

Entretanto, independentemente da data de sua redação, o *De gravitatione* não se limita a marcar a rejeição, por parte de Newton, do programa mecanicista. Esse texto manifesta também a convicção de que as construções matemáticas são autônomas com relação à realidade dos fenômenos da natureza (quer dizer que elas guardam restrições de ordem lógica que permanecem independentes das restrições naturais devidas à estrutura particular do mundo físico[10]), e a exigência de uma explicação di-

---

9. Cf. Westfall, 1982, pp. 407-408. Westfall, na verdade, situa essas experiências em um período anterior ao conjecturado por Dobbs.
10. Essa autonomia pode ser ilustrada com um exemplo bem simples. Uma linha geométrica é, segundo a definição de Euclides (*Elementos*, def. I. 2), "um comprimento sem largura". A possibilidade de um objeto desse tipo (e sua existência) responde a uma noção de possível que é

ferente dessa que toda hipótese mecânica poderia fornecer desses fenômenos.

As diferentes hipóteses a respeito da datação desse tratado correspondem, portanto, a julgamentos opostos quanto à época em que se inicia essa mudança decisiva. A maneira como Newton expôs sua teoria das cores em 1672 permite pensar que nessa data já estava claro, para ele, que as pesquisas e a exposição dos sistemas de causas formais e eficientes podem, e mesmo devem, ser separadas. De outra parte, é difícil imaginar as razões que Newton teria, no fim dos anos 1660, para rejeitar a hipótese de um éter responsável pelo movimento dos corpos. Podemos supor, por outro lado, que nessa época ele havia amadurecido sua oposição de princípio ao programa da filosofia mecanicista. Nela, a separação entre causas formais e causas eficientes teria sido, com efeito, impossível. Isso, porque o mecanicismo pretendia explicar os fenômenos da natureza, determinando suas causas eficientes, concebidas justamente como causas mecânicas, e reduzindo sua forma à estrutura de uma máquina cujo funcionamento produziria suas causas e, portanto, seus efeitos.[11]

O fato é que Newton não se opunha, de modo algum, à pesquisa das causas eficientes dos fenômenos naturais. Mais do que isso, ele se convenceu de que essas causas não poderiam ser outra coisa que manifestações segundas de uma causa ainda mais profunda, evidenciando o poder e a vontade do Deus criador. Assim, o mecanicismo deve ter lhe parecido duplamente cego: reduzindo a

---

inteiramente outra que aquela do *fisicamente* possível, pois compreendemos bem que ninguém poderia jamais representar uma linha física desprovida de largura.

11. Cf. nota 4 anterior.

natureza a um sistema mecânico, ele perdia de vista tanto sua estrutura formal quanto sua essência divina.

IV.2. Milenarismo

No século XVII, numerosos pensadores, particularmente no mundo protestante, estavam convencidos de que Deus era o autor de dois livros distintos, mas solidários: o *Livro da natureza* e o *Livro das escrituras*[12], livros escritos em linguagens diferentes, que deveriam ser aprendidas por quem pretende lançar-se na leitura. Essa leitura era a forma mais elevada de adoração a Deus, mas ela não podia ser tentada por todos: era atributo de pensadores para os quais ela era a tarefa mais sublime.

Essa era a atitude de Newton e da maior parte dos intelectuais ingleses do período, como, entre outros, de Henri More e de Isaac Barrow. Para compreendê-la, é necessário saber que esses homens estavam todos convencidos de que viviam em uma época de corrupção radical: não uma corrupção política ou moral afetando a sociedade inglesa, mas uma corrupção concernente à humanidade, em seu conjunto, e que tinha uma história secular, um fenômeno que as *Escrituras* descreviam através de suas profecias.

Depois da criação, os homens, descendentes de Adão, tinham vivido em um paraíso da verdade, adorando o único e verdadeiro Deus ao qual eles deviam sua existência, e conscientes da estrutura do universo que ele havia criado antes mesmo de criá-los. Eles possuíam ao mesmo tempo a verdadeira religião e a verdadeira ciência, ambas reveladas pelo próprio Deus. A verdadeira religião era também a mais simples, pois se resumia a dois mandamentos: o amor

---

12. Cf. Manuel, 1974, p. 28.

por Deus, o criador, e o amor pelo homem, sua criatura. Essa religião era celebrada em lugares sagrados, em edifícios circulares cujo centro era ocupado pelo fogo sagrado, espelhando o universo organizado em torno do Sol. Mas, rapidamente, os homens cederam, virando as costas à sabedoria e ao conhecimento. Eles corromperam a verdadeira religião e, ao mesmo tempo, a verdadeira ciência, adotando metafísicas duvidosas que acabaram por induzi-los ao erro. Eles começaram a adorar falsos deuses, à imagem dos planetas e dos elementos. Então, Deus envia o dilúvio.

Mas, após o dilúvio, a verdade reina por pouco tempo. Os homens passam a adorar Noé, seus filhos e seus netos, confundindo suas imagens com a dos planetas e dos elementos, e fazem deles seus deuses. Essa é a origem comum de todas as religiões pagãs. Tal desvio não é corrigido nem quando Deus se faz conhecer a Abraão, nem quando ele dita a Moisés o Decálogo, nem mais tarde, quando ele envia seu filho à terra. A vinda de Cristo tinha dado seu elã a uma religião renovada, organizando-se em torno de uma Igreja na qual viviam em paz os judeus e os gentis convertidos, observando ritos diferentes em uma unidade de amor a Deus, por seu filho, e pelos homens. Entretanto, é no interior dessa Igreja que se consuma a grande apostasia[13] que fez surgir a época de corrupção.

Ainda que reivindicando um só Deus, a Igreja cristã instalada em Roma impôs uma lei que não era a lei do amor, revelada por Deus e renovada por Cristo. Ela caminhou, pelo contrário, na direção de uma nova forma de

---

13. O termo "grande apostasia" (do grego "apostasia", deserção, rebelião, revolta) era utilizado no século XVII no mundo protestante para indicar um evento histórico (cuja identificação exata era objeto das maiores discussões teológicas), marcando o abandono da religião revelada pelo próprio Deus e, consequentemente, da "verdadeira" religião.

idolatria, dissimulada pela adoração dos santos e das relíquias, permitindo assim o triunfo do Anticristo.[14] Mas Deus enviaria novamente seu Messias para restaurar a verdade, assegurar a derrota do Anticristo e oferecer a seu povo um milênio de paz.

Na iminência da segunda vinda[15], acreditava-se que Deus interviria novamente para dar a certos homens as ferramentas científicas que permitiriam ler os dois livros: o *Livro da natureza* e o *Livro das escrituras*. Este último contém duas partes: uma que conta a história do povo de Deus, a partir da Criação (a história do Gênesis sendo tomada por uma aproximação endereçada aos que não podem ler o *Livro da natureza*), outra (constituída em particular pelo Livro de Daniel[16] e pelo Apocalipse)[17] que

---

14. O Anticristo era uma figura (também desprovida de uma identificação precisa) de um impostor que viria antes do fim dos tempos para impor uma religião oposta à do Cristo. A identificação do Papa ao Anticristo foi um lugar comum de vários caluniadores protestantes contra a Igreja católica.

15. Assim é chamado o retorno de Cristo, ou advento de um novo messias enviado diretamente por Deus, que supostamente venceria o Anticristo e reestabeleceria a verdadeira religião.

16. O Livro de Daniel, cujo autor é desconhecido e que foi provavelmente escrito durante a guerra dos Macabeus contra o rei Antíoco Epifânio (167-164 a.C.), pertence ao cânon do Antigo e do Novo Testamento. Ele compreende seis histórias da vida de Daniel (judeu que viveu supostamente no século VI antes da nossa era) e de seus companheiros na corte da Babilônia, além de quatro visões do fim do mundo. As mais conhecidas dessas histórias são a interpretação do sonho de Nabucodonosor (o destruidor do primeiro templo de Jerusalém), a das palavras escritas na parede e a da permanência de Daniel na cova dos leões. O Livro de Daniel contém a única menção comprovada da ressurreição dos corpos. E, certamente pela influência desse livro, a evocação do "Filho do Homem" parece ser retomada nos Evangelhos.

17. O Apocalipse de João (do grego "apokalyptikè", aquele que revela), atribuído a João de Patmos (talvez o próprio evangelista), provavelmente foi redigido no ano de 95, no reinado de Domiciano. O texto foi canonizado pela Igreja no século IV e declarado Livro Santo.

O texto está dividido em 22 curtos capítulos que contam a visão, que o autor teve, dos eventos que vão preceder o retorno do messias. O texto

contém a profecia da grande apostasia e da segunda vinda. Compreender essa profecia e reconhecer os eventos que ela antecipa na história passada significava encontrar o traço da providência de Deus na história, compreendendo assim que ela é, do mesmo modo que a natureza, sua obra.

Essa reconstrução resumida da história da humanidade e de seu destino futuro, aceita por Newton e pela maior parte dos pensadores de seu tempo, constitui o ponto de partida de suas reflexões e pesquisas teológicas. Para esses pensadores, como para Newton, esse conhecimento recebido, partilhado, estava crescendo: ser teólogo, aumentar, detalhar, precisar o desenho divino em todo domínio, era concebido como o mais sublime dos deveres intelectuais.

IV.3. A redescoberta dos manuscritos teológicos

Os comentadores de Newton há muito tempo manifestam uma espécie de embaraço face à massa imponente (em torno de 1 milhão de palavras) de seus manuscritos teológicos. Tais manuscritos não se enquadrariam bem na imagem do cientista em circulação nos meios positivistas a partir do século XIX — imagem eminentemente racionalista de um cientista, consagrada por ter marcado a passagem da época metafísica para a época positiva na

---

aborda: o número 7 (sete Espíritos, sete Igrejas, sete candelabros, sete estrelas, sete trombetas, sete selos, sete pragas, sete taças, sete anjos, etc.), o Filho do Homem, o diabo, o profeta (pagão) Balaão, Jezabel (falsa profetisa e verdadeira prostituta), 24 anciãos, quatro animais misteriosos (como na visão Ezequiel), Deus sentado em seu trono de majestade, as tribos de Israel, um cordeiro, o Evangelho, um dragão, uma besta medonha de sete cabeças e dez chifres, a Babilônia (grande prostituta), Gog e Magog, o último combate, o retorno de Cristo, o juízo final e Jerusalém celeste.

explicação dos fenômenos físicos[18] — e foram ignorados pela maioria. O primeiro que se interessou pelo conjunto desses documentos foi F. E. Manuel.[19] Após a publicação de seus textos, tornou-se habitual insistir sobre a obra teológica de Newton para fazer frente à interpretação positivista do nascimento da ciência moderna e destacar o quanto sua origem não reside, absolutamente, em uma oposição de princípio contra a teologia ou outras formas de explicação do mundo (julgadas como não científicas).[20]

Antes de nos determos nisso, algumas observações preliminares: o que quer que nós possamos pensar hoje de suas convicções, é certo que a maioria dos teólogos milenaristas — e Newton principalmente — estavam animados, em suas pesquisas, por uma vontade de rigor que em nada invejava a vontade de rigor por eles desenvolvida para obter os principais resultados científicos do período. Em particular, Newton não concebia sua relação com Deus como uma espera passiva da revelação, um êxtase místico ou uma especulação metafísica, mas como

---

18. Segundo Augusto Comte (1798-1857), fundador do movimento positivista, a explicação de todo tipo de fenômeno passa por três estados: inicialmente o estado teológico, depois o estado metafísico, por fim o estado positivo ou científico.
19. Cf. Manuel, 1963 e, principalmente, 1974: antes de 1969, uma grande parte dos manuscritos teológicos de Newton estava inacessível; após essa data, eles podem ser consultados na biblioteca universitária de Jerusalém, onde chegaram depois de terem sido comprados em leilões, em Londres, em 1936, pelo arabista judeu A. S. Yahuda. Na ocasião dessa mesma venda, um outro conjunto de manuscritos de Newton, entre os quais vários de conteúdo teológico e alquimista, tinham sido comprados por J. M. Keynes, o célebre economista inglês, que em seguida cedeu esse conjunto para a biblioteca do King's College de Cambridge. É dessa coleção que provêm os manuscritos publicados por McLachlan,1950. J.-F. Baillon publicou recentemente uma tradução francesa de extratos de escritos teológicos de Newton, precedido por uma introdução. Cf. Newton (ERB).
20. Cf. nota18 anterior.

um trabalho: um trabalho de decifração, apoiado sobre uma hermenêutica[21] racional fundada sobre a maior reunião possível de testemunhos de origens diversas (que deveriam, aliás, ser confirmados).

Durante sua vida, Newton rejeitou todo tipo de especulação metafísica, tanto em filosofia natural quanto em teologia.[22] Ele até mesmo estava convencido de que a metafísica neoplatônica, em particular a teoria da emanação, comum aos neoplatônicos[23] e aos gnósticos[24] — segundo a qual de Deus derivam seres espirituais que são sua substância e se transformam em matéria por degeneração, sem que intervenha um ato de criação, expressão do

---

21. O termo "hermenêutica" (do grego "herméneutikè", "aquela que interpreta") não designa propriamente outra coisa que a arte (ou técnica) da interpretação, em particular dos textos sagrados. Ele tomou uma significação mais abrangente após a segunda metade do século XIX, em particular graças a Husserl, que fez dele um termo técnico de sua filosofia. Cf. Salanskis, 1998.
22. Manuel (cf. 1968, p. 369) destacou, por exemplo, que "a teoria de Newton dos símbolos bíblicos é precisamente o inverso da tradição filoniana" (tradição derivada da obra de Fílon de Alexandria, nascido entre 13 e 20 a.C. e morto em torno de 50 d.C., filósofo judeu que viveu em Alexandria e empenhou-se em mostrar a complementariedade entre a Bíblia e o pensamento de Platão). Com efeito, "enquanto as interpretações neoplatônicas capturam as ideias metafísicas e filosóficas por trás das descrições materiais mais factuais [...], Newton se ocupou dos símbolos fantásticos nos textos proféticos e encontrou equivalentes, na história política, para as visões sobrenaturais e sonhadoras de Ezequiel, de Daniel e do Apocalipse".
23. O neoplatonismo é uma corrente filosófica inspirada, entre outros, em Fílon, e se desenvolveu em Alexandria entre os séculos II e IV. Seu representante mais conhecido é Plotino (nascido entre 203 e 206, e falecido entre 269 e 270). Seu objetivo essencial era a retomada, frequentemente em termos místicos, de certas ideias de Platão e a elaboração, a partir dessas ideias, de um sistema comparável ao de Aristóteles, que, para alguns, deveria se integrar a ele.
24. Gnosticismo: doutrina característica de diversas seitas cristãs heterodoxas dos três primeiros séculos de nossa era. Professava um dualismo radical entre matéria e espírito e fundava a salvação do homem sobre uma rejeição da matéria e sobre um conhecimento teológico de natureza e origem superiores.

poder e da vontade divinos — era uma das razões fundamentais da corrupção da religião revelada e da Igreja cristã das origens.[25]

Mas é preciso acrescentar que, de um lado, se é impróprio aplicar nossos critérios de demarcação entre ciência e religião (ou, de maneira mais geral, entre ciência e não ciência) à época de Newton[26], por outro, também seria impróprio querer esconder que o embaraço dos historiadores contemporâneos face aos manuscritos teológicos de Newton foi também sentido[27] por S. Horsely, primeiro editor (entre 1779 e 1785) das obras de Newton.[28] Mais ainda, tal embaraço foi sentido por ocasião da morte de Newton, em que a Royal Society se recusou a adquirir seus manuscritos. Isso se compreende quando observamos que Newton — que concebeu as matemáticas, a filosofia natural, a teologia e a alquimia como momentos diferentes, mas solidários de uma única pesquisa — foi, também (graças à separação que ele fez entre causas formais e causas eficientes dos fenômenos naturais), o principal inspirador de um divórcio entre ciência e religião. Tal divórcio vinha se tornando cada vez mais claro e se imporia rapidamente, ao mesmo tempo que crescia a reputação de Newton.

Portanto, para compreender como Newton pôde conceber o conjunto de sua obra como um todo unitário e coerente, deve-se recuar para antes desse divórcio.

---

25. Cf. Manuel, 1974, pp. 68-69.
26. Cf. entre outros Mamiani, 1994, p. XVII.
27. É novamente Mamiani que nos lembra: cf. ibidem, p. VII; cf. também Popkin, 1988, p. 82.
28. Cf. Newton (HOO).

IV.4. A interpretação das profecias

Como *fellow* do Trinity College, Newton estava obrigado, pelos estatutos, a entrar em algum momento nas ordens da Igreja anglicana, durante o prazo de sete anos após a obtenção de seu *Master of Arts*. Entre os sessenta *fellowship* do Trinity, apenas dois cargos não previam essa obrigação para seus titulares. Esse não era o caso de Newton. Tendo obtido seu *Master of Arts* em 1668, ele deveria, então, entrar nas ordens, no máximo, até 1675. Ele já havia feito o juramento de fidelidade à Igreja da Inglaterra por quatro vezes: quando ele se tornou *Bachelor of Arts*; quando obteve seu *Master of Arts*; por ocasião da aceitação de sua *fellowship*; e por conta de sua nominação para a cadeira de professor. Porém, nas quatro ocasiões, ele o fez sem muita reflexão, como se se tratasse de uma formalidade. Dessa vez era diferente: a ordenação exigia mais que um simples juramento de fidelidade. Newton não queria recebê-la sem uma preparação conveniente e é provavelmente por essa razão que ele empreendeu verdadeiros estudos teológicos.

Newton o fez com a energia, o rigor e a precisão que havia empenhado em seus estudos precedentes. Ele consultou diversas fontes e começou a redigir um novo *commonplace book*.[29] Mas esses estudos, longe de o prepararem para a ordenação, o conduzirão rapidamente a se convencer de que ele não poderia jamais tornar-se membro de uma Igreja cristã.

Esses estudos não enfraquecerão sua fé, até mesmo o aproximarão de Deus, demonstrando-lhe a corrupção da doutrina professada por suas Igrejas. Tais estudos

---

29. Cf. seção II.2.

o convencerão, sobretudo, de que a doutrina trinitária[30] (que havia dado nome a seu *college*) fazia parte de uma verdadeira idolatria. Não era a palavra de Cristo que Newton questionava, nem a fonte última em Deus criador. Ele também não reduzia Cristo a um profeta entre os outros, mas negava a assimilação do Pai e do Filho, fazendo deste último um ser criado, intermediário entre Deus e o homem. Resumindo, ele se convenceu que na grande disputa do século IV entre Ário[31] e Atanásio[32], a respeito da natureza de Cristo, que decidiria o futuro do cristianismo oficial, a razão estava essencialmente do lado do primeiro, que havia sido declarado herético e excomungado pela Igreja cristã.

Essa orientação arianista[33] marca fortemente o trabalho exegético de Newton. As numerosas versões de um

---

30. Doutrina central do cristianismo: na unidade de Deus, existem três pessoas distintas, o Pai, o Filho e o Espírito Santo. O Filho é gerado pelo Pai, desde toda a eternidade, e o Espírito Santo procede do Pai e do Filho desde toda a eternidade. Apesar da diferença de origem, o Pai, o Filho e o Espírito Santo são igualmente eternos. Segundo a doutrina, imposta no Concílio de Constantinopla (em 381), essa é a revelação, concernente à natureza de Deus, que Jesus Cristo trouxe ao mundo.

31. Ário (250-336), diácono ordenado em 306 por Pedro, bispo de Alexandria, foi excomungado em 321 (e seus livros foram queimados), por ter contestado a divindade de Jesus e a consubstancialidade do Pai e do Filho. O arianismo nega que o Filho seja um, em essência, natureza ou substância com Deus. Jesus, então, não é como Deus e não é de igual dignidade e coeterno.

32. Bispo de Alexandria, confessor e doutor da Igreja, Santo Atanásio (296-373) foi o grande campeão da doutrina trinitária. Em sua vida, ele foi agraciado com o título de "Pai da ortodoxia", pelo qual ele ainda é designado nos meios eclesiásticos. Segundo Santo Atanásio: "O Pai é Deus, o Filho é Deus, o Espírito Santo é Deus. Entretanto, não existem Três Deuses, mas um só Deus."

33. A plena adesão de Newton à doutrina de Ário foi abordada por J.-F. Baillon [cf. Newton (ERB), pp. 39-40], que, de uma parte, destacou as diferenças entre a cristologia de Newton e de Ário e, de outra parte, observou que Newton várias vezes "acusa Ário, do mesmo modo que Atanásio, de ter ao mesmo tempo introduzido no cristianismo termos não escriturários e da metafísica".

tratado sobre o Apocalipse que ele redigiu durante os anos 1670 e no início dos anos 1680, são marcados por uma grande correção da interpretação protestante vigente: ele não identifica a grande apostasia com a imposição do catolicismo romano, mas com a adoção da doutrina trinitária proclamada no Concílio de Constantinopla em 381 (o Concílio de Niceia, em 325, já havia afirmado a consubstancialidade do Pai e do Filho).

Para interpretar as profecias, Newton se inspirou em uma tradição que teve como fundador Joseph Mede, *fellow* do Christ's College de Cambridge entre 1613 e 1638. Em sua *Clavis apocalyptica* (*Chave apocalíptica*), publicada em 1627 e reeditada pela terceira vez em 1672, Mede tinha afirmado que a linguagem do Apocalipse não era uma linguagem metafórica qualquer, mas uma linguagem uniforme e bem estabelecida. A mensagem da profecia poderia, portanto, ser compreendida sem equívoco por quem soubesse reconstruir essa linguagem. E ele havia acrescentado que a sucessão de imagens do relato profético não correspondia necessariamente à cronologia dos eventos que essas imagens representavam.

Newton aceitou essas duas premissas e iniciou um vasto programa de pesquisa que compreende quatro componentes principais: o estabelecimento preciso do texto do Apocalipse; a fixação de um conjunto de regras gerais para a interpretação dos textos proféticos fundadas na restituição de uma linguagem arcaica, semelhante à que se escrevia com hieróglifos[34], que ele supunha ser comum a todos os profetas e aos povos primitivos aos quais eles se dirigiam; um tipo de desconstrução do relato do Apocalipse, visando retomar a ordem temporal correta na qual suas diferentes imagens deveriam ser organizadas; uma reconstrução histórica detalhada (concentrando-se em particular

---

34. Cf. Manuel, 1974, p. 94.

sobre o cristianismo do século IV), visando tornar possível a atribuição de um significado certo às imagens que representavam eventos já ocorridos. O conjunto das fontes que Newton consultou para realizar esse programa é impressionante e fornece a medida de seu comprometimento em uma empreitada à qual ele consagrou longos anos.

A primeira versão de seu tratado[35], que ele redigiu alguns meses após ter escrito o *De methodis*, inicia-se com dezesseis "regras" e setenta "definições". Nesse tratado, as regras fixam um método hermenêutico e as definições estabelecem um dicionário de figuras proféticas. Tais premissas são seguidas por uma "prova", que consiste na apresentação das evidências que lhes justificam. Por fim, têm-se as "proposições" que determinam o sincronismo da profecia.

Essa é a estrutura de um tratado matemático e Newton não tinha dúvidas de alcançar, ao final de seu trabalho, uma interpretação da profecia tão segura quanto as conclusões de uma obra matemática. Entre as regras, algumas se parecem com as *regulae philosophandi* que abrem o terceiro livro dos *Principia*.[36] Destacando que essas regras e preceitos foram compostos bem mais tarde, um comentador julgou possível que a hermenêutica bíblica de Newton tenha influenciado sua metodologia científica.[37]

A proposição XV é crucial para a interpretação de Newton:

> Os 42 meses da besta, a rainha análoga à prostituta, a morada da mulher no deserto, a cidade santa pisoteada

---

35. Cf. Mamiani, 1994.
36. Cf. Westfall, 1982, p. 134. Retornaremos a essas regras no capítulo VI.8.
37. Cf., por exemplo, Mamiani, 1994, pp. XXV-XXXV.

e a profecia das duas testemunhas vestidas de saco são inteiramente sincrônicos e se estendem do início da trombeta das doenças até a morte das testemunhas.[38]

A prova é que todas essas figuras se estendem sobre um período de 1260 dias[39], ou, o que significa o mesmo, sobre "um tempo, dois tempos e a metade de um tempo"[40] — quer dizer um ano, dois anos e a metade de um ano —, ou 42 meses.[41] Esse é o período que vai do fim da quarta trombeta (ou início da quinta) até a sétima, a partir da qual o Senhor "reinará pelos séculos dos séculos".[42]

Segundo as regras de Mede, um dia profético corresponde a um ano histórico. Do evento representado pela quarta trombeta — o momento culminante da grande apostasia — ao retorno do Messias, é preciso, portanto, contar 1260 anos. Mas, qual é o evento representado pela quarta trombeta?

Tentar fixar a data da *segunda vinda* foi um exercício ao qual muitos se dedicaram no século XVII. As previsões e os cálculos foram numerosos e divergentes, mas concordaram todos em estimar que ela estivesse próxima. O próprio fato de ter desvendado a profecia provava isso:

---

38. Cf. ibidem, p. 200, e a nota 17, anterior. Em duas proposições precedentes, Newton havia sustentado além disso que "as sete taças da ira [...] são a mesma coisa que as feridas ou doenças das sete trombetas" (cf. Mamiani, 1994, p. 112) e que "mesmo os sete trovões [...] [denotam] muito provavelmente a mesma coisa que as sete trombetas" (cf. ibidem, p. 120).
39. Cf. Ap 12,6.
40. Cf. Ap 12,14; Dn 7,25 e 12,7.
41. Cf. Ap 11,2 e 17,5.
42. Cf. Ap 11,15.

Feliz aquele que lê e que escuta as palavras dessa profecia, e que guarda as coisas que nela estão escritas: pois o tempo está próximo.[43]

Muitos haviam fixado a segunda vinda para o ano de 1666. Fazendo parte do primeiro milênio messiânico do nascimento de Jesus, eles acrescentam ao milhar o "número da besta":

Que aquele que tem inteligência conte o número da besta. Pois seu número é o número de um homem, e seu número é 666.[44]

Nesse ano, Newton, na solidão de Woolsthorpe, havia obtido alguns de seus resultados científicos mais importantes[45], mas, exceto pela consideração de que seus resultados tinham o poder de abrir aos homens o caminho dos céus, ele não tinha razão para se opor a Henry More, que consagrou uma grande parte de seu trabalho exegético para justificar o fato de que 1666 não seria o ano do retorno de Cristo.[46]

Além disso, tendo relacionado a adoção da doutrina trinitária à grande apostasia, Newton poderia ter a tentação de identificar o Concílio de Constantinopla à quarta trombeta, o que estaria bastante de acordo com a assimilação das invasões dos bárbaros às "trombetas das doenças".[47] Se acrescentamos 1260 anos a 381 (data do Concílio), obtemos 1641. Uma ínfima correção seria suficiente para chegar ao natal de 1642, dia do nascimento de Newton...

---

43. Cf. Ap 1,3.
44. Cf. Ap 13,19.
45. Cf. seções II.6, II.7, V.2 e V.9.6.
46. Cf. Hutton, 1994, p. 40.
47. Cf. Manuel, 1974, p. 99.

Ele considerou sem dúvida essa possibilidade e fez alusão a ela assinalando certas de suas notas com um anagrama de seu nome latinizado[48]: "Isaacus Neuutonus", transformando-se "Jeova Sanctus Unus [Jeová Único Santo]"[49], com a lícita substituição (pois o latim não faz diferença entre as duas letras) de um "j" por um "i". Mas tornar pública essa suposição teria sido algo delicado, para dizer o mínimo[50], e Newton se contentou em considerar como possível sua interpretação da "quarta trombeta"[51] e em afirmar que, na explicação das profecias, a única certeza se refere às partes que concernem a eventos do passado... Modo hábil de evitar a discussão em torno da data da segunda vinda.[52]

Ao mesmo tempo que avançava em sua interpretação do Apocalipse, Newton pensava em uma maneira de evitar a escolha entre a ordenação e a renúncia a seu *fellowship* (e provavelmente à sua cadeira). Desde então, ele havia perdido a esperança e se preparava para deixar seu posto quando, em 27 de abril de 1675, uma dispensa real liberou perpetuamente o titular da cadeira lucasiana da

---

48. Cf. ibidem, p. 19, e Westfall, 1980, p. 334.
49. Fórmula que significa: somente Deus é santo.
50. Manuel [cf. ibidem, pp. 18-24] afirma que Newton estava convencido de ter sido escolhido por Deus como intérprete privilegiado de sua palavra.
51. Cf. Kochavi, 1994, pp. 114-116, que reporta a Yahuda Ms. Var. 1, Newton MS 1, 4, fol. 50, citada em Westfall, 1980, p. 370. Em outro lugar, Newton propõe relacionar à quarta trombeta a conversão definitiva à doutrina trinitária dos invasores bárbaros (para a maior parte dos cristãos arianistas, convertidos pelos discípulos de Ário, exilados nas províncias do Danúbio após o Concílio de Niceia), o que aconteceu, segundo ele, em 607. Cf. Force e Popkin, 1990, p. 82 ("Newton's God of Domination: The Unity of Newton Theological, Scientific, and Political Thought", por J. E. Force), que reporta a Yahuda Ms. Var. 1, Newton MS 1, 2, fols. 60-61 e 1, 3, fols. 40-48; cf. também Westfall, 1980, p. 373.
52. Cf. Brooke, 1988, p. 180, e Force e Popkin, 1990, pp. 170-171 ("Newton and Fundamentalism, II", por R. H. Popkin).

obrigação de entrar para as ordens.[53] Provavelmente tal licença foi obtida por I. Barrow, que se tornou, nesse ínterim, *Master* do Trinity College. Barrow não queria renunciar aos serviços de Newton, apesar de suas visões heterodoxas em matéria de trindade, nem queria vê-lo abandonar a vida universitária. Aceitando ficar em seu posto nessas circunstâncias, Newton assumia um compromisso com sua consciência.

E não é só isso. Ele jamais tornou público seu arianismo — é verdade que professar uma heresia diversas vezes condenada não passava sem riscos —, que perde a força progressivamente nas suas notas, até desaparecer completamente na última versão do tratado, que seria publicada em 1733 por seu sobrinho Benjamin Smith[54] sob o título *Observations upon the Prophecies of Daniel and the Apocalypse of St. John* (*Observações sobre as profecias de Daniel e o Apocalipse de São João*).

---

53. Cf. Westfall, 1980 p. 381.
54. Newton continuou a crer que Atanásio era o responsável por uma maquinação que, por meio da doutrina trinitária e da instituição da vida monástica, havia subvertido para sempre as bases da Igreja cristã. Em 1690, Newton comunicou ao filósofo John Locke sua convicção de que duas passagens do Novo Testamento que evocam a Trindade (I Jo 5,7-8 e I Tm 3,16) estão corrompidas. Ele considerou a possibilidade de publicar um ensaio, expondo essa tese, sob a forma de duas cartas que ele teria enviado a Locke, para que elas fossem publicadas anonimamente na Biblioteca Universal de J. Le Clerc, mas desistiu no último momento.

Essas cartas foram publicadas pela primeira vez em 1754, sob a forma de cartas a M. Le Clerc, e depois inseridas na edição de Horsley das *Oeuvres* de Newton sob o título *An Historical Account of Two Notable Corruptions of Scriptures* (*Uma consideração histórica de duas notáveis corrupções nas Escrituras*). Em outra carta a Locke, provavelmente do mesmo período [cf. Newton (C), vol. III, pp. 129-142], Newton considerou 25 outras corrupções possíveis.

A respeito de tal questão, cf. Westfall, 1980, pp. 359-360; Force e Popkin, 1990, p. 110 ("Newton as a *Bible* Scholar", por R. H. Popkin); e Iliffe, 1999, pp. 97-98.

IV.5. O templo de Jerusalém

A exegese bíblica de Newton se enriqueceu, ao mesmo tempo, de uma dimensão nova, graças ao estudo da história e do ritual judeus, e da tradição talmúdica[55] e cabalística.[56] Newton se convenceu em particular[57] que São João teve a revelação, relatada no Apocalipse, no interior do templo de Jerusalém, antes que ele fosse destruído pelos romanos no ano 70[58] e que toda a cena descrita se realizasse ali.

Propor a profecia concernente à história futura e ao destino da cristandade no pano de fundo de uma cena real, vivida pelo profeta *in situ*, e descrita por ele sob a inspiração direta de Deus, levou Newton a concluir que a cada figura profética não correspondia somente uma entidade histórica, mas também um aspecto ou um objeto do templo. O relato apocalíptico toma, assim, aos seus olhos, a forma de um testemunho sobre — e de um questionamento com relação a — a arquitetura do templo, sua forma, suas dimensões e mesmo seus ornamentos.

---

55. Cf. Westfall, 1982, p. 135, e 1992, p. 233.
56. Cabala (do hebreu "kabbala", tradição): doutrina mística do judaísmo próxima do neoplatonismo, desenvolvida a partir do século XIII na Espanha (seu livro mais famoso, o *Zohar*, é publicado em torno de 1270) e difundida no mundo cristão após a expulsão dos judeus da Espanha em 1492. Sob a influência de Pico della Mirandola, uma *Cabala cristã*, ou seja, interpretação do cristianismo à luz da mística judaica, de seus métodos e imagens, começa a se desenvolver no fim do século XV, encontrando no místico Jacob Boehme (1575-1624) um de seus expoentes mais engenhosos. O pensamento de Boehme se difundiu no século XVII nos Países Baixos e na Inglaterra, onde influenciou notadamente Henry More e Newton. Cf. Scholem, Fabry e Javary, 1979.
57. Cf. Goldish, 1998, pp. 96-97, e Murrin, 1999, p. 210.
58. Segundo Newton, São João compôs o Apocalipse antes de escrever seu Evangelho, que seria o primeiro dos textos do Novo Testamento a ter sido redigido. Cf. Force e Popkin, 1990, p. 107 ("Newton as a *Bible Scholar*", por R. H. Popkin).

A comparação com a descrição dada no livro de *Ezequiel* (40-43) do templo original de Salomão, destruído pelos babilônios em 586 a.C. e reconstruído em 516 a.C., conduz a vários estudos visando restituir a forma e as dimensões das diferentes versões do templo: o tabernáculo, o primeiro templo de Salomão que veio em seguida e o segundo templo reconstruído após a conquista de Nabucodonosor. Como muitos de seus contemporâneos, Newton pensava que o templo de Salomão era "uma figuração reduzida do plano de Deus para o universo". Assim, o "cúbito sagrado" — unidade de medida empregada por Ezequiel na sua descrição — manifestava-se, para Newton, como a unidade de medida empregada por Deus na construção do templo.[59] Como não tentar determinar com precisão seu comprimento exato? Esse seria o assunto da *Dissertation Upon the Sacred Cubit* (*Dissertação sobre o cúbito sagrado*) que T. Birch publicou em 1737.

Newton parece, assim, ainda que implicitamente, assimilar a criação divina a uma construção geométrica que emprega uma unidade de medida de valor universal. Seu esforço de interpretação das escrituras pode, por outro lado, ser compreendido como uma tentativa de nelas encontrar, antes de toda mensagem de salvação, uma linguagem na qual essa mensagem está escrita e que seria necessariamente universal, uma vez que é a linguagem da revelação. Essas investigações conjuntas da "verdadeira" medida e da "verdadeira" linguagem acompanhavam, em Newton, o esforço de compreensão da natureza. Na próxima seção, veremos ainda que essa solidariedade não é apenas ideal, pois a verdadeira ciência, assim como a verdadeira religião, é a que Deus ofereceu aos homens no

---

59. Cf. Force e Popkin, 1990, p. 2 ("Some Further Comments on Newton and Maimonides", por R. H. Popkin).

momento da Criação. Saber interpretar as escrituras, se servir de sua mensagem e de sua linguagem para reconstruir a história dos homens e de sua degeneração é, também, ao mesmo tempo, um modo para remontar tal ciência.

IV.6. Prisca sapientia, *Igreja das origens e religião primeira*

Resumimos acima a história da humanidade segundo a reconstrução adotada por diversos contemporâneos de Newton. No início dos anos 1680, Newton empenhou-se na redação de uma nova obra teológica que o ocuparia até o fim de seus dias. A *Theologiae gentilis origines philosophicae* (*As origens filosóficas da teologia gentil*). Familiarizado a partir de então com a tradição judaica, nessa obra ele desejava demonstrar a exatidão de uma tese importante de sua reconstrução: que todas as religiões pagãs não são nada além do resultado do processo de corrupção de uma religião primeira, professada pelo povo de Israel, combinada na origem com uma *prisca sapientia*, um saber originário, entretanto, dos fenômenos da natureza. Conduzidos por uma tendência irreprimível à idolatria, os homens teriam deformado os ensinamentos da Revelação, reportando o sentimento que eles deveriam ter por Deus aos planetas e elementos (em vez de fazê-los objetos do conhecimento) e abandonando em um golpe só a verdadeira religião e a verdadeira ciência.

Newton pretendia estabelecer essa tese por meio de um estudo comparado e genealógico das religiões antigas. Ele se apoiou fortemente no *De teologia gentilis et physiologia Christiana* (*Sobre a teologia gentil e a fisiologia cristã*) de G. J. Vossius, longo comentário do *Guide des égarés* [*Guia dos perplexos*] de Maimônides[60] (espécie de tratado sobre idolatria, escrito em árabe, em 1190), publicado em Amsterdã, em 1641.[61] Desse estudo ele concluiu inicialmente que as divindades dos assírios, dos caldeus, dos persas, dos babilônios, dos egípcios, dos gregos e dos romanos deveriam todas ser reconduzidas a doze deuses, sua fonte genealógica comum: os sete planetas, os quatro elementos e a *quintessência* (uma substância etérea e sutil, emanada dos quatro elementos). Em seguida, ele conclui que o culto a esses doze deuses é derivado, por sua vez, de um culto mais originário: o culto rendido a Noé, seus filhos e netos, proveniente da religião revelada pelo próprio Deus, por ocasião da criação.

Essa sacralização dos fenômenos naturais, misturada à adoração dos ancestrais, portadores de uma religião e de um conhecimento verdadeiros, permitiria, segundo Newton, conceber e tratar as crenças e ritos religiosos dos gentis como traços a decifrar para reconstruir a *prisca sapientia*, e, portanto, a verdadeira ciência.[62] Entretanto, esse esquema genealógico somente poderia ser

---

60. Moshe ben Maimon, chamado Maimônides (1138-1204), foi médico, teólogo, jurista e filósofo judeu, nascido na Espanha, exilado em Fez, no Marrocos, e depois na Palestina, e morto no Egito. Foi autor de uma obra enciclopédica que teve uma grande influência na filosofia judaica e nas filosofias latinas da Idade Média, especialmente em Tomás de Aquino.

61. O texto de Vossius expõe também a imensa obra de R. Cudworth (colega de Henri More no Christ's College e representante, com ele, do neoplatonismo de Cambridge), *The True Intellectual System of the Universe* (*O verdadeiro sistema intelectual do universo*), publicada em Londres, em 1678, que Newton não deixou de estudar. Cf. Force e Popkin, 1990, pp. 9-25 ("The Crisis of Polytheism and the Answers of Vossius, Cudworth and Newton").

62. Cf. Knoespel, 1999. Aqui, Newton retomava e transformava os temas próprios à Renascença, posicionando-se sem hesitação no campo dos "antigos" na "querela dos antigos e dos modernos", que opunha, durante o século XVI, os partidários de uma modernização dos costumes aos adeptos de um retorno às fontes clássicas e seu ensinamento.

aceito com a condição de reconhecer uma anterioridade da civilização judaica sobre qualquer outra.[63] Então, Newton se dedicou a provar essa anterioridade, e o fez tentando reconstruir a cronologia antiga que havia sido aceita até então. Próximo do fim de sua vida, ele concentrou nesse projeto o essencial de seus trabalhos de teologia. No montante dos manuscritos ligados à *Teologia gentilis*, o único que viria a ser publicado, um ano após a sua morte — por J. Conduitt, sob o título de *Chronology of Ancient Kingdoms Amended* (*Cronologia corrigida dos reinos antigos*) —, é inteiramente consagrado a ele.

Segundo Newton, a primeira religião do povo judeu não era apenas verdadeira, ela era também muito simples, consistindo apenas em dois mandamentos: "ame a Deus" e "ame os homens". Essa religião muito simples foi também professada por Cristo e pelos primeiros cristãos, que somente somaram a ela o amor por Jesus. A organização da Igreja das origens, seu culto e suas relações com a primeira religião dos judeus constituem o assunto de um outro grupo de manuscritos teológicos, entre os quais encontramos várias versões de dois curtos tratados que jamais foram publicados (logo vamos compreender o porquê), *Of the Church* (*A respeito da Igreja*) e *Irenicum* (latinização do grego "eirênê", paz).

O título deste último é significativo. Nele, Newton sustenta que o traço distintivo da Igreja das origens havia sido a convivência pacífica de judeus e de gentis convertidos, compartilhando uma simples religião do amor e seguindo, aliás, ritos diferentes, herdados das tradições das quais eles provinham. Utilizando-se de uma metáfora empregada por São Paulo na sua Epístola aos Hebreus, Newton associou essa religião purificada ao "leite para

---

63. Cf. Rattansi, 1988, p. 193.

as crianças"⁶⁴ e a opôs à "carne para os adultos", constituída por um conjunto de preceitos adiafóricos.⁶⁵ Disso ele concluiu que é precisamente a vontade de impor certos desses preceitos, ao mesmo tempo que a infiltração de certas doutrinas metafísicas, tais como o neoplatonismo e o gnosticismo, que romperam a unidade da Igreja e conduziram, progressivamente, à grande apostasia.⁶⁶ Disso, Newton não podia evitar a retirada de um ensinamento perfeitamente herético: as doutrinas adiafóricas (dito de outro modo, os dogmas) podem bem ser matéria de discussão teológica no seio da Igreja, onde elas não se imporiam como uma condição para participação...

Se, dessa maneira, Newton retornava ao tema central de sua interpretação das profecias, ele o fazia, a partir de então, de um ponto de vista muito diferente. Na primeira versão de seu tratado sobre o Apocalipse, ele havia defendido que a exata compreensão da palavra dos profetas é uma condição de salvação. Uma década mais tarde, Newton parece querer mostrar à Igreja de seu tempo um modelo de paz religiosa, fundada no único mandamento do amor. Goldish propôs justificar, por essa mudança de

---

64. Cf. Hb 5,12-14. São Paulo, dirigindo-se aos Hebreus, podemos supor que ele fazia alusão ao versículo bíblico "não cozinhe o cabrito no leite de sua mãe" (Dt 14,21) e parece interpretá-lo de modo singular: ensinando que o leite, bebido pelo cordeiro Jesus, é para os inocentes de coração puro, enquanto a carne, suposição da morte, é para aqueles que perderam a inocência.
65. Adiafórico: que podemos admitir ou rejeitar indiferentemente. Newton visa aqui o conjunto de dogmas cristãos, dos quais sabemos que a aceitação plena e inteira é contrária à condição de admissão ou permanência no seio da Igreja. Cf. Goldish, 1998, pp. 127-129, e ibidem, 1999, pp. 152-154.
66. Newton se opunha, em geral, a toda especulação que visasse a "deduzir" preceitos de fé das escrituras: apenas os preceitos enunciados explicitamente por elas constituem a matéria da fé em uma Igreja pacificada. "Todas as velhas heresias estão ligadas à dedução. A verdadeira fé está no texto", ele escrevia. (Cf. Yahuda, MS. Var. 1, Newton MS 15, fol. 11, citado por Manuel, 1974, p. 55.)

atitude — sem dúvida ligada a uma evolução de seu caráter —, a aparente hipocrisia do comportamento religioso de Newton, que não se opôs jamais à Igreja anglicana, com a qual ele não partilhava em profundidade quase nenhuma doutrina.[67] A prudência, bem compreensível nesses tempos intolerantes, não é, entretanto, algo a ser excluído. Para além da validade dessa explicação, resta que, na distinção entre o "leite" e a "carne" — e na identificação do primeiro ao amor por Deus e por suas criaturas —, encontramos os temas que parecem dominar a teologia fundamentalista e aceitavelmente anarquista de Newton: a crença em Deus todo poderoso, no valor da verdade (escondida aos mortais comuns) de sua palavra e na possibilidade de pacificar a Igreja, levando-a a sua simplicidade original.

IV.7. Robert Boyle e a tradição da alquimia

Já em Cambridge, ou talvez mesmo antes, em sua estada em Grantham — onde ele podia dispor da biblioteca do boticário Clark (em parte guardada no seu quarto) —, Newton havia iniciado estudos de química, lendo várias obras de Robert Boyle. Em 1666, Boyle publicou um novo tratado, *The Origin of Forms and Qualities* [*A origem das formas e qualidades*], em que constavam, entre outras, a questão da transmutação de metais[68], e em particular da "abertura do corpo" dos metais, com a finalidade de encontrar seu "mercúrio".[69] Provavelmente, foi essa obra que incitou Newton a se interessar, em detalhes,

---

67. Cf. Goldish, 1998, pp. 134-136.
68. Cf. Boyle, 1666, p. 323, por exemplo.
69. Cf. ibidem, pp. 403-404, por exemplo. Voltaremos a isso para considerar a noção de "mercúrio" de um metal.

pela literatura alquímica. Ele passou a recolher todos os tipos de texto alquimistas — antigos e modernos, impressos e manuscritos — e a montar, no térreo do Trinity College, com vista para o jardim situado à direita do grande portão de entrada, seu próprio laboratório, com objetivo de, também, lançar-se à pesquisa do "mercúrio" dos metais.

Boyle é considerado atualmente um dos fundadores da química moderna. Portanto, poderíamos nos admirar que o interesse de Newton por alquimia tenha sido despertado pela leitura de um dos textos de Boyle. Porém, isso seria subestimar a natureza da alquimia e de suas relações germinares com a química.

Alquimia não é somente sinônimo de convicção de que é possível transmutar os metais, e de obter ouro a partir do chumbo. A alquimia é, antes de tudo, uma tradição de textos e de imagens que transmitem a crença de que a separação da matéria e do espírito pode ser superada tanto teoricamente (com a ajuda de uma compreensão mais profunda dos fenômenos naturais), quanto praticamente (através de um trabalho visando reconstituir sua unidade originária e divina, e obter desse fato um produto perfeito, que reúna em si o "chypre" do cosmos e o segredo da vida): era justamente esse o objetivo da "grande obra" para a qual se direcionavam os "iniciados".

O ouro ou, para ser mais preciso, sua produção a partir de uma substância menos nobre e o elixir da vida longa eram concebidos como encarnações desse ideal de perfeição. Fazendo o ouro e possuindo o elixir, o homem se mostraria o imitador de Deus (senão seu igual), como criador da substância mais perfeita e como provedor da vida.

Por outro lado, poderíamos crer em uma possível transmutação dos metais, sem por isso partilhar os ideais esotéricos da tradição alquímica. No *De congelatione et conglutinatione lapidarum* (*Sobre a congelação e a agregação das pedras*), Avicena[70] teria buscado conciliar certa concepção de origem árabe com as poucas indicações dadas por Aristóteles (no terceiro livro dos *Meteoros*) a respeito da natureza dos metais. Segundo essa concepção[71], os seis metais sólidos conhecidos (o ouro, a prata, o ferro, o cobre, o estanho e o chumbo), quando fundidos, mostram características similares ao sétimo metal conhecido, o mercúrio. Portanto, eles seriam, todos, supostamente formados por uma espécie de mercúrio (dito frequentemente "filosófico"), que constituía sua matéria última comum, combinando-se cada vez com um tipo de enxofre que é, por sua vez, característico de cada metal particular.

Esse mercúrio e esse enxofre são concebidos às vezes como substâncias físicas (que, como tais, poderiam ser extraídas dos metais) e às vezes como princípios abstratos (que exprimem respectivamente a natureza comum e a diferença específica dos metais). Essa concepção não tinha em si nada de necessariamente alquímica. Ela poderia conduzir — e de fato conduziu — a pesquisas experimentais, visando a análise dos metais. Com relação a essas pesquisas, a tradição alquímica se apresentava como um tipo de cânon interpretativo, apto a atribuir aos resultados e aos objetivos da experimentação significados cósmicos que iam além da prática de laboratório como tal. Além disso, ela poderia ser reformulada no interior

---

70. Avicena, ou Ibn Sina, foi médico e filósofo iraniano (980-1037). Devemos a ele uma obra importante, fundada sobre as teorias de Aristóteles e de Platão, que há muito tempo é referência no mundo latino. Sua obra médica, retomando as ideias de Galeno, foi ensinada nas universidades europeias até o século XVII. Seu livro mais conhecido, o *Cânon da medicina*, descreve o conjunto das doenças conhecidas em sua época.
71. Cf. Dobbs, 1975, p. 135, e Joly, 1992, p. 232.

do cenário mecanicista — segundo o qual as partículas últimas eram todas compostas de uma e mesma matéria, comum à totalidade do universo[72] — e constituir, assim, o fundamento de uma teoria mecanicista da transmutação dos metais.

O objetivo de Boyle, na sua obra de 1666, era justamente o de expor essa teoria, ou seja, de "reconciliar" as noções de forma, geração e corrupção da doutrina escolástica com as "noções da física corpuscular".[73] Para cumprir esse objetivo, ele partia de uma hipótese muito geral: existe apenas uma "matéria católica e universal, comum a todos os corpos", que constitui uma "substância extensa, divisível e impenetrável".[74] Essa matéria é composta de dois tipos de partículas: as *minima* ou *prima naturalia*, que, sendo "mentalmente divisíveis" pela "onipotência divina", não o são na natureza; e as concreções primitivas ou *clusters*, constituídas por "coalisões de várias *minima naturalia*", cuja "dimensão é tão pequena e a adesão tão serrada e estrita" que na natureza apenas raramente elas seriam "dissolvidas ou quebradas".[75] São a dimensão, o movimento, a conformação, a postura e a ordem dessas partículas que variam, e são apenas suas configurações particulares que nossos sentidos reconhecem como diferentes entre elas — e que, consequentemente, nós catalogamos segundo a dupla sinótica dos gêneros e das espécies.

---

72. Cf. ibidem, p. 46.
73. Cf. Boyle, 1666, p. 290.
74. Cf. ibidem, p. 305. O adjetivo "católico" (do grego "catholikos", geral, universal) é aqui empregado em seu significado original, e indica, portanto, o que é relativo à totalidade em si mesma. A respeito das relações entre a suposição da existência de uma matéria primeira única, a tradição alquímica e o pensamento filosófico antigo, em que essa suposição encontrava sua origem, cf. Joly, 1992, pp. 68-70.
75. Cf. Boyle, 1666, pp. 325-326.

Nesse cenário, é fácil imaginar experiências, visando a análise dos metais — ou seja, a separação de suas concreções primitivas, seguida da extração de seu "mercúrio" e de seu "enxofre", constituídos por agregados diferentes de *minima naturalia* —, pelas quais somente as diferenças entre as interpretações e justificativas dos resultados, e não a prática experimental, nem mesmo o método, estariam autorizados a distinguir química e alquimia. Assim, compreendemos que se hesitou por muito tempo em reconhecer o comprometimento de Newton com a alquimia, em particular enquanto uma grande parte de seus manuscritos alquímicos ainda era desconhecida ou não estudada, preferindo interpretar seu interesse pela decomposição dos metais como um programa de pesquisa protoquímico, direcionado ao problema da estrutura da matéria.[76]

IV.8. Em que sentido Newton foi um alquimista

Newton iniciou seu percurso de alquimista reproduzindo ou modificando experiências propostas por Boyle[77], mas ele logo começou a acompanhar seu fino trabalho de experimentador por um estudo sempre mais apaixonado pela literatura alquimista e a mostrar sua adesão a certas interpretações e imagens que essa literatura veiculava. Entre seus manuscritos alquímicos, os relatórios de experiências não faltavam, mas a maior parte deles é constituída por transcrições ou resumos de textos impressos ou manuscritos: de Jean d'Espagnet[78], Michael Maier, George

---

76. Cf. Hall e Hall, 1958.
77. Cf. Dobbs, 1975, pp. 139-146.
78. Presidente do parlamento de Bordeaux, no século XVII, e célebre alquimista, devemos a ele principalmente o *Enchiridion physicae restitutae et l'Arcanum hermeticae philosofiae*, que tratava da "pedra filosofal".

Ripley[79], Michael Sendivogius, George Starkey (aliás, Eirenaeus Philalethes), Basilius Valentinus e muitos outros representantes da tradição hermética dos dois últimos séculos; textos mais antigos, como a *Tabula Smaragdina*[80], ou de outras aquisições que ele fez em diversas buscas, como o *Theatrum chemicum*[81] ou a *Turba philosophorum*.[82] No meio dessas notas, é frequentemente difícil de reconhecer os comentários, raros, de Newton ou suas considerações pessoais, ainda mais raras.

Face a esse montante de material, pode-se certamente observar que o fato de ter "copiado" obras de alquimistas não faz mais de Newton um alquimista que o fato de copiar poesias faz, de qualquer um, um poeta.[83] Entretanto, ainda que Newton provavelmente não tenha sido um alquimista original — se essa qualificação tem algum sentido —, é certo que ele atribuiu à alquimia um valor de conhecimento e de explicação dos fenômenos naturais. Assim como não foi um problema para ele utilizar a linguagem e o simbolismo da alquimia; fazer parte de círculos de iniciados, aproveitando da rede de circulação de textos manuscritos e de receitas desses círculos e, por sua vez, os promovendo, tendo partilhado com convicção a deontologia do segredo.[84] Se acrescentamos a isso a

---

79. George Ripley (1450-1490), religioso e alquimista inglês, autor notadamente do *Livro das doze portas*, que trata da preparação da "pedra filosofal".
80. *A tábua de esmeralda* [de Hermes], tratado que data da metade do século XVIII.
81. *O teatro químico*, compilação do século XVII, comentário alquímico dos dois primeiros capítulos do Gênesis.
82. Para os alquimistas, a *Turfa dos filósofos* designa a solução da "grande obra", ou seja, a redução de um metal a "mercúrio".
83. Cf. Hall e Hall, 1958, p. 117.
84. É difícil encontrar traços públicos da adesão de alguém a uma deontologia do segredo. Entretanto, no caso de Newton, pode-se citar uma passagem de uma carta a Oldenburg de 26 de abril de 1676, em que

aversão natural de Newton por toda forma de publicação ou difusão de seu trabalho e dos resultados de suas pesquisas, não demoramos a compreender porque atualmente é tão difícil de reconstruir positivamente seu próprio pensamento nesse assunto. Entretanto, é possível obter indicações significativas dos testemunhos que possuímos.

Inicialmente, os intérpretes estão de acordo em um ponto: o interesse de Newton pela tradição alquimista deriva de sua crença em uma *prisca sapientia*, revelada pelo próprio Deus no ato da criação. No século XVI, os discípulos de Paracelso[85] se dividiam em duas correntes, das quais uma afirmava a origem grega da alquimia, e a outra reivindicava uma origem mais antiga, que se enraizava na história do povo de Israel e se confundia assim com as origens da cabala judaica.[86] Segundo essa concepção, a tradição bíblica e a tradição alquímica seriam

---

está em questão um procedimento seguido por Boyle para obter um mercúrio de aparência muito nobre, mencionado por ele em um artigo publicado nos *Philosofical Transactions*, sem, no entanto, revelar tal procedimento. Ainda que cético sobre a qualidade do mercúrio obtido por Boyle, Newton observava que por trás do processo de sua produção, poderia haver "alguma coisa de mais nobre, que não pode ser comunicada sem um imenso prejuízo para o mundo, se havia alguma verdade nos escritos herméticos". Assim, ele incitava Boyle a guardar o silêncio sobre seu procedimento, ao menos até que ele tivesse consultado "alguém que compreenda perfeitamente isso a respeito do que ele [Boyle] fala, quer dizer, um verdadeiro filósofo hermético, cujo julgamento (se ele tiver um) deve ser considerado, sobre esse assunto, mais que o julgamento de todo mundo, ainda que contrário, pois há outras coisas por trás da transmutação dos metais [...] que ninguém compreende melhor que ele". Cf. Newton (C), vol. III, p. 2, Rattansi, 1972, p. 170, e Dobbs, 1975, pp. 194-195, que destacam e comentam essa passagem.

85. Theophrastus Bombastus von Hohenheim, chamado Paracelso (1493--1541), foi um dos maiores representantes da arte médica e da alquimia da Renascença; pensava que cada órgão correspondesse a um planeta e pretendia ter descoberto um elixir de juventude eterna; autor notadamente de *Revelações de Hermes*.

86. Cf., por exemplo, Pereira, 2001, pp. 220-222.

provenientes de uma fonte comum, como provava, aliás, a longevidade dos patriarcas, que só poderia ser explicada pelo uso do elixir de juventude...

Com os dois volumes de seu *Utriusque cosmi historia*, publicados entre 1617 e 1621, Robert Fludd[87] havia procurado sistematizar o que ele chamava de filosofia "mosaica" (o ensinamento esotérico transmitido aos hebreus por seu legislador, Moisés). A alquimia seria parte integrante dessa filosofia, expressão retirada da sabedoria revelada e da exposição da verdade única.[88] Se acrescentamos a isso o conjunto das lendas a respeito do fundador mítico da alquimia, Hermes Trismegisto[89] (Hermes, o três vezes muito grande), que se confunde no imaginário pagão com o deus Hermes-Mercúrio[90], compreenderemos facilmente que havia material suficiente para convencer Newton — o futuro autor da *Theologiae gentilis origines philosophiae* — de que a tradição alquímica poderia, de algum modo, transmitir um *corpus* de conhecimentos originais. Tais conhecimentos seriam, certamente, transmitidos sob uma forma dissimulada e através de uma linguagem metafórica e secreta; mas, justamente graças a

---

87. Robert Fludd (1574-1637), médico e alquimista inglês, foi herdeiro dos Rosa-Cruz e autor notadamente de *Utrius cosmi historia* (*História de um e de outro mundo*) e *Philosophia moysaica* (*Filosofia mosaica*).
88. A respeito do tratado de Fludd, cf. Burnett, 1990.
89. Redescoberto, com Orfeu, pelos humanistas neoplatônicos da Renascença, notadamente por Marsile Ficin (1433-1499), que o traduziu em latim, cuidadoso "em oferecer ao homem de seu tempo novas perspectivas de conhecimento sobre a base da *prisca theologia* e no cenário de sua concepção da *magia naturalis*", *Kabbalistes chrétiens*, p. 197. Sobre Hermes Trismegisto, podemos, por exemplo, consultar Garth Fowden, *Hermès l'egyptien*, Paris, Les Belles Lettres, 2000.
90. Deve-se notar que segundo o *Theatrum chimicum*, "Hermes Trismegisto, apelidado de Mercúrio, era um discípulo de Moisés: ele era particularmente bem versado na doutrina do Gênesis, transmitida por Moisés". Cf. R. Pataï, *The Jewish Alchemists,* Princeton University Press, 1994, pp. 33-34.

isso, seriam menos corrompidos que a tradição da filosofia natural.

Essa convicção não era estranha às concepções de vários contemporâneos de Newton, entre outros Henry More, que, por defender sua doutrina da imortalidade da alma, não hesitou em reivindicar para si uma sabedoria antiga, da qual os fragmentos de Hermes Trismegisto seriam uma testemunha.[91] Ela nos permite compreender melhor as razões do interesse de Barrow, ou do próprio Boyle[92], pelos escritos e pela prática da alquimia.

Conduzido por seu rigor e por sua paixão intelectual, Newton parece simplesmente ter agido com base nessa convicção e ter se lançado sem restrição, mas com rigor, em um grande esforço de interpretação e decodificação da mensagem escondida na tradição alquímica, tomando por guia um de seus preceitos mais reverenciados:

> Aquele que fora preguiçoso na leitura dos livros não poderá ser hábil nas preparações práticas. Com efeito, um livro desvela outro, e um discurso explica outro, pois o que está diminuído em um, está completo em outro.[93]

Dito isso, é preciso ainda notar que o *corpus* alquímico não representava para Newton um puro criptograma a ser decodificado. Seu interesse hermenêutico não se enfraquecia quando a mensagem escondida dessa tradição parecia se

---

91. Cf. Dobbs, 1975, pp. 102-111, em particular a primeira citação da página 106, retirada de *The Immortality of the Soul* de Henry More, publicado em Londres, em 1659.
92. Cf. Dobbs, 1975, pp. 94-102.
93. Cf. Manget, 1702, vol. I, p. 662. É uma passagem retirada do *Rosarius*, texto alquímico do século XIV, atribuído a Arnaldo de Villanova: "*Qui enim in legendis libris desses extiterit, in praeparandis rebus promptus esse non poterit. Liber manque librum aperit, & sermo sermonem explicat: quia quod in uno est diminutum, in alio est completum.*"

desvelar: ao contrário, era o conteúdo mesmo dessa mensagem, antes de tudo, que importava para ele. E, ainda que dissimulada em um aparelho simbólico sedimentado, tal mensagem não era, para ele, completamente estranha ao que emerge de uma primeira leitura dos textos alquímicos. O jogo de interpretação visava esclarecê-la, desvelar seus aspectos metafóricos, torná-los mais explícitos e não esvaziar a mensagem, apresentando-a como superfície de um conteúdo mais profundo, diferente.

Um dos objetivos que Newton perseguia, por exemplo, era o de produzir a estrela de antimônio[94], uma formação estrelada de cristais de antimônio, produzida quando o antimônio é separado da estibina — mineral no qual o antimônio se encontra mais facilmente, na natureza — sob certas condições, por meio de uma reação que envolve um agente de redução como o ferro: $Sb_2S_3 + 2Fe \rightarrow 2Sb + Fe2S_3$.

Como todos os seus contemporâneos, Newton pensava que uma parte do agente de redução — que podemos supor ser seu "mercúrio" — restava no produto final da reação. Provavelmente ele não compartilhava da crença que identificava a estrela de antimônio como a substância da pedra filosofal, entretanto, ele mantinha o hábito de se referir ao antimônio pelo termo "regulus" — "pequeno rei", em latim —, indicando suas relações especiais com o ouro, o rei dos metais. Mas ele segue acreditando que por trás dessa elegante formação cristalina se escondiam segredos, entre outros, o da atração magnética.

Além disso, quando Newton leu o tratado de Basílio Valentino, *The Triumphal Chariot of Antimony* (*A carruagem triunfal do antimônio*), publicado pela primeira vez em

---

94. Cf. Dobbs, 1975, pp. 146-161. Antimônio: elemento químico que se apresenta como um corpo sólido branco azulado, semelhante ao arsênico.

Leipzig, em 1604, ele destacou a passagem em que Valentino afirma que a estrela de antimônio, colocada no fogo com uma "serpente de pedra", se consumia até se fundir com a serpente, produzindo "uma substância na qual são latentes possibilidades magníficas", limitando-se a observar que a serpente de pedra deveria ser identificada com o sublimado de mercúrio.[95]

IV.9. Uma nova carta a Oldenburg de dezembro de 1675

A manifestação pública mais destacada da adoção, por Newton, da representação do mundo, veiculada pela tradição alquimista, está contida na carta de dezembro de 1675. Tal carta aborda a natureza da luz, da qual tratamos no final do capítulo III. J. E. McGuire qualificou essa carta como "cosmogonia alquímica".[96] Com efeito, para justificar sua primeira hipótese — a presença de um éter similar ao ar, porém mais rarefeito, sutil e elástico —, Newton descreve o mundo, nessa carta, como um organismo vivo, permeado por processos contínuos de condensação e rarefação.

Em uma passagem, omitida por ocasião da leitura dessa carta à Royal Society, Newton se aventura a afirmar que, "talvez, toda a estrutura da natureza não seja outra coisa senão o éter condensado por um princípio de fermentação".[97] Mais além[98], ele admite:

---

95. Cf. ibidem, pp. 150-151.
96. Cf. McGuire, 1967, pp. 84-86, e Westfall, 1972, p. 189. A respeito da carta de Newton e suas relações como a tradição alquímica, cf. também Dobbs, 1975, pp. 204-210.
97. Cf. Newton (C), vol. 1, p. 364.
98. Cf. ibidem, pp. 365-366.

A atração gravitacional da terra é causada pela condensação contínua de alguma coisa [...] como um espírito etéreo, não como o corpo principal do éter fleumático, mas alguma coisa difusa no éter, de modo muito fino e sutil, talvez de uma natureza suave ou viscosa, tenaz e elástica e que tem, com o éter, aproximadamente a mesma relação que o ar tem com o espírito aéreo vital, requerido para a conservação da chama e dos movimentos vitais [...] pois o vasto corpo da terra, que poderia estar em trabalho perpétuo em todas as suas partes, a partir de seu centro, pode condensar continuamente uma parte desse espírito, de tal modo que [uma outra parte dele] descende do alto com uma grande velocidade para lhe compensar. Nessa decida, ele pode transportar consigo para baixo os corpos que ele penetra, com uma força proporcional à superfície de todas as partes desses corpos sobre as quais ele age.

E ele explica em seguida:

A natureza é uma trabalhadora circulatória perpétua que gera fluidos a partir de sólidos e sólidos de fluidos, coisas fixas de coisas voláteis e coisas voláteis de coisas fixas, coisas sutis de coisas mais espeças e coisas espeças de coisas mais sutis, e que faz com que as coisas subam, formando as águas terrestres superiores, tais como os rios e a atmosfera, e, como consequência, outras coisas descendem para lhes compensar.

Essa imagem do mundo não é em si inconciliável com a visão mecanicista da natureza — ela pode até mesmo lembrar o sistema de vórtices de Descartes —, mas ela é um composto: parece reunir uma visão mecanicista e uma propensão a imaginar a presença na natureza de um conjunto de espíritos ou de princípios vitais, justificando os movimentos e as transformações do sistema. Compreende--se que Westfall tenha visto na carta de 1675 uma manifestação de um esquema intelectual comum ao século XVII e, segundo ele, do qual Newton seria um dos defensores: a "perpetuação dos modelos de pensamento herméticos no contexto de um sistema superficialmente mecânico".[99]

IV.10. A tradição alquímica como um antídoto ao mecanicismo

Assim, chegamos ao que parece ser a razão principal do interesse de Newton pela tradição alquímica. Ele parece buscar nessa tradição um antídoto ao mecanicismo. Mais particularmente, parece nela buscar argumentos a serem empregados em uma obra de correção, senão de verdadeira recusa, da abordagem mecanicista, uma obra visando três objetivos interligados: inicialmente, a reinserção da vontade divina na explicação dos fenômenos naturais e, portanto, na própria estrutura da natureza, do modo como ela é representada pela ciência; em seguida, a apropriação das causas eficientes dos movimentos corpusculares que, nos esquemas mecanicistas, estão presentes como causas últimas dos fenômenos físicos; por fim, a compreensão da essência dos fenômenos vitais, e a apresentação de uma imagem unitária do cosmos em que a distinção entre matéria e espírito — ou, como se diria atualmente, entre máquinas e organismos — pudesse ser apagada.

Para uma confirmação dessa interpretação, pode-se recorrer a um manuscrito — "Of Natures Obvious Laws & Process in Vegetation" — que Dobbs datou de 1672 e

---

99. Cf. Westfall, 1972, p. 191.

publicou em 1991[100], no qual Newton quer apresentar suas próprias concepções, mais do que expor as ideias de outros autores. Encontramos ali uma imagem de mundo similar àquela apresentada na carta de dezembro de 1675, imagem que, nessa ocasião, Newton havia desenhado assim[101]:

> Essa Terra se parece com um grande animal ou, melhor, um vegetal inanimado: ela retira do sopro etéreo para refrescar-se diariamente e para seu fermento vital; e transpira em grandes exalações.

Mas, em particular, Newton parece bem mais explícito[102]:

> Observe que é mais provável que o éter seja apenas um veículo para algum espírito mais ativo, e [que] os corpos sejam concreções dos dois [tomados] em conjunto; esses podem se embeber de éter tão bem quanto o ar na geração, e nesse éter o espírito está misturado. Esse espírito é, talvez, o corpo da luz, pois [...] um e outro têm um princípio ativo prodigioso [...].[103]

E, mais adiante:

---

100. Cf. Dobbs, 1991, pp. 256-270. O livro de Dobbs está cheio de citações comentadas, retiradas desse manuscrito que fornece um grande apoio à sua tese. Para outras referências a esse manuscrito, atualmente conservado na biblioteca Dibner de História das Ciências e Tecnologia do Instituto Smithsoniano de Washington, D.C., cf. Rattansi, 1972, pp. 176-177, e Golinski, 1988, p. 151.
101. Cf. Dobbs, 1991, p. 264.
102. A respeito da oposição entre privado e público nas pesquisas alquímicas de Newton, cf. Golinski, 1988.
103. Cf. Dobbs, 1991, p. 265.

Portanto, por trás das mudanças sensíveis que ocorrem nas texturas das matérias mais grosseiras, em toda vegetação existe uma maneira mais sutil, secreta e nobre de trabalhar, que torna seus produtos distintos de todos os outros, e o lugar imediato dessas operações não é o conjunto da matéria, mas, antes, uma porção excedente, sutil e inimaginável da matéria difusa no interior da massa, tal que se ela for separada, restará apenas a terra inativa e morta.[104]

E, ainda:

O mundo poderia ser diferente do que é (porque podem existir mundos diferentes deste). Portanto, não era necessário que ele fosse assim, mas [ele é] por uma determinação voluntária e livre. E essa determinação voluntária supõe um Deus.[105]

Entretanto, essa visão vitalista e organicista do mundo mais uma vez não conduziu Newton a uma concepção holista da ciência. Permanece, para ele[106], que na natureza existem dois tipos de "ações": as "vegetais" e as "mecânicas".[107] As mecânicas seriam objetos de uma ciência: a "química vulgar".[108] que está no centro de suas preocupações. Se confiamos nas conclusões de Westfall e Dobbs, é a mecânica que tirará maior proveito das reflexões

---

104. Cf. ibidem, p. 269.
105. Cf. ibidem, p. 266.
106. Cf. ibidem, p. 267.
107. Não confundir o adjetivo "mecânico", que indica aquilo que provém da ciência do movimento, ou *mecânica*, e o adjetivo "mecanicista", que indica, por outro lado, aquilo que provém do *mecanicismo*, como concepção filosófica.
108. Aqui, vulgar se opõe a sagrado: a "química vulgar" se opõe, portanto, à alquimia, concebida como uma "química sagrada".

alquímicas de Newton: uma vez que ele tenha abandonado toda esperança de poder fornecer uma representação mecanicista do mundo, fundada sobre a suposição de um éter mais ou menos sutil e espalhado no espaço, é justamente com base nessas reflexões que ele chegará, enfim, à sua noção de força de atração, pensada como uma ação exercida a distância por corpos sobre outros corpos.[109]

IV.11. Um "rigor" de historiador

As pesquisas teológicas e alquímicas de Newton foram interrompidas bruscamente no mês de agosto de 1684, quando ele se lança de corpo e alma na redação dos *Principia*. Depois da publicação dos *Principia*, ele retornaria à teologia e à alquimia, para não voltar jamais a abandoná-las, mas essa publicação marcou uma virada. De um lado, o sucesso espetacular dessa obra o tirou da solidão de Cambridge e o projetou na sociedade política inglesa. De de outro, os problemas que sua teoria dos fenômenos cósmicos deixava em aberto ganham, inevitavelmente, prioridade sobre outros questionamentos, conduzindo, pela exigência de fornecer-lhes uma solução, ao menos conjectural, uma grande parte de suas reflexões.

Entretanto, das linhas diretrizes de suas pesquisas teológicas e alquímicas restaram, essencialmente, aquelas que acabamos de traçar. Centradas em torno da convicção de uma *prisca sapientia* que Deus teria revelado aos homens na criação, essas pesquisas mantêm, ainda, um sabor e uma abordagem arqueológicos, visando a reconstrução de

---

[109]. Essa é uma das teses centrais em Dobbs, 1991; cf. também: Dobbs, 1975, cap. 6, pp. 194-232; Westfall, 1984, onde, entre outros assuntos, são discutidas as objeções de Cohen e R. Hall; e Dobbs, 1988.

uma religião e um saber originários, mais que a edificação de uma nova doutrina ou de uma nova imagem do universo. Tais linhas diretrizes são o limite das suas pesquisas — que se fecham, assim, no interior de um cenário fortemente pré-determinado — mas, também, são a força principal de seu estranho rigor, que se parece mais com o do historiador (que seleciona os documentos, reconstrói os fatos e encadeia as causas) que com o rigor do matemático.

V
Mecânica abstrata e mecânica celeste: A primeira edição dos *Principia* 1679-1687

Profundamente engajado em suas pesquisas teológicas e alquímicas, Newton estava, ao final dos anos 1670, bastante afastado da comunidade científica inglesa. A última carta de Oldenburg em nome da Royal Society havia chegado a Newton no dia 9 de fevereiro de 1676-1677.[1] Oldenburg morreu nesse mesmo ano e fora substituído por Robert Hooke, que não tinha demonstrado absolutamente nenhum zelo em manter as relações com Newton. Porém, a longo prazo, suas obrigações de secretário da Royal Society o conduziram a lembranças de antigas discórdias e, dia 24 de novembro de 1679, Hooke se endereça oficialmente a Newton para retomar sua correspondência com a sociedade. Newton tentou se esquivar, mas o fez de maneira desajeitada e acabou engajado em uma discussão que lhe despertou certos interesses científicos. Entretanto, seria necessário esperar até o verão de 1684 para que esse despertar fosse completo e Newton recomeçasse a trabalhar seriamente em um assunto científico.

---

1. Cf. nota 1 do capítulo III.

A partir do mês de agosto de 1684, em menos de três anos de trabalho duro, Newton redige esse que muitos consideram como o mais extraordinário tratado científico de todos os tempos: os *Philosofiae naturalis principia mathematicae* (*Princípios matemáticos da filosofia natural*). É um tratado de mecânica e de astronomia: os dois primeiros livros expõem uma teoria do movimento para os corpos submetidos a forças centrípetas[2], respectivamente em ausência e presença de uma resistência oposta pelo meio onde esse movimento ocorre; o terceiro apresenta um novo sistema cosmológico do mundo, construído a partir da aplicação, aos dados astronômicos, da teoria exposta nos dois primeiros livros.

O título escolhido por Newton remete àquele que Descartes havia dado a seu tratado de física, quatro décadas antes: os *Principia philosophiae* [*Princípios da filosofia*]. Porém, mais que uma homenagem, tratava-se de um desafio. A nova cosmologia proposta por Newton certamente se opunha à dos aristotélicos: nela o Sol está posicionado no centro do universo e os planetas, entre os quais a Terra, giram em torno dele, seguindo órbitas elípticas e obedecendo às mesmas leis que governam o movimento dos corpos na superfície da Terra. A cosmologia aristotélica era fundada em uma separação entre o mundo terrestre e o mundo celeste, localizava a Terra no centro do universo e explicava o movimento dos astros por sua fixação a esferas concêntricas e transparentes, girando em torno de seu centro comum. Nesse contexto newtoniano, uma força é concebida como a causa de uma mudança de estado

---

2. A noção de força centrípeta (ou central, como chamamos atualmente) é introduzida por Newton em oposição à noção de força centrífuga. Uma força centrífuga tende a afastar um corpo de um centro em torno do qual ele orbita; uma força centrípeta tende a aproximá-lo. A seguir, retornaremos a essas noções com mais precisão.

de movimento de um corpo que, em sua ausência, esperaríamos se mover por inércia, segundo um movimento retilíneo uniforme, e nenhuma distinção é feita entre os diferentes tipos de movimento. Por outro lado, na física de Aristóteles, distinguia-se entre movimentos naturais e movimentos violentos: os primeiros sendo devidos à tendência de todo corpo a retornar para seu "lugar natural", quando ele não está lá, e os segundos sendo o efeito de forças que são, portanto, concebidas como causas de movimento. Entretanto, para Newton, o combate contra as concepções da escolástica parecia doravante um combate de retaguarda. Para ele, era bem mais importante liberar a filosofia natural dos limites do mecanicismo. Os novos princípios dessa filosofia não poderiam mais se restringir a vagas imagens mecânicas: eles deveriam ser princípios *matemáticos*.

Nos *Principia*, Newton propõe-se a pensar o universo não como uma máquina bem organizada, mas como um sistema matemático particular que Deus escolheu entre uma infinidade de sistemas matemáticos possíveis. Longe de se limitar a descrever esse sistema como tal, ele elabora uma teoria geral do movimento e concebe sua teoria do cosmos como uma aplicação dessa teoria geral. Assim, universo real é apenas uma região possível que participa de uma geografia universal, no interior da qual ele figura como um caso particular. No interior dessa geografia o Sol, a Terra, a Lua e todos os planetas aparecem apenas como corpos particulares, submetidos a forças particulares que os lançam uns contra os outros, obrigando-os a se submeterem a leis cuja universalidade não é a do cosmos, mas a das matemáticas: uma universalidade bem mais englobante, pois ela não é a da totalidade do real, mas a do conjunto do possível.

"*Nature and nature's laws lay in night:/ God said, Let Newton be! and all was light*", escreveu mais tarde

Alexandre Pope.[3] A luz que invade o mundo dos pensadores em 1687, quando surgem os *Principia*, é a das matemáticas. Pela primeira vez, um homem havia conseguido encontrar na natureza uma ordem exata, que estava em condição de descrever e de dominar. Não era apenas uma nova teoria que vinha se somar às outras, era o amanhecer de uma nova era para a humanidade, a era da física matemática que, depois de Newton, verá desenvolver-se a mecânica analítica de Lagrange, a mecânica celeste de Laplace, a teoria da relatividade de Einstein e a mecânica quântica.

Na sequência, reconstruiremos a gênese dessa obra capital. Partiremos de uma conjectura, evocada por Robert Hooke em torno de 1680, de acordo com a qual, para explicar os movimentos dos astros, não é necessário mais que a suposição de uma força de atração, dirigida para o Sol e que os afeta com uma intensidade inversamente proporcional ao quadrado de suas distâncias em relação ao Sol. Veremos que Newton foi o primeiro a dar a essa conjectura um conteúdo matemático preciso, servindo-se, entre outros, de certos resultados aos quais ele havia chegado em sua juventude e que havia guardado por muito tempo em suas gavetas. Veremos que ele foi também o primeiro a compreender como essa conjectura poderia ser transformada em uma lei científica, tendo a ideia de que tal conjectura, corretamente reformulada, poderia ser compatível com as leis de Kepler[4]; ainda melhor, tendo a ideia de que ela poderia permitir, em

---

3. "A natureza e as leis da natureza estavam recobertas de trevas./ Deus disse: faça-se Newton! E tudo torna-se luz." Alexandre Pope (1688--1744), autor de *The Rape of the Lock* (1712) e tradutor da *Ilíada* e da *Odisseia* de Homero; foi um admirador incondicional de Newton e contribuiu grandemente para sua glória póstuma.
4. Cf. nota 5 do capítulo I.

certa medida, a demonstração dessas leis e de que, por sua vez, ela era derivada dessas leis, como um teorema. Com efeito, as leis de Kepler, que exporemos oportunamente, eram concebidas pelos principais cientistas da época de Newton como uma descrição fiel do movimento dos planetas em torno do Sol, mas que nunca foram demonstradas: sua aceitação incondicional dependia de seu acordo com os dados astronômicos disponíveis. Integrando-as a uma teoria matemática fundada sobre a conjectura de Hooke, Newton mudou tanto o status das leis de Kepler quanto o status dessa conjectura, a ponto de transformá-las em leis matemáticas. Esse é o ponto de partida que conduziu Newton a redigir os *Principia*.

Para chegar a isso, Newton precisou ultrapassar esse primeiro estágio e entrar mais detalhadamente no funcionamento do sistema solar, supondo, por exemplo, que os diferentes planetas não eram somente atraídos pelo Sol, mas que eles exerciam, por sua vez, uma força de atração que afetava os outros planetas e o próprio Sol. Ele identificou essa força àquela que é responsável pelo fato de que os corpos próximos à Terra caem em direção a ela com uma aceleração constante. Desse modo, Newton transformou a conjectura original em uma teoria da gravitação universal, cuja exposição constitui o ápice dos *Principia*.

Para compreender o que Newton fez ao longo desse percurso, será necessário adentrar em certos detalhes técnicos. Não se pode evitá-los, pois é nesses detalhes que reside a grandeza de sua obra. Se pensarmos que sua contribuição maior é de ter afirmado que os planetas giram em torno do Sol, seguindo órbitas elípticas, sendo atraídos por ele por uma força de atração inversamente proporcional ao quadrado da distância que os separa, não compreenderemos absolutamente a diferença entre, por um lado, a mecânica e a cosmologia de Newton e, por outro, as leis de Kepler ou a conjectura de Hooke. Newton conhecia essas leis e essa conjectura antes de começar esse trabalho, assim como todos os cientistas de seu tempo as conheciam.

O que faz dele um dos mais extraordinários pensadores da humanidade é ter reunido essas leis e essa conjectura em uma teoria matemática e ter mostrado que ela pode ser empregada para explicar os fenômenos astronômicos mais finos e particulares.

V.I. A conjectura de Hooke

A intenção de Hooke[5] quando ele escreveu para Newton, dia 24 de novembro de 1679, não era outra que de fazê-lo sair do silêncio. Para isso, ele propôs a Newton uma longa lista de temas de discussão, e acrescentou:

> De minha parte, eu estimaria como um grande favor se vós quisésseis me comunicar por carta vossas objeções a algumas das minhas hipóteses ou opiniões.

Em particular, Hooke dizia estar curioso em saber o que Newton pensava de uma hipótese, que havia apresentado alguns anos antes, no final de seu *Attempts to Prove the Motion of the Earth* (*Tentativas para provar o movimento da Terra*)[6], publicado em Londres, em 1674. Segundo essa hipótese, os movimentos dos planetas deveriam ser considerados como compostos "de um movimento dirigido segundo a tangente [à sua trajetória] e de

---

5. Para a correspondência Hooke-Newton, que será considerada a seguir, cf. Newton (C), vol. II, pp. 297-313. Grandes extratos das cartas, que serão mencionados, são citados e comentados por Koyré, 1968, VI, pp. 267-313.
6. Cf. Westfall, 1980, p. 413.

um movimento atrativo [dirigido] para o corpo central", ou seja, para o Sol.

Não podendo evitar de responder, Newton o fez dia 28 de novembro, começando por alegar não estar a par das questões que haviam "recentemente ocupado os filósofos em Londres e fora dela" e de nunca ter ouvido nada a respeito da hipótese mencionada por Hooke. Ele prosseguiu propondo uma experiência capaz de provar o movimento diurno da Terra. Tratava-se de considerar um corpo solidário à Terra, suspenso a uma certa altura, e que começa a cair em direção a ela. Porque ele está mais longe do centro da Terra que o ponto da superfície terrestre situado em sua vertical, na hipótese de uma revolução da Terra do oeste para o leste, esse corpo, disse Newton, começará sua queda sendo dirigido para o leste por um "movimento maior" que esse último ponto, e "portanto, ele não cairá perpendicularmente [...] mas, ultrapassando as partes da Terra, se projetará a leste da perpendicular, derivando na sua queda uma linha que é um tipo de espiral". Para ilustrar essa conjectura, Newton acrescenta ainda um desenho, representando a trajetória na qual tal corpo se lançaria sobre a superfície da Terra e que formaria um tipo de espiral que converge para seu centro.

Newton tinha razão em prever que o corpo em queda seria conduzido para o leste, em razão de sua velocidade de rotação maior que a velocidade do ponto situado em sua vertical, na superfície da Terra, mesmo se ele não levar em conta a manutenção devida à variação da direção da força da gravidade durante a queda. Mas ele estava errado a respeito da trajetória que o corpo seguiria após ter ultrapassado a superfície da Terra. Sustentar que essa trajetória é uma espiral convergente para o centro da Terra significa sustentar que, a longo prazo, a força da gravidade, que atrai o corpo para esse centro, prevalece sobre a pressão devida ao movimento rotatório, em torno desse centro, que tal corpo possui quando começa a cair. Ora, isso somente é possível na presença de uma resistência que se opõe a seu movimento, o que Newton definitivamente não menciona. E ainda nesse caso a trajetória seria bem diferente dessa que ele desenha.[7]

Hooke não poderia esperar uma ocasião de polêmica mais favorável. Na sua resposta, datada de 9 de dezembro, ele convida Newton a supor que abaixo do corpo que cai, a Terra apresenta uma fissura ao longo de sua seção. O movimento desse corpo poderia, então, ser comparado ao movimento de um planeta que orbita entorno do centro da Terra devido ao efeito de um movimento composto por dois outros movimentos: um devido à rotação da Terra transmitida a esse corpo desde o início da queda, e o outro devido à atração para esse centro. Segundo Hooke, na ausência de toda resistência, a trajetória desse corpo deveria ser "um tipo de elipsoide", ou seja, uma curva "que se parece com uma elipse".

Newton respondeu quatro dias mais tarde, reconhecendo que na ausência de resistência, a trajetória do corpo não poderia ser uma espiral que converge ao centro da Terra, acrescentando que, supondo a gravidade constante, ela também não poderia ter "uma forma elipsoidal". A resposta de Hooke vem no dia 6 de janeiro, rejeitando a suposição de uma gravidade constante e sustentando que se deveria supô-la como inversamente proporcional ao quadrado da distância ao centro da Terra.

Recapitulemos. Ainda que Hooke e Newton discutissem em suas cartas a respeito de um corpo que cai em direção ao centro da Terra, está claro que eles tinham em mente um modelo matemático geral que pudesse ser aplicado ao caso de um planeta que gira em torno do Sol. Se for considerada a primeira lei de Kepler — segundo a qual os planetas

---

7. Cf. Arnold, 1990, pp. 16-21.

seguem órbitas elípticas das quais o Sol ocupa um dos focos —, e se a elipsoide de Hooke for identificada a uma elipse, as considerações de Hooke implicavam em sugerir que, para dar conta dessas órbitas, é suficiente supor:

i) que em cada ponto P dessas órbitas os planetas são atraídos para um ponto fixo S, constituído por um foco da elipse que elas traçam durante seu movimento, foco ocupado pelo Sol;

ii) que a intensidade dessa atração varia ponto a ponto como varia o quociente $x = \dfrac{1}{(SP)^2}$, ou seja, como o inverso do quadrado da distância entre a posição do planeta e a do Sol;

iii) que o movimento dos planetas resulta da composição ponto a ponto de um movimento retilíneo dirigido para o Sol e, devido a essa atração, com um outro movimento devido à tendência que todo corpo teria de manter seu movimento inicial, contanto que nenhuma causa exterior intervenha.

Hooke formulara essa conjectura apenas de maneira implícita e imprecisa. Além disso, ele não havia alcançado nenhum argumento apto a justificá-la. Entretanto, Newton ficou impressionado com tal conjectura. Após ter recebido a carta de 6 de janeiro, ele interrompeu todas as outras pesquisas e se consagrou a procurar uma demonstração para ela.[8]

V.2. *Descartes e Newton: a respeito do princípio de inércia e do movimento circular*

A conjectura de Hooke é compatível com dois resultados que o próprio Newton havia obtido alguns anos

---

8. Cf. Hall e Hall, 1962, pp. 293-301; Herivel, 1965, pp. 246-256; e Westfall, 1971, pp. 513-514.

antes, após sua leitura dos *Principia philosophiae*, de Descartes.⁹

O primeiro desses resultados se refere ao princípio de inércia. Nos artigos 37 e 39 da segunda parte dos *Principia philosophiae*, Descartes já havia afirmado esse princípio sob a forma de duas "leis da natureza": "cada coisa permanece no estado em que está, enquanto nada mudar esse estado"; e "todo corpo que se move, tende a continuar seu movimento em linha reta".¹⁰ Em uma nota que Newton redigiu entre 1664 e 1665, encontra-se uma versão modificada dessas duas leis, sob a forma de dois "axiomas", dos quais o segundo introduz um esclarecimento essencial com relação à formulação de Descartes: "uma vez em movimento, uma quantidade não parará, exceto se for impedida por uma causa externa"; e "uma quantidade se moverá sempre sobre alguma linha reta (sem mudar nem a determinação [ou seja, a direção] nem a velocidade de seu movimento), a não ser que uma causa externa a desvie".¹¹

Comentando sua segunda lei, Descartes havia observado que uma pedra conduzida por uma funda tende, em cada ponto de sua trajetória, a se mover segundo a direção da tangente a essa curva, e que isso "nos faz ver *manifestamente*, que todo corpo que é movido de modo circular, tende ininterruptamente a se afastar do círculo que descreve".

---

9. Diversas notas evidenciam o interesse de Newton pela mecânica, antes de 1669. As principais foram publicadas por Herivel, 1965, pp. 121--235.
10. Eu cito aqui os *Princípios* de 1647, uma tradução francesa posterior (três anos) à edição original. Descartes já havia enunciado o mesmo princípio, em uma forma análoga, no capítulo VII do *Monde* (primeira e terceira leis), redigido entre 1629 e 1633, mas publicado somente em 1664 (cf. Blay, 2002, pp. 55-79). Porém, são os *Principia philosophiae*, e não o *Monde*, que constituem a fonte de Newton.
11. Cf. Herivel, 1965, p. 141.

O leitor moderno compreende que essa tendência a se afastar do círculo (ou, melhor, do centro do círculo), própria a todo corpo animado por um movimento circular, não é nada além de um efeito de sua inércia, ou seja, de uma tendência a continuar, em cada ponto, a se mover segundo a direção e a velocidade que ele tem nesse ponto. A essa tendência, opõe-se a corda da funda que, tencionando-se, retém o corpo em uma trajetória circular. Segundo essa interpretação, da qual Newton se apropriaria mais tarde e que viria se impor em seguida, a trajetória circular (fig. 1) é devida à composição ponto a ponto de uma força PT, dirigida para o centro C (e, por isso, dita central) com a inércia PR (para simplificar, supomos aqui que o eixo PQ é infinitamente pequeno e, portanto, pode ser identifiado a uma reta). A tendência a se afastar do centro é, então, representada pelo segmento QR, que indica o desvio da trajetória circular da direção inercial[12] PR.

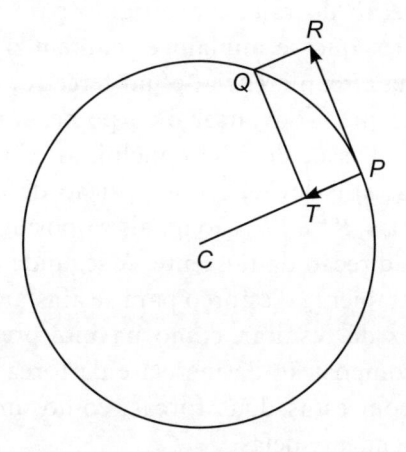

Figura 1

---

12. Quando cessa a força central, como quando a pedra se libera da funda, o corpo continua então a se mover em linha reta, segundo a direção da tangente ao círculo no ponto onde ele se encontra nesse momento.

Essa não é a interpretação de Descartes: analisando o movimento circular (artigo 57 da terceira parte dos *Principia philosophiae*), ele reconhece, junto à tendência do corpo a se mover ao longo da direção da tangente, um "esforço [*conatus*, em latim] para se afastar do centro", segundo a direção do raio, e observa que é exatamente a esse esforço que se opõe a corda da funda, quando ela se tenciona. No capítulo VII do *Monde*, ele havia sido ainda mais explícito[13]:

> Quando fazemos girar uma pedra em uma funda, não somente ela segue em linha reta, assim que ela sai da funda, mas, além disso, durante todo o tempo em que ela está na funda, ela pressiona o meio da funda, e provoca tensão na corda [...].

Dito de outro modo, para Descartes, o movimento circular é composto por três movimentos retilíneos: dois na direção do raio, um dirigido para o centro e outro oposto, que se anulam e mantêm o corpo em equilíbrio na circunferência; e um terceiro, na direção da tangente, que faz avançar o corpo nessa mesma circunferência. Disso, deve-se concluir que a trajetória circular (fig. 2) é devida à composição de três forças, das quais duas, *PT* e *PV*, são iguais e opostas, e a outra, *PR*, está na direção da tangente. A segunda dessas forças seria justamente o esforço para se afastar do centro, que, em vez de resultar, como na interpretação moderna, da composição da inércia e da força central, se comporia com essas duas forças, como uma terceira força independente delas.

---

13. Cf. nota 10 anterior.

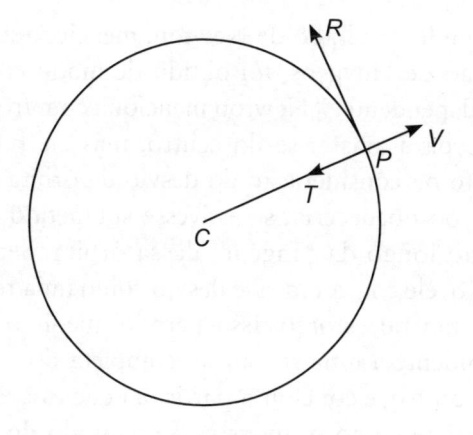

Mecânica abstrata e mecânica celeste: A primeira edição dos *Principia* 1679-1687   179

Figura 2

Se da descrição qualitativa da situação passamos à medida dos aportes dos movimentos em questão, concluímos que a diferença entre a interpretação de Descartes e a de Newton, por mais profunda que seja no plano da conceituação geral do movimento circular, não tem maiores consequências no que diz respeito ao estudo desse movimento. Qualquer que seja a interpretação adotada, a grande questão permanece sendo aquela da relação entre a medida da inércia e a medida da tensão da corda (ou de qualquer outro elemento limitante que segura o corpo sobre a trajetória circular). Essa tensão é pensada como se opondo diretamente à inércia ou ao esforço para se afastar do centro. Alguns anos depois de Descartes, Huygens[14] adotaria a mesma interpretação que ele, mas chegaria a obter uma medida correta daquilo que ele chamaria de força centrífuga.[15]

---

14. Christian Huygens (1629-1695) foi matemático, astrônomo e físico holandês. Retornaremos mais tarde a algumas de suas contribuições.
15. A noção de força centrífuga aparece no fim do *Horologium oscillatorium* (*Relógio oscilatório* [ou seja, relógio de pêndulo]), publicado em Paris, em 1673. Antes dessa data, tal noção já havia sido objeto do

O segundo resultado de Newton, mencionado acima, análogo ao de Huygens, foi obtido de modo completamente independente.[16] Newton menciona com frequência o esforço para afastar-se do centro, mas ele funda seu argumento na consideração do desvio da órbita circular que o corpo obedeceria, se estivesse submetido por sua inércia, ao longo da tangente dessa órbita. Sem outra explicação, ele considera esse desvio como uma representação de um tal esforço. Isso permite medir o esforço correspondente a uma revolução completa do corpo em torno do centro, e concluir a partir daí que esse esforço é pontualmente como o inverso do quadrado do raio do círculo.

Alguns complementos técnicos

Newton começa supondo que em cada ponto P do círculo-trajetória (fig. 3), o esforço para se afastar do centro é tal que ele afastaria o corpo, que gira no círculo, com a distância[17] QR, no tempo que esse corpo gasta para percorrer o arco infinitamente pequeno PQ, PR sendo a tangente ao círculo no ponto P.

---

tratado *De vis centrifuga* (*Da força centrífuga*), redigido por Huygens, em 1659, mas publicado somente em 1703.

16. O manuscrito que contém esse resultado foi publicado por Herivel (cf. Herivel, 1965, pp. 193-198), que o data, de modo conjectural, em 1665-1666 (cf. ibidem, p. 93), identificando-o com uma nota que, segundo um testemunho de D. Gregory, Newton teria sem dúvida redigido antes de 1669 (cf. ibidem, p. 72, nota 2).

17. Observa-se que Newton considera aqui o desvio QR como tendo a mesma direção que o raio QC, mais do que sendo paralelo ao raio PC, como na figura 1. Sendo o arco PQ infinitamente pequeno, essa diferença não tem maiores consequências, pois os raios QC e PC podem ser considerados como sendo paralelos.

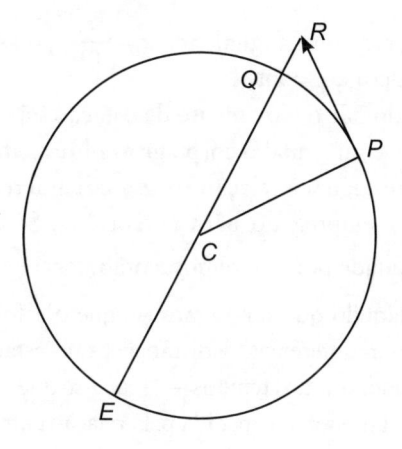

Figura 3

Para medir esse esforço, ele tentou inicialmente determinar a distância que o corpo percorreria, afastando-se do centro, no tempo gasto para efetuar uma volta completa em torno do centro. Ele postula que um tal esforço se comporta como a gravidade, ou seja, que ele afasta o corpo da circunferência a uma distância proporcional ao quadrado do tempo durante o qual opera tal esforço. Disso ele conclui que basta considerar o arco PQ e a circunferência inteira como medidas respectivas dos tempos empregados para percorrê-los — o que equivale a supor que o movimento circular é uniforme — para ter a proporção $x : QR = C^2 : PQ^2$, onde x é a distância procurada e C é a circunferência. Apoiando-se na proposição 36, do Livro III dos *Elementos* de Euclides[18], e na possibilidade de tomar, respectivamente, os segmentos RE e PR pelo diâmetro QE e o arco PQ (cuja diferença é infinitamente

---

18. Essa proposição enuncia uma propriedade puramente geométrica do círculo, ou seja, totalmente independente do fato de considerá-lo como a trajetória de um movimento: o segmento PR é a média proporcional entre os segmentos RE e QR, ou seja, $RE : PR = PR : QR$.

pequena), ele retira a igualdade $x = \dfrac{C^2}{QE}$, ou seja, em notação moderna, $x = 2\pi^2 r$.

Supondo que o movimento de rotação seja uniforme, a velocidade com a qual o corpo gira sobre a circunferência é constante e igual à relação entre a circunferência ($2\pi r$) e o tempo T empregado para percorrê-la. Se denotarmos essa velocidade por v, teremos, então, $x = \dfrac{v^2}{2r} T^2$.

Ora, daquilo que supusemos — que o esforço afasta o corpo da circunferência a distâncias que estão entre elas como o quadrado dos tempos —, segue-se que a intensidade pontual de tal esforço é medida pela relação entre a distância x (à qual o esforço afastaria o corpo que gira, no tempo que esse corpo demora para efetuar uma volta completa) e o quadrado desse tempo, o que não é nada além de $\dfrac{v^2}{2r}$.

Assim, basta supor que a órbita dos planetas em torno do Sol se aproxima de um círculo[19] e aplicar a esse círculo a terceira lei de Kepler — segundo a qual, nas órbitas dos planetas em torno do Sol, os quadrados dos tempos empregados em percorrer essas órbitas (ou períodos de revolução) são proporcionais aos cubos dos eixos maiores dessas mesmas órbitas, ou seja, aos cubos dos raios, se elas são circulares, fazendo com que a relação $\dfrac{r^3}{T^2}$ seja constante — para disso concluir que o esforço para se afastar do centro é pontualmente proporcional ao quadrado do raio do círculo[20], pois $\dfrac{v^2}{2r} = \dfrac{4\pi^2 r^2}{T^2} \dfrac{1}{2r} = (2\pi^2 \dfrac{r^3}{T^2}) \dfrac{1}{r^2}$.

Como em um movimento circular, o raio do círculo mede a distância (constante) do corpo, em movimento,

---

19. Lembremos de que um círculo não é outra coisa senão uma elipse cujos focos coincidem um com o outro, confundindo-se, assim, com seu centro.
20. Cf. Herivel, 1965, p. 195. Na verdade, Newton se limita a enunciar essa conclusão, afirmando que ela deriva da terceira lei de Kepler. Para o argumento proposto aqui, cf. Cohen, 1982, p. 28.

ao centro desse círculo, e como o esforço para se afastar do centro é uma força exercida ao longo da direção que une ambos, corpo e centro, esse resultado afirma que, no caso de uma órbita circular, a intensidade desse esforço (ou seja, na linguagem de Huygens, da força centrípeta) é igual à intensidade que a conjectura de Hooke atribui à força de atração para o centro, ainda que essas forças estejam dirigidas em sentido contrário.

Essa diferença poderia parecer enorme. Uma vez que o movimento circular é corretamente interpretado, a diferença torna-se, entretanto, não essencial, pois o argumento empregado por Newton para justificar esse resultado pode então ser aplicado, sem nenhuma mudança, na medida da força central. É isso que Newton deve ter compreendido, em 1680, depois de sua correspondência com Hooke.

V.3. *Comparação entre os resultados de Newton, a respeito do movimento circular, e a conjectura de Hooke*

Assim, parece que, antes do fim de 1666, possivelmente, e antes de 1669, certamente, Newton já imaginava poder explicar a órbita dos planetas supondo a ação de uma força inversamente proporcional ao quadrado de sua distância em relação ao Sol. Reconhecendo no desvio QR (fig. 3, p. 181) uma representação de uma tal força, Newton havia implicitamente aplicado ao movimento circular — e, por aproximação, aos movimentos orbitais dos planetas — a análise que Galileu havia proposto na quarta jornada de seus *Discursos*[21] para determinar a trajetória de um projétil lançado no vazio.

---

21. Cf. nota 4 do capítulo I.

Consideremos o caso mais simples, em que o projétil é lançado paralelamente ao horizonte. Galileu havia observado que seu movimento se compunha de um movimento retilíneo uniforme ao longo da direção do horizonte AH (fig. 4) e de um movimento uniformemente acelerado (no qual os espaços percorridos são proporcionais aos quadrados dos tempos) ao longo da direção da gravidade, perpendicular ao horizonte. Disso, ele facilmente concluíra que os desvios BL, CM, DN... são proporcionais aos quadrados dos segmentos AB, AC, AD... e, consequentemente, que a trajetória AF do projétil é uma parábola.

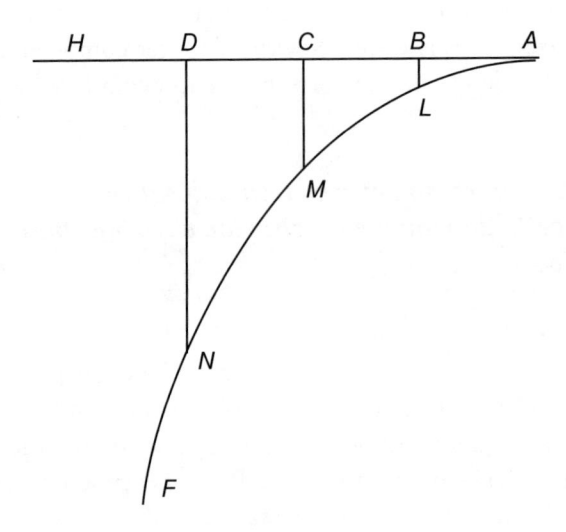

Figura 4

Abordando um problema inverso desse, considerado por Galileu — que consiste em determinar a intensidade da força, sendo dada a trajetória, mais do que determinar a trajetória, sendo dada a intensidade da força —, Newton mantém, como vimos, a ideia de identificar, aos efeitos dessa força, os desvios da trajetória retilínea que o corpo seguiria em sua ausência. Entretanto, para construir seu argumento, ele foi obrigado a supor que tal força afasta os corpos a distâncias que estão entre elas como os quadrados dos tempos, o que significa postular *a priori* que ela é constante ao longo da trajetória. Se essa suposição é bastante razoável no caso do movimento circular, ela limita o escopo do resultado alcançado. Com efeito, tudo o que esse resultado nos diz é que a força centrífuga, em ação no movimento circular, varia com a dimensão do círculo e, em particular, como o inverso do quadrado de seu raio.

Ainda que compatível com o resultado conjecturado por Hooke, tal resultado é, portanto, intrinsecamente diferente dele: a conjectura de Hooke diz respeito à variação da força — dessa vez atrativa e não centrífuga — ao longo de uma órbita elíptica, enquanto o resultado de Newton diz respeito à variação da força, passando de uma órbita circular a outra. Entretanto, esse resultado foi *demonstrado* e não apenas *conjecturado*, e ainda que essa demonstração não pudesse provar diretamente a conjectura de Hooke, ela indicava o caminho a ser tomado para chegar a essa demonstração, pois ela sugere empregar o desvio da trajetória retilínea (devido à inércia) como medida da força. Em 1680, Newton seguirá justamente esse caminho.

V.4. *A noção de força*

Como veremos na seção seguinte, a demonstração de Newton é bem simples. Entretanto, ninguém havia chegado a ela antes dele, pois essa simplicidade depende de uma aquisição prévia concernente ao tratamento matemático de uma força. Portanto, antes de expor tal demonstração, é preciso resumir essa aquisição.

Até aqui, falamos livremente de "forças", mas não esclarecemos, de modo algum, o que é uma força em geral. Empregamos esse termo moderno para nos referirmos ao que, nos argumentos precedentes, é tratado como condição de um movimento: quer ela tenha sido pensada como uma atração, um esforço, uma tendência ou uma tensão. Nisso, nós seguimos o uso em vigor antes de 1680: o termo "força" era empregado sem atribuir um estatuto preciso à entidade física, sendo, aliás, utilizado concomitantemente com outros — tais como "esforço", "gravidade", "atração", ou mesmo "movimento" — de maneira fundamentalmente metafórica.

Se nos ativermos ao nível de uma imagem geral como aquela subjacente à conjectura de Hooke, ou dos raciocínios particulares, como aqueles que Newton aplica a um movimento circular, essa imprecisão conceitual não tem um inconveniente maior. No primeiro caso, ela está associada com a imprecisão da imagem em questão. No segundo, ela é compensada pela precisão da situação mecânica muito particular que constitui o objeto do raciocínio. Mas se buscamos demonstrar a conjectura de Hooke, é preciso começar formulando-a de maneira mais rigorosa e, para isso, é imperativo dar um conteúdo matemático mais preciso ao conceito de força de atração.

Newton o fez, mas, como muitos comentadores notaram, ele não chega, por isso, a dar uma definição clara, unívoca e geral do que seria uma força. R. Westfall sustentou notadamente[22] que em Newton — em seus primeiros manuscritos mecânicos, nas obras que se seguem e, mesmo, nos *Principia* — coabitam várias noções de força e permanece, particularmente, uma dupla ambiguidade entre a força, entendida como uma sucessão de

---

22. Essa é uma das teses centrais de Westfall, 1971. Cf., por exemplo, pp. 470-476.

impulsões²³ ou como uma ação contínua, por um lado, e como a causa da variação da quantidade de movimento ou como a causa da aceleração, por outro.²⁴

Entretanto, parece-nos que, para Newton, o problema não é o de definir ou de caracterizar a força em geral, mas, antes, o de encontrar uma maneira de tratá-la matematicamente. Da mesma forma que ele concebe a velocidade instantânea — para a qual ele também não fornece uma definição geral e precisa — como uma propriedade intrínseca de todo movimento, Newton concebe a força como uma condição intrínseca de um movimento não retilíneo uniforme, e procura apenas os meios matemáticos de exprimi-la, representá-la e medi-la.

Ora, se nos concentramos nesses meios, mais do que nas definições explícitas ou implícitas de Newton, as coisas tornam-se muito menos ambíguas: a partir da nota escrita depois da correspondência com Hooke de 1679--1680, ele não mudou mais de opinião sobre esse ponto. Ele representará sempre uma força que age pontualmente sobre um certo corpo por um segmento cuja posição indica a direção dessa força e o comprimento indica sua intensidade, ou, como dizemos atualmente, seu componente escalar.

Mais precisamente, ele conceberá esse segmento como uma representação do espaço percorrido por esse corpo

---

23. Em linguagem técnica, uma impulsão é um tipo de pressão instantânea, tal como aquela devida ao choque de um corpo duro contra outro.
24. Como causa da variação da quantidade de movimento, a força seria expressa pela diferença Δmv, onde m é a massa inercial do corpo sobre o qual a força age e v sua velocidade instantânea (retornaremos depois à noção de massa inercial; por enquanto, diremos que o produto mv é justamente a quantidade de movimento e que o símbolo "Δmv" denota a diferença entre os valores da quantidade de movimento em dois momentos sucessivos, separados por um intervalo de tempo previamente estabelecido); como causa da aceleração, ela seria, por outro lado, expressa pelo produto ma, onde a é justamente a aceleração instantânea.

em um movimento retilíneo durante certo tempo caso seu movimento fosse devido apenas à ação dessa força, aplicada a ele em um estado de repouso. Ao tratar uma força como uma impulsão ou como uma sucessão de impulsões, ele conceberá esse movimento como uniforme, agindo a força apenas em seu início. Ao tratar a força como uma ação contínua, ele conceberá esse movimento como uniformemente acelerado, permanecendo a força constante durante o tempo considerado.

Alguns complementos técnicos

Essa representação da força não difere daquela que Newton havia escolhido desde 1665 para a velocidade pontual, representada precisamente pelo espaço que o corpo, encontrando-se em um certo ponto, teria percorrido em certo tempo, em um movimento retilíneo — nesse caso, certamente uniforme — se, durante esse tempo, sua velocidade não tivesse mudado. O que difere um caso de outro é a causa presumida de um tal movimento retilíneo virtual: no caso da velocidade, essa causa é o movimento já em curso, tomado com a velocidade pontual que lhe é própria no ponto considerado; no caso da força, essa causa é a própria força, considerada como agindo sobre o corpo de maneira independente do estado de movimento desse corpo.

Segue-se que a cada ponto da trajetória de um corpo, Newton associa dois segmentos, ou protovetores[25] (dados ou a determinar, tanto em comprimento quanto em posição), dos quais um representa a velocidade pontual desse corpo e o outro a força que age pontualmente sobre ele.

---

25. Cf. os primeiros complementos técnicos da seção II.5.2, pp. 71-73.

Ora, o princípio de inércia[26] nos diz que o movimento efetivo de um corpo resulta tanto de sua velocidade pontual quanto da força que age pontualmente sobre ele. Como esses dois segmentos representam espaços percorridos em um movimento retilíneo virtual, durante um tempo dado, para conhecer as propriedades pontuais desse movimento efetivo — ou seja, o espaço percorrido durante esse tempo, se a força age somente no início, como em uma impulsão, ou se ela permanece constante —, é suficiente compor esses segmentos entre si, ponto a ponto, segundo a regra do paralelogramo.[27]

Se supomos que, durante um intervalo de tempo, a força age por impulsões sucessivas, de modo que a velocidade do corpo muda de maneira brusca, é suficiente, para alcançar uma representação fiel do movimento real e de sua trajetória, considerar os espaços percorridos no período de tempo que separa duas impulsões. As diagonais dos paralelogramos sucessivos, construídos desse modo, fornecerão, assim, a trajetória poligonal, seguida pelo corpo.

Se supomos que, durante um intervalo de tempo, a força age continuamente, de modo que a velocidade do corpo também muda continuamente, então é preciso considerar tempos infinitamente pequenos, ou considerar

---

26. Cf. seção V. 2.
27. Cf. os segundos complementos técnicos da seção II.5.2, pp. 75-78.
    Quando a força é tratada como uma impulsão, essa regra, muito naturalmente, aplica-se ao caso, pois o segmento que representa a força é concebido como um espaço percorrido em um movimento retilíneo uniforme: é assim que Newton justifica a aplicação dessa regra à composição das forças nos *Principia*, no corolário 1 às leis do movimento.
    Quando a força é tratada como constante, ao longo do tempo considerado, essa regra é aplicável, pois o tempo é dado. O movimento uniformemente acelerado que produz o segmento que representa a força pode, portanto, ser identificado a um movimento uniforme (cuja velocidade é igual à velocidade média desse movimento uniformemente acelerado).

inicialmente a força como agindo por impulsões sucessivas e procurar, em seguida, passá-la ao limite, supondo que os intervalos entre as impulsões se tornam cada vez mais curtos.[28]

Tendo postulado esses princípios gerais, resta adquirir as ferramentas matemáticas que permitem retirar consequências quanto ao estudo dos movimentos. Ora, esses princípios se fundam, em certo sentido, sobre uma identificação da força à velocidade, pois a inércia, que, de fato, não é senão a manifestação de uma velocidade pontual, é composta de forças e, portanto, tratada por sua vez como uma força. E como de um ponto de vista mecânico essa identificação não seria correta, segue-se que tais princípios não podem conduzir a condições aceitáveis, a não ser na condição de permanecer ao nível da representação geométrica dos movimentos.

Assim, Newton parece ter sido confrontado com uma alternativa: seja encontrar a maneira de conduzir seus raciocínios matemáticos diretamente sobre essas representações, generalizando e adaptando a esse respeito a ossatura propriamente geométrica de sua teoria das fluxões[29], sem recorrer ao formalismo[30] dessa teoria; seja encontrar a maneira de ampliar esse formalismo, de tal modo que ele pudesse exprimir não somente a intensidade das velocidades pontuais (como já era o caso)[31], mas também as direções das velocidades e das forças, salvaguardando a distinção dimensional, mecanicamente essencial, entre força e velocidade.

---

28. Na próxima seção, vamos ver isso examinando a prova que Newton propõe para a conjectura de Hooke.
29. Cf. seção II.5.
30. Cf. seções II.2. e II.4.
31. Cf. os primeiros complementos técnicos da seção II.5.2, pp. 71-73.

A história das matemáticas mostrará que os dois caminhos são possíveis. O primeiro era, entretanto, não apenas o mais natural para Newton, em 1679-1680, mas também o único que ele poderia percorrer sem comprometer-se com uma consequente revisão dos fundamentos da teoria das fluxões.[32]

V.5. A prova da conjectura de Hooke

Feito esse longo desvio, a partir de agora é possível abordar a prova da conjectura de Hooke. Ela recorre a um teorema anterior que permaneceria uma pedra de toque da teoria dos movimentos orbitais de Newton. Esse teorema tem uma dupla função: primeiro, justificar a consideração das forças de atração diretas em direção a

---

32. Para o leitor familiarizado com o formalismo do cálculo diferencial, acrescento que essa revisão permitiria a Newton introduzir formalismos análogos aos das derivadas segundas (para exprimir as forças) e de desvios com relação a diferentes variáveis (para exprimir as direções). Newton soube realizar a primeira dessas extensões, alguns anos mais tarde, nas diferentes versões do *De quadratura* (cf. nota 18 do capítulo VI), mas não realiza jamais a segunda, que parece, aliás, dificilmente compatível com a própria ideia de fluxão. Isso não impede que o formalismo da teoria das fluxões esteja localmente presente nos *Principia*, a maior parte do tempo, de maneira implícita. A seguir, veremos alguns exemplos.

A questão de saber se Newton tinha ou não os meios técnicos para recriar a mecânica com a ajuda do formalismo da teoria das fluxões (ou mesmo se ele efetivamente o fez nos manuscritos destruídos mais tarde, como se sugere) é muito complexa e continua um dos problemas abertos mais discutidos por especialistas da mecânica de Newton. Voltarei a isso na seção V.9.3, onde veremos que essa questão tem também aspectos não técnicos, concernentes ao modo como Newton pensa sua relação com a tradição e a inovação, e em particular sua concepção de uma *prisca sapientia* e de sua relação com a palavra de Deus, abordada no capítulo IV. Aqui, limito-me a observar que Newton não tinha a necessidade de se lançar em um tal trabalho, pois ele poderia seguir, como fez, o primeiro dos dois caminhos mencionados acima.

centros fixos, mostrando uma propriedade matemática essencial dessas forças; segundo, introduzir a segunda lei de Kepler — os raios vetores que ligam os planetas ao foco de sua órbita, onde se encontra o Sol, descrevem áreas iguais em tempos iguais —, que servirá, em seguida, para fornecer uma representação e uma medida geométricas dos tempos.

Newton demonstra[33] que toda órbita devida à ação de uma força de atração direta, em direção a um centro fixo, sobre um corpo em movimento inercial, satisfaz à segunda lei de Kepler, independentemente da intensidade dessa força e do modo como ela varia.

A reconstrução da prova desse teorema constitui a mais simples das ilustrações do método de Newton, fundado sobre a comparação de certas grandezas geométricas (no caso, segmentos e triângulos), tomadas como medidas de velocidades e de forças.

Consideremos um corpo que se move sobre AB (fig. 5) em um movimento retilíneo uniforme, e que recebe em B uma impulsão instantânea dirigida a O. Sem essa impulsão, em um tempo igual ao empregado para passar de A para B, ele chegaria a C, com $AB = BC$. Se no momento de receber a impulsão ele estivesse em repouso, nesse mesmo tempo ele chegaria a certo ponto I, ao longo da reta BO, cuja posição nessa reta depende da intensidade da impulsão. Na realidade, nesse mesmo tempo, ele chega em R (CR e IR sendo respectivamente paralelos e iguais a BI e BC). É fácil ver que a área do triângulo ORB não muda se o ponto I varia ao longo de OB. Segue-se que a área descrita pelo raio vetor OB ao longo do tempo considerado não depende absolutamente da intensidade da impulsão.

---

33. Cf. Herivel, 1965, pp. 247-248.

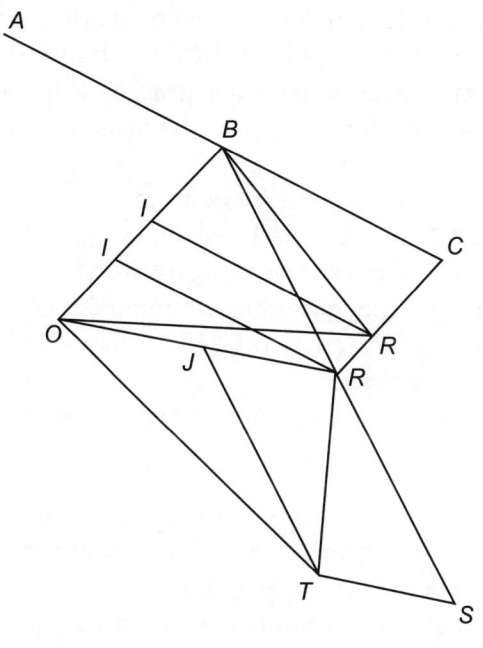

Figura 5

Suponhamos agora que, em R, esse corpo receba uma outra impulsão, dirigida a O. Seguindo o raciocínio acima, conclui-se que em um tempo igual àquele empregado para passar de B a R, ele chegaria em T, (contanto que RS = BR = JT e ST = RJ, sendo J um ponto qualquer tomado sobre RO). Ora, é fácil mostrar que os triângulos ORB e OTR são iguais (tendo uma base OR comum e alturas relativas a essa base iguais entre elas).

Em tempos iguais, o raio vetor de origem O que liga esse ponto às posições do corpo B, R e T descreve, portanto, áreas iguais, qualquer que seja a intensidade das impulsões que agem em B e R. Nesse ponto, é suficiente supor que essas impulsões se sucedem em intervalos cada vez mais curtos até se transformarem em uma força que age continuamente e observar que o argumento precedente não depende da grandeza do tempo considerado, para concluir: a trajetória poligonal *BRT* se transformará em uma curva e "o corpo por uma atração contínua descreverá áreas dessa curva [...] proporcionais aos tempos nos quais elas são descritas".[34]

Tendo sido demonstrado esse teorema, a área do setor elíptico *SPQ* (fig. 6, p. 201), supondo que a órbita seja elíptica, e *S* um foco) pode ser tomada como uma medida do tempo que o corpo, que orbita em torno do Sol, leva para percorrer o arco *PQ* de sua órbita. Se supomos que esse arco é infinitamente pequeno, então esse setor pode ser identificado a um triângulo e sua área pode ser expressa pelo produto $\frac{1}{2}(SP)(QT)$, *QT* sendo a perpendicular a *SP* traçada a partir de *Q*. É explorando essa possibilidade que Newton prova, por um argumento puramente geométrico, que em cada ponto de uma órbita elíptica, a força de atração dirigida para um foco é inversamente proporcional ao quadrado da distância desse foco, o que significa demonstrar a conjectura de Hooke.

A prova em dois tempos que Newton forneceu nessa ocasião seria, entretanto, profundamente modificada (e simplificada) em seguida. Não a exporemos aqui. Basta dizer que, satisfeito com essa prova, Newton abandona novamente suas reflexões mecânicas, guarda os seus escritos em uma gaveta e retorna às suas pesquisas teológicas e alquímicas.

V.6. *A visita de Halley: o problema direto e o problema inverso das forças centrais*

Após ter demonstrado a conjectura de Hooke, Newton havia decidido não mais se interessar pelo movimento

---
34. Cf. Herivel, 1965, p. 248.

dos planetas. A conjectura de Hooke, por outro lado, continuava a intrigar os filósofos da natureza ingleses. Em janeiro de 1684, essa questão foi objeto de uma discussão na Royal Society[35], durante a qual Hooke se confrontou com E. Halley — jovem astrônomo que se tornou célebre por ter observado, dois anos antes, o cometa que ainda hoje leva o seu nome — e com C. Wrin — matemático e arquiteto da geração precedente que, em 1658, havia conseguido retificar a cicloide[36], envolvido, na época, na construção da catedral de São Paulo, em Londres, da qual ele havia assinado o projeto.

Hooke alegava saber demonstrar as três leis de Kepler fundamentando-se em sua conjectura, mas não apresentava demonstrações. Halley confessava ter fracassado nessa tarefa. Wrin se declarava cético quanto à possibilidade de realizá-la.[37] Ele chegou a oferecer um livro de um valor de quarenta *shillings* a quem quer que lhe oferecesse essa prova no prazo de dois meses.[38] Ninguém ganhou esse prêmio, mas Halley não se resignou e, no mês de agosto seguinte, por ocasião de uma viagem a Cambridge, decidiu visitar Newton para saber sua opinião sobre a questão. Não sabemos, exatamente, qual a questão que Halley pôs a Newton.

---

35. Cf., entre outros, Westfall, 1980, p. 436.
36. A cicloide é a curva traçada por um ponto fixo sobre um círculo que gira sobre uma reta.
37. Uma vez admitido que o Sol atrai os planetas com uma força da qual ele é o centro, a hipótese de que essa força seja inversamente proporcional ao quadrado da distância a esse centro deveria parecer muito natural. Com efeito, como observa I. B. Cohen (cf. Cohen, 1971, p. 47), "toda coisa que se espalha uniformemente em todas as direções a partir de um centro diminui em concentração e intensidade com o quadrado da distância, como faz a luz". A dificuldade consistia em demonstrar as leis de Kepler partindo dessa hipótese.
38. Cf. Newton (C), vol. II, pp. 441-442.

O matemático A. de Moivre conta ter escutado Newton se recordar que Halley o havia perguntado "qual seria a trajetória descrita por um planeta atraído para o Sol com uma força inversamente proporcional ao quadrado de sua distância ao Sol?". A isso Newton teria respondido que essa trajetória seria uma elipse e, supostamente, a teria demonstrado. Mas tudo o que Newton teria demonstrado, nesse dia, é que uma trajetória elíptica é devida a uma força de atração dirigida para um foco e inversamente proporcional ao quadrado da distância, o que não é nada além do que o teorema recíproco daquele que ele pretendia ter demonstrado, respondendo à questão de Halley.

Existem dois problemas distintos que não devem ser confundidos: o que seria chamado, alguns anos mais tarde, de problema direto das forças centrais — sendo dada a trajetória, determinar a força —; e o que seria chamado de problema inverso — sendo dada a força, determinar a trajetória.[39] Em 1679-1680, Newton havia resolvido apenas o primeiro. É provável que em 1684 Halley tenha lhe pedido a solução do segundo.

Porém, qualquer que tenha sido a questão de Halley, uma coisa é certa: Newton não mostrou a ele a demonstração que pretendia propor, afirmando não conseguir encontrá-la em seus papéis. Entretanto, Newton se compromete a enviá-la, para Halley, em Londres, assim que a encontrasse.

---

39. Essa terminologia, utilizada ao longo de todo o século XVIII, foi em seguida modificada: atualmente os físicos chamam o primeiro desses problemas de "problema inverso", e o segundo de "problema direto". Para evitar confusão, daqui para a frente, eu utilizarei somente a terminologia antiga.

V.7. O De motu: *um esboço do primeiro livro dos* Principia

É difícil acreditar que Newton tenha conseguido perder seus papeis de 1680. É mais plausível admitir que, antes de tornar pública sua demonstração, ele tenha desejado revisá-la e ampliá-la. De fato, após a visita de Halley, ele redigiu uma nova versão de sua demonstração, acompanhada de vários anexos: objeto de um curto tratado, do qual existem diferentes versões, o *De motu corporum in gyrum* (*Sobre o movimento dos corpos em rotação*).[40] No mês de novembro seguinte, uma de suas versões chega a Halley. Tomado de entusiasmo, ele retornou para ver Newton e, dia 10 de dezembro, fez um relatório à Royal Society. Newton, que havia prometido submeter um escrito mais bem-feito, cumpriu a promessa: em pouco mais de dois anos, o curto manuscrito tornou-se um longo tratado.

Halley, por sua vez, fez todo o possível para lhe facilitar a tarefa. Ele conseguiu que a Royal Society patrocinasse a publicação de um tratado de mecânica celeste de Newton; leu, comentou e corrigiu seus manuscritos; manteve as relações entre Newton e a sociedade[41]; e enfim, quando a Royal Society se deu conta de que seus

---

40. Conhecemos ao menos cinco manuscritos, apresentando pequenas diferenças, que contêm uma versão completa do *De motu* (e mais um manuscrito que contém somente as definições). Para as edições modernas, cf.: Hall e Hall, 1962, pp. 237-292; Herivel, 1965, pp. 257-303; e Newton (MP), vol. VI, pp. 30-80. Para uma nova tradução, acompanhada de um comentário detalhado de uma dessas versões (provavelmente a primeira redigida por Newton), cf. De Gandt, 1995, pp. 10-57.
41. Halley teve, notadamente, que gerir as relações tempestuosas entre Hooke e Newton. Hooke, querendo que Newton reconhecesse publicamente sua prioridade, enquanto Newton tomava essa demanda como sinal de que se queria negar suas aquisições. Sobre essa questão, sintomática do caráter (e das fobias) de Newton, cf. Westfall, 1980, pp. 482-490.

caixas estavam vazios[42], Halley se comprometeu a financiar, com recursos próprios, a publicação. Nesse período, Newton havia trabalhado bastante: o primeiro livro dos *Principia* foi apresentado à Royal Society dia 28 de abril de 1686 e imediatamente enviado para o impressor. O segundo chegou a Halley dia 7 de março de 1687. O terceiro, dia 4 de abril. No dia 5 de julho, a impressão estava terminada.[43]

V.7.1. A nova prova da conjectura de Hooke e a hipótese da proporcionalidade entre espaços e quadrados dos tempos

O primeiro teorema do *De motu* é o mesmo que o da nota de 1680, que foi enunciado e demonstrado na seção V.5. A prova também é a mesma, mas Newton tomou o cuidado de explicitar os pressupostos dos quais dependem esse teorema e os seguintes.[44]

---

42. Por ter financiado, em 1686, a publicação póstuma do *De historia piscium (Sobre a história dos peixes)* de F. Willoughby.
43. Após a primeira edição (cf. Newton, 1687), Newton publicou duas outras edições, respectivamente em 1713 e 1726, às quais retornaremos no capítulo VI. O tratado será em seguida reeditado várias vezes e traduzido em várias línguas. Uma tradução moderna (em inglês), devida a I. B. Cohen e a A. Whitman, com a colaboração de J. Budenz, acompanhada de uma longa introdução de I. B. Cohen, foi publicada em 1999. Cf. Newton (PCW). A tradução francesa de referência é ainda a da Marquise du Châtelet (Paris), 1756-1759. Para uma edição crítica apresentando o conjunto das variantes das edições de 1687, 1713 e 1726, cf. Newton (PKC) [ed. bras.: Newton, *Principia: Princípios matemáticos de filosofia natural*. Livro I, 2ª ed. trad.: Trieste Ricci; Leonardo Gregory; Sônia Gehring; Maria Helena Célia, São Paulo, Edusp, 2002]; [ed. bras.: Newton, *Principia: Princípios matemáticos de filosofia natural: O sistema do mundo*. Livro II e Livro III, trad. André Koch Torres Assis; Fabio Duarte Joly, São Paulo, Edusp, 2008].
44. O número e o conteúdo das proposições principais do *De motu* mudariam nas versões sucessivas. Tratamos, aqui, apenas da primeira versão.

Ele apresenta inicialmente três definições em que, sem definir a força em geral, distingue entre três tipos de força: a força de atração dirigida para um centro, que, a partir de então, ele chama de "centrípeta", em homenagem a Huygens; a força inerente (*insita*, em latim), conhecida atualmente como força de inércia; e a resistência devida à oposição de um meio.

Ele apresenta, em seguida, ao lado do princípio de inércia e da lei do paralelogramo, uma "hipótese" nova que lhe permite simplificar sua prova da conjectura de Hooke: no início de um movimento devido a qualquer força centrípeta, os espaços percorridos são proporcionais aos quadrados desses tempos. Supondo que uma força possa ser representada pontualmente pela trajetória de um movimento retilíneo virtual, isso significa supor que essa trajetória deva ser concebida como sendo a trajetória de um movimento retilíneo uniformemente acelerado, pois, como mostrou Galileu, por um tal movimento (e somente por um tal movimento) os espaços são proporcionais aos quadrados dos tempos.

Como vimos anteriormente[45], é exatamente assim que Newton representa pontualmente uma força que se supõe agir continuamente. Portanto, sua hipótese não faz outra coisa senão esclarecer a natureza mecânica dessa representação: ela torna manifesto que uma força que age continuamente é representada pontualmente pelo espaço que um corpo submetido a ela percorreria em um tempo dado, se ele fosse atingido por essa força em um estado de repouso e que ela agisse continuamente, permanecendo constante durante esse tempo.[46]

---

45. Cf. seção V.4.
46. Nos *Principia*, Newton transformará facilmente essa hipótese em um lema, o lema 10 do primeiro livro, demonstrado por meios puramente matemáticos: é suficiente para ele mostrar que as áreas dos dois triângulos retângulos similares — dos quais, um lado é tomado como

Como no primeiro teorema, Newton havia demonstrado que um corpo que orbita submetido a uma força centrípeta obedece à segunda lei de Kepler — ou seja, as áreas descritas pelos raios vetores que ligam esse corpo ao centro de força são proporcionais aos tempos empregados em descrevê-las. Essa hipótese significa garantir que, se consideradas porções infinitamente pequenas das trajetórias dos corpos, a componente escalar da força centrípeta no ponto inicial dessa porção pode ser tomada como proporcional ao quadrado da área descrita pelo raio vetor que une o corpo em movimento ao centro de força, em correspondência com essa porção da trajetória.

Esse é o ponto-chave da prova do terceiro teorema do *De motu*.[47]

Nele, Newton considera (fig. 6) um corpo que orbita em uma trajetória qualquer em torno de um centro fixo S para o qual ele é atraído por uma força centrípeta. Ele toma dois pontos P e Q nessa trajetória, infinitamente próximos um do outro e, sobre a tangente em P, um ponto R tal que QR seja paralelo a PS. Esse segmento QR representa, então, em direção e intensidade, a força centrípeta em P: se a intensidade dessa força é dada, o comprimento desse segmento será proporcional à força; se o tempo empregado para passar de P a Q é dado, esse segmento será proporcional a seu quadrado.

---

uma representação de um tempo e o outro como uma representação da velocidade pontual gerada durante esse tempo — estão entre elas como os quadrados do primeiro de seus lados.

47. Antes de chegar a isso, Newton emprega o segundo teorema para enunciar seu antigo resultado sobre o movimento circular (cf. seção V.2) referindo-o, sem outra mudança, à força centrípeta antes que a qualquer esforço para se afastar do centro. Entretanto, de agora em diante, esse teorema não tem mais que um papel marginal.

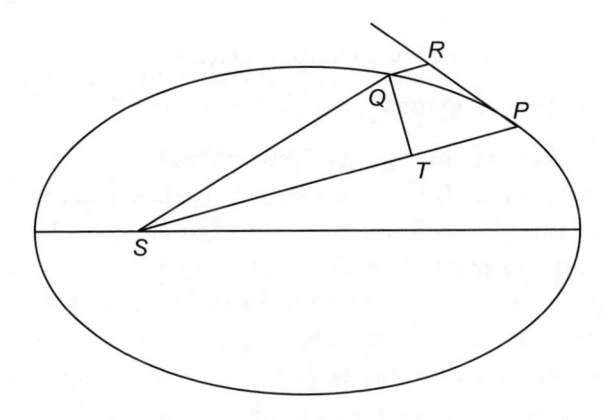

Figura 6

Como, no caso considerado, nem a intensidade da força nem esse tempo são dados, o segmento QR é proporcional ao produto da (componente escalar da) força pelo quadrado do tempo e, portanto, graças ao primeiro teorema, ao produto da (componente escalar da) força pelo quadrado da área do triângulo curvilíneo infinitamente pequeno SPQ.

Se notamos por F a (componente escalar da) força e traçamos a perpendicular QT ao raio vetor SP, deduzimos disso a relação $F \propto \dfrac{QR}{(SP)^2(QT)^2}$, que exprime justamente o conteúdo do terceiro teorema.

De acordo com esse teorema, a força centrípeta em um ponto é proporcional a (e, portanto, medida por) uma grandeza geométrica determinada calculando a relação $\dfrac{QR}{(SP)^2(QT)^2}$ que depende apenas da trajetória do corpo submetido a essa força.

Portanto, por esse teorema, Newton fornece uma medida puramente geométrica de uma força centrípeta. Nesse ponto, para demonstrar a conjectura de Hooke, basta determinar se a órbita é elíptica e se o ponto S

coincide com um foco, então a relação $\dfrac{QR}{(SP)^2(QT)^2}$ é inversamente proporcional ao quadrado de *SP*.

É precisamente isso que Newton faz.[48]

A prova de Newton é longa, mas ela é matematicamente simples. Não é necessário expô-la aqui. O essencial é que, a partir de então, ela não é nada além de uma prova geométrica de uma propriedade, puramente geométrica, de uma elipse e de um arco *PQ* infinitamente pequeno, tomado sobre ela. Ali, com efeito, força centrípeta entra apenas como a grandeza medida pela relação $\dfrac{QR}{(SP)^2\,(QT)^2}$.

V.7.2. *A transformação das três leis de Kepler em teoremas*

Assim como a prova dada em 1680, a nova prova da conjectura de Hooke recorre às duas primeiras leis de Kepler: a primeira lei é tomada como uma premissa e a segunda é, inicialmente, demonstrada como uma consequência de uma outra premissa — a presença de uma força centrípeta dirigida a um centro fixo —, e em seguida empregada como um lema.[49] Para construir uma teoria completamente matemática dos movimentos dos

---

48. Essa é a solução do problema 3 do *De motu*: encontrar a (componente escalar da) força centrípeta dirigida para o foco de uma elipse tomada como órbita.

49. Chama-se "lema" um teorema empregado como premissa na prova de um outro teorema. Em matemática, como em qualquer outra disciplina dedutiva, um teorema não é outra coisa senão uma consequência de um conjunto de premissas aceitas previamente, seja como teoremas precedentes (que funcionam, por isso, como lemas), seja como axiomas (premissas aceitas sem demonstração, em virtude seja de uma convenção, seja de seu poder representativo de uma realidade dada que a teoria que emprega esses axiomas visa descrever formalmente).

planetas, Newton deveria, entretanto, ultrapassar esse estado: ele precisaria mostrar que tanto a primeira quanto a terceira lei de Kepler seriam consequências de certas premissas que funcionariam como condições descritivas de um modelo matemático apto a representar formalmente esse mesmo movimento. É isso que ele viria a fazer.

No quarto teorema do *De motu*, Newton prova, inicialmente, que um corpo em uma órbita elíptica sob a ação de uma força dirigida para um foco é inversamente proporcional ao quadrado da distância desse centro, satisfazendo a terceira lei de Kepler (quer dizer que o quadrado do tempo empregado para percorrer essa órbita é proporcional ao cubo do eixo maior dessa mesma órbita). Para isso, ele emprega um argumento que tem origem em uma extensão à elipse do argumento inverso daquele que o havia levado (entre 1665 e 1669) a concluir que a força centrípeta responsável por uma órbita circular é inversamente proporcional ao quadrado do raio.[50]

Provando a conjectura de Hooke, Newton havia fornecido uma lei para a variação de uma força centrípeta responsável por uma órbita elíptica ao longo dessa órbita. Demonstrando que toda órbita desse tipo se submete à mesma lei, à terceira lei de Kepler, ele parece sugerir que essa força é a mesma para todo planeta. É um primeiro indício do que seria mais tarde a lei da gravitação universal.

Restava provar a primeira lei de Kepler.[51] Imediatamente após ter demostrado a conjectura de Hooke (no

---

50. Cf. complementos técnicos da seção V.2.
51. Essa lei afirma, como vimos, que os planetas orbitam em torno do Sol, seguindo trajetórias elípticas das quais o Sol ocupa um foco.

Até aqui, Newton supôs que os corpos considerados traçavam tais órbitas sob a ação de uma certa força dirigida para um foco que ele buscou determinar (prova da segunda lei) ou que ele supôs ser inversamente proporcional ao quadrado da distância a esse foco para daí retirar outras propriedades dessas órbitas (prova da terceira lei).

escólio ao problema 3), Newton afirmou que "os planetas maiores orbitam em elipses tendo um foco [localizado] no centro do Sol", mas ele ainda não havia demonstrado ser assim: nem sob a hipótese que esses planetas sejam atraídos para o Sol por forças inversamente proporcionais aos quadrados das distâncias que os separam, nem sob qualquer outra hipótese relativa à natureza da força. Portanto, ele ainda não havia transformado a primeira lei de Kepler em um teorema.

Essa transformação é objeto do problema 4, em que, supondo uma força dirigida para um centro fixo, inversamente proporcional ao quadrado da distância a esse ponto, que age sobre um corpo dotado de certa "velocidade inicial", Newton se propôs a buscar a elipse que fornece a trajetória desse corpo. Resolvendo esse problema, ele mostra, graças a um argumento bastante complexo, que esses dados são suficientes para determinar o segundo foco da elipse (o primeiro sendo dado pelo centro de força), e que sob certas condições particulares a elipse em questão se transforma em um círculo (o que ocorre se os dois focos coincidem), uma parábola (se o segundo foco se distancia ao infinito), ou uma hipérbole (se a soma das distâncias entre o corpo e os dois focos é menor que a distância entre o corpo e o foco dado).

Alguns complementos técnicos

Portanto, o que nos importa aqui não é o argumento de Newton, mas antes a natureza de sua conclusão. Já se

---

Para provar a primeira lei, restava a ele mostrar que, se uma certa força central é inversamente proporcional ao quadrado da distância ao seu centro, então um corpo que orbita afetado por essa força descreve uma elipse cujo centro é um foco. Para isso ele deveria resolver o problema inverso das forças centrais. Cf. seção V.6.

observou que, limitando-se a demonstrar a conjectura de Hooke, Newton não havia absolutamente resolvido o problema inverso das forças centrais.[52] Assim, é natural indagar se, como acabamos de dizer, resolvendo o problema 4 do *De motu*, Newton ofereceria finalmente uma solução para esse problema e, portanto, uma resposta satisfatória à questão proposta por Halley em 1684.

À primeira vista, Newton parece resolver esse problema apenas em um caso muito particular, supondo que se saiba *a priori* que a trajetória procurada é uma cônica. Essa, em particular, é a objeção que, após a publicação dos *Principia* — em que o problema 4 do *De motu* é apresentado sem grande modificação como proposição 17, problema 9 do primeiro livro —, seria endereçada a Newton por matemáticos continentais.

Mas se nos atentamos aos detalhes do problema 4 do *De motu* e sua solução, essa objeção mostra-se infundada: Newton não fez outra coisa senão procurar a trajetória do corpo em questão na classe das cônicas, mostrando que, quaisquer que fossem as condições dadas, seria sempre possível determinar a cônica que fornece essa trajetória.[53] Portanto, Newton não pareceu pressupor que a trajetória buscada fosse uma cônica, significando que existe uma cônica fornecendo essa trajetória. Antes, ele o demonstra, mostrando que, qualquer que fosse a condição inicial, seria possível determinar uma tal cônica.

---

52. Ainda cf. seção V.6.
53. Nota-se que entre as cônicas, apenas a elipse é uma curva fechada (sendo as outras cônicas a parábola e a hipérbole, pois o círculo é apenas, como já visto, uma elipse particular; cf. nota 19 anterior). Uma vez admitido que a trajetória buscada é a de um corpo que percorre uma órbita fechada, é natural supor que essa trajetória seja uma elipse (assumindo que as condições que transformam essa trajetória em uma parábola ou em uma hipérbole não se realizam). Cf. Cohen, 1971, pp. 51-52.

Portanto, se restava algo a provar para se chegar a uma solução satisfatória do problema inverso das forças centrais, não era senão a unicidade da solução assim determinada. Naturalmente, Newton não o fez (e sabemos atualmente que, em geral, o problema não tem uma única solução). Entretanto, na segunda edição dos *Principia*, ele acrescentou, ao fim do corolário 1 da proposição 13 (do primeiro livro) — o que corresponde ao escólio do problema 3 do *De motu* —, uma observação mostrando que, mais tarde, ele percebeu a dificuldade: ele afirma, ainda que de modo desajeitado, que à mesma força central que age sobre um corpo cuja posição e velocidade são dadas não podem corresponder várias trajetórias distintas.

V.7.3. Os *últimos resultados enunciados no* De motu

Se a direção da velocidade inicial de um corpo sobre o qual age uma força centrípeta é a mesma direção dessa força, o corpo não pode cair de outro modo que não seja em linha reta, em direção ao centro dessa força, de modo que sua trajetória se reduziria a um segmento de reta. Esse segmento, entretanto, pode ser concebido como uma elipse degenerada, ou seja, como uma elipse que de tão estreita se transforma em dois segmentos sobrepostos. Empregando um tal artifício no problema 5, Newton consegue determinar os espaços cobertos, em tempos dados, por um corpo que cai em direção ao centro de uma força. É o último resultado do *De motu,* concernente a movimentos que ocorrem na ausência de toda resistência oposta por um meio.

Os dois últimos problemas supõem a presença de uma resistência uniforme: no primeiro, é suposto que nenhuma força centrípeta acompanha a ação dessa resistência, oposta, assim, apenas a um movimento inercial; no segundo, é suposto que a força centrípeta é constante e dirigida como a velocidade do corpo. As situações consideradas são, portanto, muito simples, mas só o fato de Newton ter considerado a possibilidade de uma resistência, devida à oposição de um meio, mostra que ele procurava sair do modelo matemático simples proposto pela conjectura de Hooke: corpos reduzidos a pontos; ausência de toda forma de resistência; presença de uma única força centrípeta que age sobre um corpo único que, por sua vez, não interage absolutamente com o centro dessa força. A evolução que conduziu Newton da primeira versão do *De motu* aos três livros dos *Principia* tem como essência o esforço para sair desse quadro limitado[54] e construir um quadro matemático mais próximo da realidade do cosmos.

V.8. A estrutura dos Principia e o "estilo newtoniano"

Aproximar-se da realidade do cosmos não significava, para Newton, tentar anular toda distinção entre as configurações mecânicas passíveis de um estudo matemático e os fenômenos físicos.

No início do capítulo IV, seguimos a sugestão de I. B. Cohen e falamos do estilo newtoniano para indicar a separação operada por Newton entre a edificação de um quadro matemático abstrato e a interpretação dos fenômenos físicos como especificações particulares desse quadro. Isso é particularmente claro na teoria dos fenômenos cósmicos: segundo Newton, essa teoria não seria possível sem a edificação prévia de uma mecânica abstrata, estudando as configurações não apenas simplificadas, mas

---

54. Cf. Cohen, 1971, p. 61.

reduzidas a puras construções matemáticas em que todos os dados pertinentes seriam assumidos como conhecidos.

Portanto, a ideia não seria tanto de fazer abstração de certos aspectos dos fenômenos físicos quanto de escolher aspectos desses fenômenos e estudá-los separadamente, analisando configurações mecânicas unicamente caracterizadas por dados extraídos dessas configurações. O objetivo é certamente o de construir modelos cada vez mais complexos, mas não na esperança de chegar enfim a uma representação completamente fiel à realidade. Antes, tratava-se de conseguir fornecer uma imagem da realidade que, ainda que certamente simplificada, fosse tal que, nos aspectos que se buscava estudar, os fenômenos reais diferiam-se dos modelos apenas pela riqueza dos dados que os caracterizam, a estrutura segundo a qual esses dados se organizavam permanecendo, por sua vez, a mesma.

Em outros termos, o objetivo é de se chegar a encontrar o conjunto de sistemas de causas formais[55] pertinentes ao estudo dos fenômenos cósmicos e de compreender as relações matemáticas entre esses sistemas.

Esse é o objeto dos dois primeiros livros dos *Principia*, que constituem, por isso, um tratado de mecânica abstrata: o primeiro, consagrado aos movimentos dos corpos submetidos a forças centrípetas na ausência de resistência; o segundo, consagrado a esse mesmo movimento, em um meio que opõe uma resistência obedecendo a diferentes tipos de leis. No terceiro livro, Newton compara enfim esses modelos abstratos aos dados astronômicos, mostrando que os dados astronômicos estão muito de acordo com tais modelos, de tal modo que é até mesmo possível, apoiando-se

---

55. Cf. seção IV.1.

neles, estabelecer previsões, deduzir propriedades dos astros e, a partir daí, fornecer uma explicação do "sistema do mundo", ou seja, uma cosmologia. Porém, está claro que essa explicação consiste apenas em uma recondução dos fenômenos cósmicos a um quadro de causas formais previamente estabelecido. Nada é dito a respeito das causas eficientes, isto é, das razões que justificam o modo de operar dessas causas formais na natureza. A esse respeito, Newton, nos *Principia*, é tão reticente quanto ele foi em seu escrito de 1672 sobre a teoria das cores e no *De motu*. A questão concerne em particular às forças centrípetas que agem a distância, que Newton — como veremos adiante — reduz a manifestações particulares de uma força: a gravitação universal. Se nos atemos a modelos matemáticos abstratos, como no *De motu* ou como nos dois primeiros livros dos *Principia*, não precisamos absolutamente justificar a presença dessas forças. Mas a coisa muda quando se afirma que a ação dessas forças fornece uma explicação dos fenômenos cósmicos. Torna-se muito natural perguntar-se como essa ação é, por sua vez, justificada.

Um epistemólogo moderno poderia mostrar que uma tal questão está mal posta, observando, por exemplo, que uma explicação dos fenômenos cósmicos, com a ajuda da suposição de uma gravitação universal, não implicaria necessariamente a suposição de uma ação real dessa força no universo: uma explicação, ele poderia argumentar, não é a mesma coisa que uma descrição. Essa não é a atitude de Newton. Para ele, a questão da justificação da atração universal era uma verdadeira questão, a ser cuidadosamente distinguida de uma outra questão, a única abordada nos *Principia*: a suposição da ação dessa força permite compreender os fenômenos cósmicos? A resposta de Newton era positiva. É essa resposta que constitui a contribuição mais célebre ao desenvolvimento da ciência moderna.

V.9. Um olhar sobre os Principia

O quadro tendo sido traçado, os pré-requisitos tendo sido postos, resta apresentar algumas das grandes contribuições dos *Principia*.[56]

V.9.1. A noção de massa inercial

Nos modelos matemáticos estudados no *De motu*, os corpos atraídos por forças centrípetas são reduzidos a pontos. Entretanto, não se trata de uma limitação, contanto que se suponha a existência, para todo corpo submetido à ação de certa força, de um centro (que permanece fixo relativamente às diferentes partes desse mesmo corpo) que funciona com relação a essa força como o centro de gravidade funciona com relação à gravidade. Então, seria suficiente identificar cada corpo a seu centro.

Uma limitação essencial dos modelos matemáticos do *De motu* leva em conta, por outro lado, a consideração de um só corpo de cada vez, que se supõe ser atraído para um centro fixo. A maneira mais fácil para complicar um modelo desse tipo é supor a presença de dois corpos, independentes um do outro quanto ao seu movimento, e atraídos para o mesmo centro fixo. Certamente, pode-se considerar as duas forças que atraem esses corpos como completamente externas uma à outra e pensar tal

---

56. Para uma apresentação completa do conteúdo dos *Principia*, cf. Blay, 1995.

modelo como uma justaposição de dois modelos a um só corpo. Entretanto, parece desejável dispor da possibilidade de comparar essas forças entre elas. Os resultados do *De motu* permitem considerar como natural a hipótese de que a intensidade dessas forças depende apenas da distância do centro de força. Se é assim, pode-se concluir que os dois corpos estão submetidos à mesma força centrípeta cuja intensidade varia segundo a posição dos corpos que ela afeta. A partir disso se pode, então, supor *a priori* que esses corpos reagem da mesma maneira à ação dessa força, ou seja, que eles sejam caracterizados, por assim dizer, pela mesma repugnância a modificar seu estado inercial sob a ação da força?

Consideremos um grão de areia e um globo de ferro de vários metros de diâmetro que avançam com o mesmo movimento retilíneo uniforme. É natural supor que a força necessária para modificar o movimento do segundo é maior do que aquela necessária para modificar o movimento do primeiro. Portanto, é razoável associar a cada corpo um coeficiente que lhe é próprio — ou seja, uma grandeza (escalar) constante em relação a sua posição, a seu estado de movimento e às forças que agem sobre ele —, que indica a repugnância desse corpo a modificar seu estado inercial sob a ação de uma força. É a isso que atualmente se chama de "massa inercial" ou simplesmente "massa" de um corpo.

A primeira definição dos *Principia* é consagrada a introduzir essa noção (sob o nome de "quantidade de matéria"). Em seguida, a segunda definição introduz a noção, relacionada à primeira, de quantidade de movimento, o que não é outra coisa senão o produto da massa e da velocidade pontual.[57] Ainda que ausentes no *De motu*, essas definições não eram verdadeiramente novas, pois já

---

57. Cf. nota 24 anterior.

se encontravam, sob uma forma mais ou menos explícita, na segunda parte dos *Principia philosophiae* de Descartes, em que estava em questão, entretanto, apenas o choque de corpos duros. O que é novo em Newton é referir essas noções a um contexto mais abrangente, caracterizado pela ação de uma força qualquer.

V.9.2. *As três medidas de uma força centrípeta e a terceira lei do movimento*

A consideração de uma força qualquer pede que sejam introduzidas distinções. Newton o faz a partir da terceira definição. Ele distingue inicialmente entre força inata (ou inércia) e força impressa, e caracteriza em seguida a força centrípeta como um tipo de força impressa. Enfim, das definições VI, VII e VIII, ele distingue três "medidas" de uma força centrípeta (ou, para ser mais preciso, de sua componente escalar): sua "quantidade absoluta", que depende apenas da "eficácia de [sua] causa"; sua "quantidade acelerativa", proporcional, ele afirma, "à velocidade gerada em certo tempo"[58]; e sua "quantidade motriz", proporcional, por outro lado, à quantidade de movimento gerada nesse mesmo tempo, ou seja, ao produto da massa pela quantidade acelerativa.

Quando se considera um único corpo, pode-se supor sua massa inercial como sendo unitária e relacionar a força acelerativa e a motriz, como foi feito até aqui. Mas se se quer considerar vários corpos de uma vez, é preciso distinguir entre essas três medidas. A disponibilidade de uma ferramenta conceitual e matemática que torna possível uma

---

58. Compreende-se que a quantidade acelerativa da força centrípeta é, por sua vez, medida pelo espaço que um corpo percorre em um movimento retilíneo durante um tempo dado se seu movimento for devido apenas à ação dessa força, que o afeta em um estado de repouso.

tal generalização dos modelos do *De motu* é a mais essencial das novidades que Newton introduz nos *Principia*. Ao falar da eficácia da causa de uma força para caracterizar sua quantidade absoluta, Newton utiliza uma linguagem voluntariamente genérica, escolhida para se adaptar aos diversos tipos de forças centrípetas. Para permanecer nesse nível de generalidade, pode-se supor que toda força centrípeta particular a uma fonte, à qual pode-se atribuir certa intensidade medida por certa grandeza (escalar) Φ, é assim característica dessa força. Se denotamos por "F" a quantidade absoluta de uma força centrípeta, pode-se então escrever a igualdade $F = H\Phi$, onde H é uma constante que não depende da natureza particular da força considerada. Essa medida de uma força centrípeta é independente dos efeitos que ela produz.

Não é o caso das quantidades acelerativa e motriz dessa força. Ora, como o efeito de uma força é uma mudança do estado de movimento de um corpo, essas quantidades serão relativas a esse corpo e em particular à mudança que essa força produz em seu estado de movimento. Portanto, se denotamos por "$_AF_c$" a quantidade acelerativa de uma força que age sobre um corpo c e por "s_c" o segmento que representa o espaço que o corpo c, supostamente em repouso, percorreria em um tempo dado sob a ação de uma tal força[59], pode-se, então, escrever a igualdade $_AF_c = Ks_c$, onde K é uma constante que não depende da natureza particular da força e do corpo sobre o qual ela age. Para passar, enfim, à quantidade motriz dessa força, que se pode denotar por "$_MF_c$", seria suficiente introduzir a massa m_C do corpo c, o que fornecerá a igualdade $_MF_c = Km_c s_c$.

---

59. Cf. nota 58 anterior.

Para sair dessa generalidade e dar um conteúdo mais preciso às definições de Newton, é necessário ter cuidado com a natureza particular das forças consideradas. O caso, de longe, mais importante nos *Principia* é o das forças centrípetas concebidas como forças de atração. Ora, se é natural imaginar dois corpos independentes, atraídos para o mesmo centro, também é natural pensar que o centro de força é, por sua vez, constituído por um corpo que age sobre os corpos que o rodeiam, bem como pensar que esses corpos agem sobre ele. Isso significa representar a fonte de uma força de atração como um corpo que teria o poder de atrair outros corpos em sua direção.

É justamente o caso que Newton considera na terceira lei do movimento: depois de ter enunciado suas célebres duas primeiras leis — que repetem essencialmente o que já está claro nas definições da força inata e da força motriz[60] —, Newton estabelece, por essa terceira lei, que "a toda ação é sempre oposta uma reação igual", ou seja, que "as ações mútuas de dois corpos, um sobre o outro, são sempre iguais e inversamente dirigidas".

Para evitar toda confusão, é bom observar que uma ação pressupõe um corpo que age sobre outro, de modo que, enunciando sua terceira lei, Newton não deseja afirmar que a cada força centrípeta deve-se corresponder uma outra força centrípeta inversamente dirigida, o que tornaria inconcebíveis os modelos considerados no *De motu*. Em mecânica teórica, pode-se, com efeito, tomar a liberdade de supor que o centro de uma força centrípeta não é constituído por um corpo e não é, portanto, minimamente atraído por corpos sobre os quais essa

---

60. Cf. Costabel, 1987, pp. 252-255. Lembremos que a primeira lei corresponde ao princípio de inércia, enquanto a segunda afirma a proporcionalidade entre a "mudança do movimento" e a "força motriz impressa", e determina que essa mudança se faz "na direção da reta na qual essa força é impressa".

força age. Da terceira lei, segue-se antes que, quando se supõe que o centro de uma força é um corpo, deve-se também supor que o centro está submetido à ação de tantas forças centrípetas quantos são os corpos sobre os quais essa força age.

Alguns complementos técnicos

Se relacionamos as três medidas de uma força ao caso de uma força atrativa centrípeta, considerando o centro dessa força como um corpo, chegamos muito facilmente a atribuir um conteúdo mais preciso às igualdades precedentes que exprimem essas medidas.

Se denotamos por "$F^{[c_1]}$" a quantidade absoluta de uma força atrativa centrípeta cujo centro é dado por certo corpo c_1, podemos inicialmente escrever a igualdade $F^{[c_1]} = HM_1$, onde M_1 é uma grandeza que mede o poder atrativo do corpo c_1. Entretanto, essa medida diz respeito apenas à fonte da força, ou, para usar a linguagem da definição VI, que "a eficácia da causa que a propaga do centro através do espaço que o rodeia".

Por outro lado, se pretendemos considerar a maneira pela qual essa força "se propaga", é preciso considerar a variação de sua intensidade, relativamente às diferentes posições nesse espaço. Se supomos que essa intensidade varia de maneira uniforme no espaço, podemos escrever a igualdade $F_r^{[c_1]} = K[\phi(r)]M_1$, onde $F_r^{[c_1]}$ é o valor da quantidade absoluta da força em questão, avaliada em um ponto localizado à distância r do corpo c_1, e onde $\phi(r)$ é uma certa função dessa distância, e K é uma constante com relação à variação de r e de M_1.

Por sua vez, essa medida se refere apenas aos pontos no espaço que rodeiam o centro de força, sem absolutamente supor que esses pontos sejam ocupados por corpos.

Se um desses pontos é ocupado por um corpo, então essa força age sobre ele e pode ser assim medida pelo efeito que ela produz nesse corpo, ou seja, por sua quantidade acelerativa. Se denotamos por "$_AF^{[c_1]}_{c_2}$" o valor da quantidade acelerativa da força centrípeta cujo centro é dado pelo corpo c_1, conforme ela age sobre o corpo c_2, pode-se então escrever a igualdade $_AF^{[c_1]}_{c_2} = K[\varphi(r_{1,2}, m_2)]M_1 = Ks_2^{[c_1]}$, onde $s_2^{[c_1]}$ é o segmento que representa o espaço que o corpo c_2 percorreria em um tempo dado se seu movimento fosse devido apenas à ação dessa força, que o afeta em um estado de repouso, e $\varphi(r_{1,2}, m_2)$ é uma certa função da distância $r_{1,2}$ entre os corpos c_1 e c_2 e uma grandeza m_2, característica do corpo c_2 (pois se poderia supor em geral que a aceleração de um corpo sob a ação da força depende da natureza desse corpo).[61]

Para passar enfim à quantidade motriz de uma tal força centrípeta, seria suficiente introduzir a massa do corpo c_2, o que resultaria na igualdade $_MF^{[c_1]}_{c_2} = K[\varphi(r_{1,2}, m_2)]M_1m_2 = Km_2s_2^{[c_1]}$, onde $_MF^{[c_1]}_{c_2}$ é justamente o valor da quantidade motriz da força centrípeta, cujo centro é dado pelo corpo c_1, conforme ela age sobre o corpo c_2.

Nos *Principia*, Newton não escreve nenhuma das igualdades acima. Ele prefere empregar uma linguagem mais discursiva, referindo-se a diagramas geométricos antes de recorrer a equações para esclarecer as noções utilizadas. Entretanto, essas equações indicam como, em uma linguagem que atualmente nos é mais familiar, ele poderia ter caracterizado em geral as quantidades: absoluta, acelerativa e motriz, das forças atrativas centrípetas cujo centro é dado por um corpo.

Entretanto, para permanecermos próximos do ponto de vista de Newton, é preciso tomar o cuidado de considerar

---

61. Veremos adiante que esse não é o caso das forças atrativas gravitacionais.

$s_2^{[c_1]}$ como a expressão de um segmento dado em comprimento e, de modo algum, em posição. Para Newton, a posição desse segmento, e portanto a direção da força, não se deixa representar de outro modo que não seja por meio de um diagrama geométrico. E, em suas igualdades, a força deve simplesmente ser concebida como sendo conhecida de maneira independente. Essa é uma grande diferença com a formulação moderna da mecânica dita "clássica", em que o segmento $s_2^{[c_1]}$ é substituído pelo vetor aceleração.

Mas há uma outra diferença importante entre a noção newtoniana e a noção moderna da força motriz. Se considerarmos somente dois corpos, agindo um sobre o outro, sem nenhum referencial exterior, então apenas poderíamos exprimir os efeitos recíprocos das forças centrípetas correspondentes afirmando que esses corpos se aproximam um do outro. E não haveria, assim, nenhuma maneira de saber se essa aproximação é devida ao movimento de um desses corpos ou dos dois. Os dois segmentos $s_2^{[c_1]}$ e $s_1^{[c_2]}$, que representam respectivamente os espaços percorridos por esses corpos sob a ação dessas forças, não poderiam ser, então, distinguidos.

Esse não é o ponto de vista de Newton. Qualquer que seja o sistema de corpos estudado, Newton supõe constantemente que os movimentos desses corpos ocorrem em um espaço caracterizado por um referencial externo, que ele qualifica (no escólio às definições dos *Principia*) como espaço absoluto.[62] Desse ponto de vista, os dois segmentos

---

62. Até aqui, assumimos implicitamente esse ponto de vista e faremos o mesmo em seguida. Isso torna a exposição das concepções de Newton bem mais simples do que ela seria se quiséssemos, a cada vez, especificar o referencial considerado. Essa simplicidade parece, entretanto, não ter sido a única motivação da escolha de Newton por postular a existência de um espaço absoluto. Por essa escolha, ele queria também permanecer próximo de nossa experiência comum na qual as estrelas fixas fornecem um referencial estável, e poder distinguir assim entre movimentos reais (relativos ao espaço absoluto) e movimentos aparentes

$s_2^{[c_1]}$ e $s_1^{[c_2]}$ são bem distintos. No geral, até mesmo, eles têm comprimentos diferentes. Essa discrepância exprime a diferença entre o efeito sobre c_2 da força centrípeta cujo centro é c_1 e o efeito em c_1 da força centrípeta cujo centro é c_2.

Comentando sua terceira lei, Newton esclarece que "as mudanças" produzidas pelas ações mútuas de dois corpos um sobre o outro "são iguais não nas velocidades, mas nos movimentos dos corpos". Compreende-se que se c_1 é o centro de uma força centrípeta que age sobre c_2, de modo que c_2 é, por sua vez, o centro de uma força centrípeta que age sobre c_1, então, teremos a igualdade $m_2 s_2^{[c_1]} = m_1 s_1^{[c_2]}$, onde

---

(relativos a referenciais em movimento real) e, por consequência, entre forças reais e forças aparentes. Ele tinha, além disso, motivações teológicas para negar que o espaço e o tempo estivessem relacionados a convenções humanas e variáveis. Essa concepção foi largamente criticada por muitos de seus contemporâneos. Particularmente célebre é a querela que Newton teve, a esse respeito, com Leibniz (Cf. Robinet, 1957).

Entretanto, permanece o fato de que a superação dessa hipótese, operada na física moderna pela teoria da relatividade, comporta uma mudança muito mais profunda que a simples introdução de um referencial convencional ao qual relacionar os movimentos considerados. O que é essencial na passagem da mecânica newtoniana para a mecânica relativista não é o abandono da suposição de um espaço absoluto enquanto tal: poder-se-ia perfeitamente reformular a mecânica celeste de Newton substituindo o espaço absoluto por um referencial dado pelas estrelas fixas (cf. Hall, 1992, p. 76). A questão crucial é, antes, que o espaço absoluto, assim como um referencial eventual constituído pelas estrelas fixas, são concebidos nessa mecânica como referenciais inerciais, ou seja, como espaços homogêneos e isotrópicos que não têm nenhum efeito sobre os movimentos que a eles se reportam, movimentos que, por sua vez, são considerados como se conservando nesses espaços, na ausência de força, sob a forma de movimentos retilíneos uniformes.

Em outros termos: a característica essencial da mecânica de Newton (que faz com que, no fundo, a hipótese do espaço absoluto não seja, enquanto tal, mais que uma convenção terminológica cômoda) é que não se supõe que as leis do movimento dependem do estado do movimento do referencial. É exatamente essa suposição que a teoria da relatividade vai abandonar. Para uma explicação bem clara dessa diferença crucial, cf. Balibar, 1984, pp. 69-75 e 96-101.

$s_1^{[c_2]}$ e $s_2^{[c_1]}$ são, como dito anteriormente, os segmentos que representam o espaço que os corpos c_2 e c_1 percorreriam respectivamente em um tempo dado se seus movimentos se devessem apenas à ação de suas forças de atração recíprocas que os afetam em estado de repouso.

Portanto, se a massa do corpo c_2 é muitíssimo menor que a do corpo c_1 — como é o caso, por exemplo, se c_2 é um planeta e c_1 é o Sol —, $s_1^{[c_2]}$ é muitíssimo menor que $s_2^{[c_1]}$, e o movimento do corpo c_1 não é detectável em relação ao movimento do corpo c_2.[63] Disso, conclui-se que, supondo que o centro de força é um ponto fixo, os modelos do *De motu* não se separam muito das condições que se retiram das interações entre o Sol e os planetas.[64]

V.9.3. Os métodos matemáticos

O que acabamos de apresentar são as ferramentas fundamentais que Newton utilizou para edificar, nos dois primeiros livros dos *Principia*, sua mecânica abstrata. Essas ferramentas, entretanto, não teriam nenhuma utilidade sem métodos matemáticos aptos ao estudo dos movimentos induzidos por ações de forças centrípetas em corpos em movimento inercial. Já em suas primeiras notas de mecânica, Newton havia empregado um método geométrico fundado sobre a consideração de grandezas infinitamente pequenas e sobre a possibilidade de

---

63. Igualmente, $_MF_{c_1}^{[c_2]}$ não é significativo em relação a $_MF_{c_2}^{[c_1]}$, pois da igualdade $m_2 s_2^{[c_1]} = m_1 s_1^{[c_2]}$ ou $_MF_{c_2}^{[c_1]} = {_MF_{c_1}^{[c_2]}}$ se segue, em consonância com as igualdades dadas nos complementos técnicos precedentes, que $\frac{s_1^{[c_2]}}{s_2^{[c_1]}} = \frac{m_2}{m_1} = \frac{_AF_{c_1}^{[c_2]}}{_AF_{c_2}^{[c_1]}}$.

64. O mesmo ocorre para os modelos clássicos da queda dos corpos, em que esses corpos caem em direção ao centro da Terra, considerada como imóvel, sendo a massa desses corpos muitíssimo menor que a massa da Terra.

substituir, uma por outra, as grandezas finitas cuja diferença é uma grandeza desse tipo. Os métodos empregados na prova de 1680 da conjectura de Hooke, no *De motu*, e mais tarde nos *Principia*, não são mais que desenvolvimentos coerentes desse método e dos procedimentos geométricos que formavam a base da teoria das fluxões. Entretanto, nos *Principia*, Newton julga útil fazer preceder a apresentação de sua mecânica por uma exposição geral desses métodos, reunidos sob o nome de "método das primeiras e últimas razões de quantidades". Esse é o objeto da primeira seção do primeiro livro.

Discutiu-se frequentemente as razões que fizeram com que, nos *Principia*, Newton empregasse, apenas de maneira esporádica e local (ao menos explicitamente), o formalismo da teoria das fluxões e a própria noção de fluxão.[65] Eu indiquei anteriormente[66] o que me parece ser a razão essencial: tal como Newton havia desenvolvido durante os anos de 1664-1671, o formalismo da teoria das fluxões não era apto a exprimir tanto as direções das velocidades e das forças quanto as componentes escalares das forças. Porém, certamente outras razões, por assim dizer mais extrínsecas, convenceram Newton de não fazer o esforço de tentar expandir convenientemente esse formalismo, com o objetivo de poder empregá-lo em sua mecânica.

A partir de 1672, Newton decidiu consagrar seus cursos universitários à álgebra e a suas aplicações à

---

65. No lema 2 (seção II) do segundo livro, Newton enuncia o algoritmo direto das fluxões, sob a forma de uma regra para encontrar o "momento" de um produto, e observa que no lugar de momentos, poder-se-ia falar de fluxões, mas ele não menciona essa regra posteriormente (retornaremos a isso no capítulo VI). No lema 2 do terceiro livro, ele aplica, por outro lado, o algoritmo inverso (operando o que reconhecemos como uma interação muito trivial), mencionando explicitamente o "método das fluxões".

66. Cf. seção V.4, e em particular a nota 32.

geometria. É isso que o leva a redigir um de seus tratados matemáticos mais importantes, a *Arithmetica universalis* (*Aritmética universal*), publicada pela primeira vez em 1707 por W. Whiston, o sucessor de Newton na cadeira lucasiana de matemática.[67] Para Newton, essa foi também uma ocasião de confrontar o enfoque algébrico dos problemas geométricos ao enfoque clássico, e de estudar em particular os métodos de Apolônio, que Pappus havia exposto doze séculos antes, em sua *Coleção matemática*.[68]

Newton ficou fascinado por esses métodos não estudados seriamente até então, visto que ele estava tomado pelo estudo e extensão dos métodos cartesianos. Esse fascínio aumentou após a leitura, em 1673, do *Horologium oscillatorium* de Huygens, em que os métodos clássicos encontram sua expressão mais brilhante. Se acrescentarmos a isso o interesse (contemporâneo) de Newton pela cultura dos povos antigos e a tradição hermética, sua adesão ao ideal de uma *prisca sapientia*, e seu crescente anticartesianismo[69], nós não temos dificuldade em compreender que nos anos 1670 ele tenha chegado a conceber

---

67. Não há a certeza de que Newton tenha efetivamente ministrado as 96 lições contidas no manuscrito que constitui a base da edição de Whiston [atualmente publicada em Newton (MP), vol. V, pp. 54-491] e não se tem informações confiáveis sobre a data de composição dessas lições (que apresentam datas que vão de 1673 a 1683). É possível que Newton as tenha redigido rapidamente, por exemplo, durante o inverno de 1683-84, para satisfazer a obrigação de depositar na biblioteca universitária um relatório de seu curso. Essa é a opinião de Whiteside e Westfall [cf. Newton (MP), vol. 5 e Westfall, 1980, p. 431].
68. Apolônio é, com Euclides e Arquimedes, um dos três grandes matemáticos da época alexandrina. Entre outros, ele é autor de um tratado das *Cônicas*. Pappus viveu, por sua vez, no século IV. Sua *Coleção matemática* é essencialmente um apanhado de problemas e resultados herdados da tradição matemática precedente e constitui, por isso, uma das principais fontes do nosso conhecimento da matemática grega.
69. Cf. capítulo IV.

a geometria clássica como um modelo ancestral de perfeição, opondo-se à degeneração dos métodos cartesianos.[70]

Permanece o fato de que Newton não hesita nos *Principia* em adaptar os métodos clássicos às exigências de sua mecânica, edificando de fato uma nova matemática, bem distante do modelo das provas por exaustão de Apolônio e Arquimedes[71] e bem mais próxima dos métodos geométricos que ele próprio havia empregado desde suas primeiras pesquisas matemáticas.[72]

A base dessa matemática é fornecida pelo lema 1, do primeiro livro, dos *Principia*:

> As quantidades e as razões de quantidades, que em um tempo finito qualquer tendem constantemente para a igualdade, e que antes do fim desse tempo se aproximam umas das outras mais que qualquer diferença dada, tornam-se finalmente iguais.

---

70. Cf. Westfall, 1980, pp. 409-412, e Guicciardini, 1999, pp. 27-32.
71. Cf. Cohen, 1971, p. 80.
72. Já em 1671, Newton havia fornecido, em um *addendum* ao *De methodis* [cf. Newton (MP), vol. III, pp. 328-352], uma interpretação estritamente geométrica do formalismo da teoria das fluxões, supondo que as fluxões de grandezas geométricas são proporcionais aos incrementos simultâneos dessas grandezas, contanto que esses incrementos (que ele havia qualificado como momentos (cf. nota 65 anterior) sejam infinitamente pequenos. Por volta de 1680, ele retornou à questão, consagrando a ela um verdadeiro tratado, que permaneceu inacabado, a *Geometria curvilinea* [cf. Newton (MP), vol. IV, pp. 420-485], em que as fluxões de grandezas geométricas são, por outro lado, supostas como proporcionais às primeiras ou últimas razões dessas quantidades. Sobre a *Geometria curvilinea*, cf. Di Sieno e Galuzzi, 1987, e Galuzzi, 1995.

Alguns complementos técnicos

Newton justifica esse lema observando que, se não fosse assim, as quantidades e as razões em questão não poderiam chegar a diferir entre elas em menos do que qualquer diferença dada. Esse argumento fornece uma justificação do lema apenas sob a condição de que ele seja tomado literalmente, mas quando é o caso, esse lema se reduz praticamente a uma convenção terminológica. Por outro lado, o que importa é o uso que Newton faz disso, ou seja, sua prática matemática, que consiste em se apoiar sobre esse lema para operar substituições de certas grandezas por outras. Ora, para justificar essas substituições, Newton deve mostrar que essas grandezas chegam enfim a se diferenciar entre si em menos que qualquer grandeza dada, ou, como ele expõe frequentemente, que sua relação se torna, enfim, uma "relação de igualdade". E para fazer isso, ele não pode recorrer a esse lema; ele deve empregar argumentos variados que constituem, ao mesmo tempo, a riqueza e a dificuldade de seu método.[73]

Sem entrar nas considerações mais particulares, para nós é suficiente observar o seguinte: afirmar que duas grandezas chegam a se diferenciar por menos do que qualquer grandeza dada não é a mesma coisa que dizer que sua relação se torna uma relação de igualdade. Ora, em geral, Newton não distingue essas duas condições. No lema 7 do primeiro livro, ele mostra, por exemplo, que qualquer que seja a curva *HK* (fig. 7), "a última relação" do arco *ACB*, da corda *AB* e da tangente *AD* é uma "relação de igualdade". É isso que lhe permite, em várias ocasiões, substituir essas grandezas uma pela outra.

---

73. Para um desses argumentos, cf. Blay, 1995, p. 55.

Figura 7

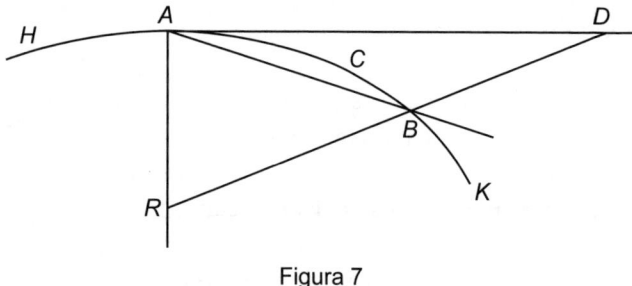

Ainda que Newton não seja claro a esse respeito, devemos compreender que o ângulo é dado e que as relações variam graças à aproximação do ponto R ao ponto A. Mas quando o ponto R se aproxima do ponto A, não são apenas as diferenças entre ACB, AB e AD que tendem a se anular. O mesmo ocorre, por exemplo, com a diferença entre AB e BD. Entretanto, se as relações que se podem formar entre as grandezas consideradas por Newton tendem para 1, a relação $\frac{AB}{BD}$ tende ao infinito. Na maioria das situações, a substituição de AB por BC conduziria, desse modo, a erros.

O problema fundamental do método matemático que Newton emprega nos *Principia* é justamente o de distinguir essas duas situações em todos os casos particulares, de modo a operar apenas substituições corretas. Ora, se é raro que Newton se engane[74], permanece o fato de que seus métodos matemáticos não lhe permitem dispor de um critério geral apto a distinguir entre essas duas condições, também, de modo geral.

---

74. Isso não significa que Newton nunca se engana. Um caso muito famoso é o da proposição 10 do segundo livro, à qual retornaremos na seção VI.8.

V.9.4. O primeiro livro: o movimento dos corpos atraídos por forças centrípetas na ausência de resistência

Fortalecido por essas preliminares mecânicas e matemáticas, Newton pôde começar, a partir da seção II do primeiro livro, a exposição de sua mecânica abstrata. Nas seções II e III, ele se volta aos problemas diretos e inversos das forças centrais, na ausência de resistência, apresentando os resultados provados no *De motu* e acrescentando novos resultados, referentes a modelos do mesmo tipo. Depois de ter consagrado as seções IV e V ao estudo de certas propriedades puramente matemáticas das cônicas, a seção VI à busca da velocidade de um corpo que percorre uma órbita dada e a seção VII à queda dos corpos em direção ao centro da força, na seção VIII ele se volta ao problema inverso das forças centrais. É uma seção bem curta, formada por três proposições somente (as proposições 40-42) que se fundam na última proposição da seção precedente: a proposição 39, consagrada à pesquisa da velocidade pontual de um corpo que cai em direção ao centro da força.

Alguns complementos técnicos

O argumento que Newton emprega para resolver esse problema foi objeto de várias discussões[75], pois ele parece tratar a (quantidade acelerativa da) força centrípeta de uma maneira muito similar àquela que se tornaria habitual, mais tarde, no cálculo diferencial, ou seja, como relação entre a diferença das velocidades pontuais em dois pontos infinitamente próximos um do outro e o tempo que o corpo emprega para passar de um desses pontos a outro.

---

75. Cf. entre outros Westfall, 1971, pp. 486-489, e De Gant, 1995, pp. 250-255.

Assim, observamos frequentemente que esse argumento mostra que a mecânica de Newton, ou ao menos certas partes dela, poderiam ter sido facilmente traduzidas no formalismo diferencial e, portanto, no formalismo da teoria das fluxões. Entretanto, parece que o argumento que Newton emprega nessa ocasião é perfeitamente coerente com a maneira como a força centrípeta é representada no *De motu* e nas primeiras seções dos *Principia*. Com efeito, ele pode ser reconstruído como se segue.

Suponhamos (fig. 8) que um corpo cai de A para C sendo atraído por uma força centrípeta qualquer e que D e E sejam pontos infinitamente próximos tomados na trajetória AC, de tal modo que DE seja o espaço que o corpo percorreria em um movimento uniforme, durante um tempo infinitamente pequeno t, pelo efeito da inércia considerada em D. Como a força centrípeta age na mesma direção que a inércia, sua ação em D terá como efeito aumentar a velocidade pontual ao longo dessa mesma direção. Então, o espaço que o corpo percorreria, em um movimento uniforme durante o tempo t, pelo efeito de sua inércia considerada em E, seria maior que DE.

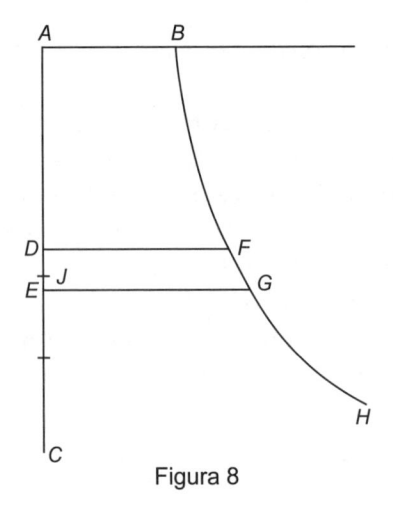

Figura 8

Seja EI esse espaço. Se supormos que, passando de D para E, a força permanece constante, segue-se que a velocidade e a força em D são respectivamente proporcionais a DE e a $EI - DE = DJ$ e, se o tempo fosse considerado como dado, poderiam ser representadas por esses segmentos. Por outro lado, o tempo não sendo considerado como dado, têm-se as seguintes relações[76]

$$v_D \propto \frac{DE}{t},\ v_E \propto \frac{EI}{t}\ \text{e}\ F_D \propto \frac{DJ}{t^2}$$

(onde v_D, v_E e F_D, são, respectivamente, as velocidades em D e E e a força em D). Assim, fazendo uma composição, temos $F_D \propto \frac{(v_E - v_D) v_E}{EI}$.

Se a cada ponto de AC associamos um segmento como DF, proporcional à força centrípeta exercida nesse ponto, de modo que as extremidades desses segmentos descrevam uma curva BH, que representa a variação dessa força, temos, então, $(DF)(EI) \propto (v_E - v_D)\, v_E$. Mas, como DE e EI são infinitamente pequenos, o produto $(DF)(DE)$ poderia ser concebido como a área do trapezoide $DEGF$.

Visto que se pode repetir esse argumento para todo ponto tomado sobre AC, pode-se, enfim, substituir nessa última relação o ponto D pelo ponto A, onde a velocidade pontual é nula, e retirar a nova relação $v_E^2 \propto EABG$, que conclui o argumento de Newton: a velocidade pontual em todo ponto E é proporcional ao segmento cujo quadrado é igual à área do trapezoide $EABG$. O problema da determinação dessa velocidade é, portanto, reduzido ao problema da quadratura da curva BH.

---

76. As duas primeiras relações exprimem apenas a proporcionalidade entre os espaços percorridos e os tempos característicos de um movimento retilíneo uniforme, enquanto a terceira considera a proporcionalidade entre os espaços percorridos e o quadrado dos tempos que (de acordo com a hipótese considerada no *De motu* e o lema 10 do primeiro livro dos *Principia* [cf. nota 46 anterior]) caracteriza o início de todo movimento devido à ação de uma força centrípeta.

Em seguida, explorando a proposição 39 como um lema, Newton está em condição de, na proposição 41, reduzir o problema inverso das forças centrais à quadratura de uma curva dada. No corolário 3 dessa proposição, ele mostra como construir a espiral que resulta da trajetória de um corpo submetido a uma força atrativa proporcional ao cubo da distância do centro da força. É um resultado que Newton não poderia ter alcançado sem empregar o formalismo da teoria das fluxões e em particular seu algoritmo de quadratura. E, entretanto, ele não se abstém somente de indicar a maneira pela qual ele chegou a esse resultado, mas também de considerar outros exemplos.

Eis um caso em que a ausência de uma referência explícita ao formalismo da teoria das fluxões no texto de Newton pode ser justificada apenas se reportando a uma escolha metodológica precisa de sua parte. Esse formalismo intervém aqui apenas localmente, para permitir a Newton retirar uma consequência particular de um teorema demonstrado graças a um argumento estritamente geométrico, completamente externo a esse formalismo. Entretanto, Newton escolheu esconder o uso que ele fez de um tal formalismo, sem dúvida para não correr o risco de manchar uma construção geométrica tão elegante e tão próxima do estilo dos antigos com considerações algorítmicas de aspecto tão abertamente cartesiano.

A seção VIII do primeiro livro é a última consagrada ao estudo do movimento de um só corpo atraído por um centro fixo, na ausência de resistência. A partir da seção seguinte, os modelos da mecânica abstrata de Newton começam a se aproximar cada vez mais da estrutura dos fenômenos cósmicos. Na seção IX, Newton estuda o movimento de corpos ao longo de órbitas que se deslocam pelo espaço, ao mesmo tempo que são percorridas por eles. Na seção X, ele estuda o movimento dos pêndulos.

Na seção XI, ele aborda o problema do movimento de dois ou três corpos que se atraem mutuamente. Newton considera inicialmente o caso de dois corpos que se atraem mutuamente por forças quaisquer e mostra como reduzir o problema da determinação de sua trajetória ao problema da determinação da trajetória que esses mesmo corpos seguiriam se fossem atraídos para seu centro de massa.

Ele passa em seguida ao caso de três corpos, supondo que as forças atrativas são inversamente proporcionais ao quadrado das distâncias. Sua exposição culmina na proposição 66, com seus 22 corolários. Nela, Newton supõe que as forças atrativas são gravitacionais, ou seja, que as acelerações que elas produzem não dependem da massa dos corpos atraídos.[77] Disso, Newton conclui que, dados dois pequenos corpos girando em torno de um maior, a órbita do corpo mais ao interior estará mais de acordo com as duas primeiras leis de Kepler se o corpo central é atraído, pelos dois outros, segundo forças inversamente proporcionais aos quadrados das distâncias do que se ele não fosse atraído por eles (e permanecesse, por consequência, em repouso) ou se ele fosse atraído por eles segundo forças de outra natureza. É uma primeira tentativa de solução do chamado problema de três corpos, problema que, em razão de sua dificuldade, continua a cativar matemáticos.

A generalização à qual Newton submete os resultados do *De motu* não para por aí. Se um corpo é concebido apenas como sendo atraído por uma força centrípeta, então, é suficiente, como dissemos acima, supor que sua massa está concentrada em seu centro de gravidade para reduzir esse corpo a esse mesmo ponto. A situação é diferente se esse corpo é concebido como um centro de força.

---

77. Cf. os complementos técnicos da seção V.9.6.

Então, abre-se a questão de saber sob quais condições esse corpo pode, nesse caso, ser reduzido a um só ponto. É o problema que Newton aborda nas seções XII e XIII. Na proposição 75, ele mostra que a atração entre duas esferas uniformemente densas é a mesma atração que se exerceria entre os centros dessas esferas se as massas dos dois corpos estivessem concentradas nos respectivos centros. Finalmente, na seção XIV, que fecha o primeiro livro, ele estuda o movimento de corpúsculos muito pequenos atraídos por corpos de massa maior.

V.9.5. O segundo livro: a questão do éter

Após ter estudado os movimentos dos corpos atraídos por forças centrípetas na ausência de resistência e tendo obtido resultados significativos, Newton, no segundo livro, estuda esses mesmos movimentos em presença de uma resistência proporcional, seja à velocidade pontual do corpo, seja a seu quadrado, seja à soma dessa velocidade e seu quadrado. Durante esse estudo, ele estabelece as bases da futura hidrostática e conclui que a teoria cartesiana dos vórtices não pode se tornar compatível com a primeira lei de Kepler.

Para romper a bela harmonia matemática que — segundo os resultados do *De motu* e, de maneira mais geral, do primeiro livro dos *Principia* — reinava entre os fenômenos cósmicos (como descritos pelas três leis de Kepler) e a hipótese de uma força de atração — cujo centro é o Sol, proporcional ao quadrado da distância na qual ela é exercida —, não era necessário mobilizar a hipótese dos vórtices. Teria sido suficiente supor a presença de um éter que preenche o espaço cósmico e que opõe uma resistência considerável ao movimento dos astros. Se tivesse sido o caso, uma força centrípeta inversamente proporcional aos quadrados das distâncias a seu centro não seria compatível com órbitas elípticas. Portanto, Newton deveria escolher renunciar a uma explicação matemática do universo fundada sobre os resultados matemáticos apresentados no *De motu* e rejeitar a hipótese, muito difundida na época, segundo a qual o movimento dos planetas era devido, em última instância, à ação de um éter cósmico. Um éter capaz de empurrar os planetas deveria, também, com efeito, resistir ao seu movimento.

Para se decidir nessa questão crucial, Newton deveria dispor de um argumento independente. Ele teve a ideia de se apoiar sobre os resultados de uma série de experiências, a respeito do movimento de um pêndulo, que havia realizado alguns anos antes com o objetivo, precisamente, de verificar a presença de um éter resistente, na superfície da Terra.[78] Desses resultados, expostos no escólio geral da seção VI do segundo livro, ele pôde concluir[79] que se houvesse um éter, ele não poderia ser tão sutil a ponto de não opor uma resistência considerável ao movimento dos corpos. Antes de mais nada, um tal éter também não poderia servir para justificar a presença e a natureza das forças de atração. Essa é a origem de uma dificuldade que acompanharia Newton ao longo de suas revisões dos *Principia* e de seus esforços para determinar as causas eficientes dos movimentos cósmicos. Na primeira edição dos *Principia*, ele havia contornado tal dificuldade evitando tanto postular a existência no universo de um éter qualquer quanto de se expressar sobre a natureza das forças atrativas.

---

78. Já mencionamos essas experiências na seção IV.1, elencando diversas hipótese quanto à data da sua elaboração.
79. Cf. Westfall, 1971, pp. 375-377.

V.9.6. O terceiro livro: a gravitação universal

Recusar a hipótese de um éter deixava a Newton uma única possibilidade: fundar a explicação do sistema do mundo — que ele se propunha a expor no terceiro livro — sobre os modelos matemáticos apresentados no primeiro, relegando, assim, ao segundo livro um papel essencialmente negativo quanto à edificação de sua mecânica celeste.

No entanto, isso não significa que seria suficiente se reportar somente a tais resultados para fornecer essa explicação. Uma das razões é que, na ideia de Newton, fenômenos distintos mas pertencentes ao mesmo mundo físico não poderiam receber explicações diferentes: uma explicação do sistema do mundo deveria englobar ao mesmo tempo os movimentos de todos os planetas em torno do Sol, os movimentos da Lua e dos satélites de Júpiter e Saturno respectivamente em torno da Terra, de Júpiter e de Saturno, assim como a queda dos corpos em direção à superfície da Terra, as marés, e assim por diante.

Os biógrafos de Newton frequentemente repetiram que foi durante sua estada em Woolsthorpe, em 1665--1666, que ele teve a ideia de explicar o movimento da Lua em torno da Terra recorrendo à mesma força que causa a queda dos corpos sobre sua superfície (segundo a célebre anedota, mas sem dúvida falsa, essa ideia lhe ocorreu observando a queda de uma maçã). Essa reconstrução apoia-se em três relatos de suas memórias — devidos a W. Whiston, a H. Pamberton e ao próprio Newton —, segundo os quais, durante esses anos, Newton teria calculado a queda da Lua em direção à Terra (ou seja, a componente do movimento orbital da Lua dirigida para a Terra) e teria constatado que ela é compatível com a hipótese de que a Lua é atraída para a Terra pela mesma força, inversamente proporcional aos quadrados das distâncias de seu centro, que causa a queda dos corpos sobre a superfície da Terra.

Não há certeza de que as coisas se passaram assim. Entretanto, encontram-se nas notas desses anos alguns cálculos que visam comparar o esforço da Lua para se afastar da Terra com a gravidade na superfície.[80] Trinta anos mais tarde, cálculos mais precisos serviram para justificar a proposição 4 do terceiro livro dos *Principia*, que afirma justamente que "a Lua gravita em direção à Terra e que ela é mantida em sua órbita [...] pela força de gravidade", supondo que essa força "aumenta com o quadrado inverso da distância".

No século XVII, exatamente como atualmente, quando se estudava a queda de um corpo sobre a superfície da Terra, supunha-se a gravidade constante. Uma das consequências da proposição 4 do terceiro livro era de conferir a essa hipótese o estatuto de uma aproximação, justificada pelo fato de que, ao cair, esse corpo cobre um espaço muito pequeno com relação a sua distância do centro da Terra. Entretanto, existe uma outra característica da força de gravidade exercida pela Terra que não se saberia tratar como efeito de uma aproximação: a quantidade acelerativa dessa força não depende do corpo que cai. Isso significa que, na ausência de resistência, a velocidade de um corpo qualquer aumenta da mesma maneira ao longo do tempo. Os cálculos de Newton mostram, com efeito, que a quantidade acelerativa da força responsável pela queda da Lua em direção à Terra está para a quantidade acelerativa da gravidade exercida pela Terra sobre qualquer corpo próximo da sua superfície (tanto um grão de areia quanto uma enorme pedra) como o quadrado do raio da órbita (quase circular) da Lua em

---

80. Cf. Herivel, 1965, pp. 196-197, e, para uma discussão de toda a questão, pp. 65-76.

torno da Terra está para o quadrado do raio da Terra, ou seja, na relação de 1 para 602.

A lei da gravitação universal, que Newton enuncia em seguida, na proposição 7 do terceiro livro, consiste em afirmar que todo corpo presente no universo exerce sobre todo outro corpo uma força atrativa que se comporta como a gravidade terrestre, ou seja, que todo corpo atrai todo outro corpo por uma força centrípeta, dita "gravitacional", cuja quantidade acelerativa não depende do corpo atraído e é inversamente proporcional ao quadrado da distância do centro de força.

Alguns complementos técnicos

Para compreender isso, é necessário entrar em mais alguns detalhes. Voltemos à igualdade que consta nos complementos técnicos da seção V.9.2: $_AF^{[c_1]}_{c_2} = K[\varphi(r_{1,2}m^*_2)]M_1 = Ks^{[c_1]}_2$, que exprime a força acelerativa exercida por um corpo c_1 sobre um corpo c_2. Dizer que a quantidade acelerativa da força gravitacional não depende do corpo atraído significa afirmar que $_AF^{[c_1]}_{c_2}$ não depende de m^*_2, mas somente de $r_{1,2}$. Particularmente, essa quantidade é igual a $\dfrac{G}{r^2_{1,2}}M_1$, onde G é uma constante própria a essa força, ou seja, tal igualdade se reduz à seguinte: $_AF^{[c_1]}_{c_2} = K\dfrac{G}{r^2_{1,2}}M_1 = Ks^{[c_1]}_2$, o que implica que $_MF^{[c_1]}_{c_2} = K\dfrac{G}{r^2_{1,2}}M_1m_2 = Km_2s^{[c_1]}_2$, e portanto $s^{[c_1]}_2 = G\dfrac{M_1}{r^2_{1,2}}$. Em termos modernos, isso se exprime afirmando que a aceleração gravitacional que um corpo c_1 exerce sobre um outro corpo c_2 é independente deste último e que a aceleração gravitacional é diretamente proporcional à massa gravitacional ativa do primeiro corpo — ou seja, a grandeza M_1 — e inversamente proporcional ao quadrado da distância entre os dois corpos. Newton exprime isso afirmando, já no comentário à primeira definição de seu tratado — definição de "quantidade de matéria", ou massa inercial, como se diz atualmente — que essa quantidade "é conhecida pelo peso dos corpos", pois, ele explica, "eu concluí, através de experiências muito precisas com os pêndulos, que os pesos dos corpos são proporcionais às suas massas" (tradução [para o francês] de Châtelet, p. 2; as experiências mencionadas aqui são detalhadas na proposição 6 do terceiro livro). No comentário à definição 8, a definição de força motriz, Newton esclarece que o peso é uma força de tal natureza que dizer que o peso de um corpo é proporcional à sua massa é, para ele, uma maneira de dizer aquilo que exprimimos atualmente ao afirmar que a força (motriz) gravitacional é proporcional à massa inercial do corpo atraído, como mostra a igualdade $_M F_{c_2}^{[c_1]} = K \dfrac{G}{r_{1,2}^2} M_1 m_2$. Embora não tenha sido adotada por Newton, há uma outra maneira de dizer a mesma coisa, que é comum nos tempos atuais. Ela não elimina a grandeza m_2^*, qualificada atualmente como massa gravitacional passiva do corpo atraído, mas especifica que a experiência permite verificar que a força (motriz) gravitacional exercida por um corpo c_1 sobre outro corpo c_2 é proporcional a $\dfrac{G}{r_{1,2}^2} m_2^* M_1$. Segundo a própria definição de força motriz, ou a segunda lei de Newton [cf. nota 60], isso significa estabelecer a igualdade $\dfrac{G}{r_{1,2}^2} m_2^* M_1 = m_2 a_2^{[c_1]}$, onde $a_2^{[c_1]}$ é a aceleração do corpo c_2 devida à atração gravitacional exercida sobre ele pelo corpo c_1 que, no contexto moderno, substitui o segmento $s_2^{[c_1]}$. Assim, o resultado precedente provém da identidade $m_2^* = m_2$, ou seja, da equivalência entre massa inercial e massa gravitacional passiva de um corpo, que seria, justamente, o que a experiência nos mostra, e que implica que $a_2^{[c_1]} = G \dfrac{M_1}{r_{1,2}^2}$.

Qualquer que seja a maneira pela qual a igualdade $_MF^{[c_1]}_{c_2} = K\dfrac{G}{r^2_{1,2}} m_2 M_1$ é justificada e concebida, da terceira lei do movimento se segue, por outro lado, que a força (motriz) gravitacional exercida por um corpo c_1 sobre um corpo c_2 é igual à força (motriz) gravitacional exercida por um corpo c_2 sobre um corpo c_1, ou seja, que $_MF^{[c_1]}_{c_2} = {_MF^{[c_2]}_{c_1}}$ e, portanto, $K\dfrac{G}{r^2_{1,2}} m_2 M_1 = K\dfrac{G}{r^2_{1,2}} m_1 M_2$, ou seja, $\dfrac{M_1}{M_2} = \dfrac{m_1}{m_2}$. Daí resulta que todo corpo c é caracterizado por uma grandeza M_c, sua massa gravitacional ativa, que mede seu poder atrativo e que, em acordo com a lei da gravitação universal, é proporcional à massa inercial m_c desse mesmo corpo. Disso resulta a nova igualdade $_MF^{[c_1]}_{c_2} = {_MF^{[c_2]}_{c_1}} = K\dfrac{G}{r^2_{1,2}} m_2 m_1 = K m_2 s^{[c_1]}_2 = K m_1 s^{[c_2]}_1$, que exprime ao mesmo tempo a lei da gravitação universal e a terceira lei do movimento relativamente às forças gravitacionais, mostrando que essas forças são apenas casos particulares de uma única força, justamente a gravitação universal, cuja quantidade acelerativa é proporcional à massa do corpo que atrai.

A noção de massa inercial, concebida como medida da repugnância de um corpo a modificar seu estado inercial, é bem diferente da noção de uma grandeza que mede o poder atrativo desse mesmo corpo, sua massa gravitacional ativa. Portanto, o que acabamos de mostrar é que, em presença de outras leis da mecânica newtoniana, particularmente a segunda e a terceira, a lei da gravitação universal comporta a equivalência entre a massa inercial e a massa gravitacional de um corpo. Essa equivalência apenas pode ser concebida, no interior da mecânica de Newton, como uma circunstância estabelecida experimentalmente. É uma circunstância que, após Newton, não cessou de causar espanto aos físicos, antes que Einstein lhe desse uma explicação *a priori* no contexto da teoria da relatividade geral.[81]

Após a enunciação da lei da gravitação universal, o terceiro livro continua mostrando como tal lei pode ser empregada para explicar um conjunto bastante vasto de fenômenos físicos: a estabilidade do universo; os movimentos orbitais dos planetas e a precessão[82] de seus equinócios; a forma dos planetas, em particular da Terra e da Lua; as marés, os diferentes movimentos da Lua e suas anomalias; as órbitas dos cometas. As explicações de Newton não são sempre perfeitas e em certos casos — o da precessão do apogeu lunar, ou, em uma pequena medida, o das marés — a dificuldade dessas explicações é tão

---

81. Cf., entre outros, Balibar, 1984, pp. 111-117 e Paty, 1997, cap. 5, pp. 71-81. Uma vez que se supõe que um corpo é o centro de um campo gravitacional, ou seja, que ele atrai todos os corpos que o circundam por uma força gravitacional, pode-se definir o peso desses corpos relativamente a esse campo. O que nós chamamos habitualmente de "peso", sem outra especificação, é apenas o peso de um objeto próximo da superfície terrestre relativamente ao campo gravitacional gerado pela Terra. De modo mais preciso, o peso de um corpo é (a quantidade motriz de) uma força que se aplica a esse corpo e que varia com as características desse mesmo corpo e do campo gravitacional no qual ele está imerso: a força que tenciona uma mola em direção ao centro desse campo, quando esse corpo é suspenso pela mola. A grandeza, que faz com que certo corpo c, imerso em um dado campo gravitacional, tencione mais ou menos essa mola, é a massa gravitacional passiva desse corpo. Ela é definida como a relação entre o peso desse corpo e uma grandeza que, por sua vez, mede a intensidade de um tal campo gravitacional. Esta última grandeza resulta do produto da constante G, da massa (concebida como massa gravitacional ativa) do corpo que gera esse campo e do inverso do quadrado da distância entre (seu centro) esse corpo e o (centro do) corpo c.

No caso do campo gravitacional terrestre e de um corpo localizado na superfície da Terra, essa grandeza é, portanto, $g_T = G \frac{m_T}{R^2}$, onde M_T e R são respectivamente a massa e o raio da Terra.

82. Precessão: movimento cônico muito lento, efetuado pelo eixo de rotação de um planeta em torno de uma posição média. Precessão dos equinócios: avanço anual do instante do equinócio, produzido pela retrogradação do ponto equinocial devido ao movimento de precessão no espaço do eixo de rotação de um planeta.

manifesta que ela não foi ignorada pelos comentadores dos *Principia*.

Entretanto, a imagem de universo fornecida pela lei da gravitação universal é elegante e globalmente coerente: suas dificuldades serão por muito tempo consideradas como problemas locais sem repercussão sobre o todo, solúveis à custa de um refinamento das observações e dos cálculos ou, eventualmente, da consideração de forças de atração, que não são levadas em conta, devidas, por exemplo, a presença de corpos que (ainda) não haviam sido observados.

A esse respeito, é bastante conhecida a história da descoberta de Netuno, cuja existência havia sido postulada por Adams e Leverrier, para dar conta de uma anomalia aparente da órbita de Urano, com relação à teoria de Newton, alguns anos antes que Gallé o observasse, em 1852. Atualmente, os resultados de Newton não permanecem somente como um monumento imperecível que celebra a inteligência humana. Eles continuam a fornecer a base de nossa explicação de uma ampla classe de fenômenos físicos.

V.10. *Sistema do mundo e matemática do movimento*

A lei da gravitação universal e suas aplicações à explicação de vários fenômenos cósmicos diferentes das órbitas dos planetas e de seus satélites constituem o ápice da mecânica de Newton e são a razão principal de sua glória. Entretanto, elas são apenas a manifestação última de um edifício, do qual o sistema do mundo (ou mecânica celeste) ocupa apenas os últimos andares. Seus níveis mais baixos são ocupados pela teoria abstrata do movimento dos corpos atraídos por forças centrípetas, que Newton expôs nos dois primeiros livros dos *Principia*, enquanto seus fundamentos são dados por métodos matemáticos variados que têm em comum a capacidade de manipular grandezas de um gênero novo que atualmente chamamos de vetores: grandezas duplas, caracterizadas ao mesmo tempo por seu comprimento e por sua direção.

Em Newton, esses métodos matemáticos tomam o aspecto de um novo tipo de geometria, amplamente independente do formalismo de sua teoria das fluxões. O edifício é extraordinário. Porém é ainda mais extraordinário que as modificações, as extensões e mesmo as demolições a que foi submetido ao longo dos séculos, são devidas, essencialmente, ao poder dos métodos matemáticos que resultam da aliança — rapidamente provada possível — entre essa geometria e esse formalismo. Newton não somente legou uma teoria matemática do universo a seus sucessores: ele lhes deu, ao mesmo tempo, as ferramentas necessárias para desenvolver e, em certo sentido, ultrapassar essa teoria. Essa é a razão pela qual, mais de quatro séculos depois da publicação dos *Principia*, a glória de Newton permanece intacta.

VI
O patrono da ciência inglesa
1687-1727

A publicação dos *Principia* mudou radicalmente a vida de Newton. O sucesso da obra foi enorme e foi muito além do meio científico. O pesquisador solitário se viu de repente projetado na cena pública inglesa, honrado e respeitado como o maior dos cientistas. Eleito inicialmente na Convenção como representante de sua universidade, ele se tornaria mais tarde *warden*, e depois *master*, da Casa da Moeda, membro do parlamento e presidente da Royal Society: alto funcionário público e patrono incontestável da ciência inglesa. Para corresponder a essas novas responsabilidades, ele deixou Cambridge e foi para Londres. Mais tarde se demitiu também de seu cargo de professor.

Após uma forte crise pessoal, cujas razões e natureza permanecem desconhecidas, acaba por se adaptar à nova situação, da qual soube tirar grande proveito financeiro e pessoal. Sem jamais abandonar completamente a pesquisa, ele consagrou a maior parte do tempo, que sobrou de suas funções administrativas, à reformulação e à revisão dos resultados que ele havia obtido nos diferentes domínios aos quais tinha se dedicado.

Em 1704, publicou um grande tratado de óptica, que, em seguida, republicará várias vezes em inglês e em latim, em que retoma de maneira mais desenvolvida as descobertas e teorias expostas na sua primeira publicação, em 1672. Em 1713, e depois, em 1726, ele publica duas novas edições dos *Principia*.

Newton morre em 1727, no auge de sua glória, tendo trabalhado até os seus últimos momentos em uma revisão da *Theologiae gentilis origines philosophicae*, que será publicada, sob a forma de um tratado de cronologia antiga, um ano após seu falecimento.

Detalhamos abaixo alguns dos principais episódios desse último período.

VI.1. *O caso Alban Francis e a eleição de Newton na Convenção*

Enquanto Newton redigia os *Principia*, a tensão política aumentava na Inglaterra. No início de 1685 morria Charles II, cuja ascensão ao trono da Inglaterra e da Escócia em 1660 havia marcado o início da restauração dos Stuart após a ditadura de Oliver Cromwell. Seu irmão, Jacques II, que havia se convertido ao catolicismo, o havia sucedido, tentando impor sua religião a todo o país. Controlar as universidades tornava-se primordial, mas mostrava-se difícil e Jacques II, prudente, havia decidido proceder por etapas.

No dia 9 de fevereiro de 1687, o vice-chanceler da Universidade de Cambridge, John Peachell, recebeu uma ordem real que exigia que a universidade admitisse um monge beneditino, Alban Francis, no grande *Master of Arts*, sem submetê-lo ao exame nem ao juramento. Era uma prática bem comum homenagear personalidades católicas em visitas a Cambridge, manifestando assim o espírito de tolerância do qual ela se orgulhava. Mas, nesse caso, tratava-se de outra coisa: Alban Francis havia claramente sido escolhido pelo rei para ocupar o posto, tornar-se uma testa de ponte e preparar uma invasão massiva de personalidades católicas em Cambridge.

Newton, apesar de seu antipapismo declarado, provavelmente não teria tomado parte na discussão suscitada pela ordem real se ela tivesse ocorrido algumas semanas antes, enquanto ele estava imerso na redação dos *Principia*. Mas, em fevereiro de 1687, estava terminando seu trabalho e teve o prazer de se manifestar. Dia 19, escreveu uma carta, provavelmente endereçada a Peachell, na qual sugeria resistência à ordem do rei, argumentando, conforme as concepções políticas dos *whigs*[1], que sendo essa ordem contrária à lei, ninguém seria obrigado a respeitá--la. Porém, para a universidade, mais do que dispor de um bom argumento, tratava-se de encontrar a maneira mais hábil de se evadir dessa ordem, ou ao menos adiar sua execução, esperando que nesse ínterim ela fosse retirada. Mas o rei não tinha a intenção de ceder. A crise se agrava e, tendo doravante concluído sua grande obra, Newton assume cada vez mais o papel de um oponente intransigente à ingerência real.

Entre 21 de abril e 7 de maio, Peachell foi convocado pela Comissão eclesiástica para responder pela não aplicação da ordem recebida. Ele se apresentou acompanhado de representantes da universidade, entre os quais, Newton. Peachell foi declarado culpado de desobediência e retirado de seu posto. Em uma sessão suplementar, na

---

1. Cf. Manuel, 1968, pp. 110-111. A carta de Newton, amplamente citada por Manuel, encontra-se em Newton (C), vol. II, p. 467. O termo "whigs" (literalmente: peruca, em inglês) foi utilizado nesse meio, a partir da metade do século XVII, pelos monarquistas para designar os insurgentes escoceses. Ele foi retomado em 1679-80 para designar os partidários da exclusão do trono do duque de York, Jacques Stuart, o futuro Jacques II, aos quais se opunham os legitimistas, chamados "tories". O partido dos *whigs* torna-se, na metade do século XIX, o partido liberal, quando o partido dos *tories* se transforma no atual partido conservador.

data de 12 de maio, a Comissão decidiu, por outro lado, não aplicar a mesma sanção a seus colegas, e se contentou em exortá-los a se submeter, no futuro, às ordens de Sua Majestade. No futuro, ninguém exigiu a admissão de Alban Francis à universidade.

A universidade havia ganho, deixando apenas a cabeça de Peachell no campo de batalha, e não foi sem propósito que Newton participou dessa vitória. O prestígio que ele extraiu dessa experiência viria se somar ao que lhe valeu a publicação dos *Principia* (contemporânea a esse evento). No dia 15 de janeiro de 1689, ele foi escolhido para ser um dos dois representantes da Universidade de Cambridge na Convenção, a assembleia constituinte da Revolução Gloriosa, que pôs fim ao poder dos Stuart e atribuiu o trono a Guilherme de Orange.[2]

Foi assim que Newton se encontrou, após 46 anos de uma vida solitária consagrada à pesquisa e passada entre Lincolnshire e Cambridge, projetado na arena política londrina.

VI.2. Novos encontros: Montague, Huygens, Locke e Fatio de Dullier

A Convenção permanece em atividade por um ano. Nela, Newton não exerceu um papel importante, limitando-se

---

2. Genro de Jacques II e protestante convicto, Guilherme de Orange (1650-1702), na época *stathouder* das Províncias Unidas, desembarca na Inglaterra no mês de novembro de 1688, provocando a partida para a França de Jacques II. Em fevereiro de 1689, ele reuniu a "Convenção" que, em acordo com o Parlamento, reconheceu nele e em Maria Stuart, sua esposa, os novos soberanos da Inglaterra, após fazê-los assinar a Declaração dos Direitos. Tendo entrado para a história sob o nome de "Revolução Gloriosa", a chegada ao trono da Inglaterra de Guilherme de Orange e Marie Stuart (respectivamente sob o nome de Guilherme III e Marie II) marcou o início do regime de monarquia constitucional.

a informar a universidade de seus trabalhos e a juntar-se à política dos *whigs*, da qual ele defendia a facção mais extremista. Evidentemente, a política parlamentar não o encanta. No fim de seu mandato, ele não fez nenhum esforço para ser reeleito no Parlamento e retornou a Cambridge.

Entretanto, ele soube tirar proveito de sua estada em Londres. Participou de algumas sessões da Royal Society e reforçou seus laços com Charles Montague, antigo aluno da Universidade de Cambridge, que se tornou um dos *whigs* mais famosos, cuja amizade se mostraria, em seguida, preciosa. Encontrou igualmente Christian Huygens e John Locke.

Huygens era, na época, o representante mais eminente da filosofia cartesiana da natureza, que ele soube acompanhar da mais refinada das geometrias. Antigamente, Newton esteve sob o charme dos argumentos matemáticos do *Horologium oscillatorium*.[3] Huygens não era insensível à riqueza matemática dos *Principia*, o que não o impediu de rejeitar a teoria da gravitação universal e, de maneira mais geral, a hipótese de forças de atração que agem a distância. Em 1690, ele se opôs publicamente a essa teoria em seu *Discours de la cause de la pesanteur*, acrescentado a seu *Traité de la lumière*, que, por sua vez, se opunha à teoria newtoniana da luz, defendendo uma teoria ondulatória próxima da de Hooke[4] (ainda que bem mais elaborada matematicamente).

O encontro entre os dois homens aconteceu em 1689, em uma visita de Huygens a Londres. Foi a ocasião de reforçar uma estima recíproca, mas também de constatar uma diferença de pontos de vista. Essa diferença, contudo, jamais se transformou em afrontamentos semelhantes

---

3. Cf. seção V.9.3.
4. Cf. seção III.6.

aos que haviam oposto Newton a Hooke, ou, mais tarde, a Leibniz: os dois homens se reconheceram imediatamente como pares no esforço de submeter os fenômenos da natureza a uma explicação matemática.

Seria bem diferente com Locke. Esse, ainda que matemático medíocre, havia tomado conhecimento dos *Principia* durante seu exílio na Holanda, esforçando-se em compreendê-los e reconhecendo neles o modelo a seguir na investigação da natureza, a ponto de apresentar sua obra-prima — o *Essay Concerning Human Understanding* (*Ensaio sobre o entendimento humano*), publicado em 1690 — como uma justificação filosófica do método de Newton.[5] Entre Newton e Locke ocorreu, mais que uma estima recíproca, uma verdadeira comunhão de perspectivas; e isso especialmente porque os dois homens rapidamente descobriram que eles secretamente compartilhavam as mesmas orientações teológicas e a mesma paixão pela tradição alquímica. Assim, desde seu primeiro encontro, nasceu uma verdadeira simpatia que — coisa bastante rara na vida de Newton — levou a um tipo de colaboração intelectual.[6]

---

5. O *Ensaio* de Locke é o texto fundador da doutrina empirista, que afirma que nosso conhecimento tem sua origem na experiência. Nele, Locke apresenta uma "teoria das ideias" visando mostrar seu processo de constituição a partir de seus fundamentos empíricos. Quando Locke toma conhecimento dos *Principia*, seu *Ensaio* já tinha sido em grande parte escrito e a pretensão de fazer dele uma justificação do método de Newton deve ser considerada mais como uma homenagem que como o resultado de um estudo sério e de uma interpretação desse método em termos empiristas. A imagem de um Newton empirista, ou melhor, de um Newton defensor do empirismo, se difundiu, entretanto, rapidamente na Inglaterra e, sobretudo graças aos esforços de Voltaire, chegou à França no século XVIII, onde ela se torna uma das imagens mais frequentemente utilizadas pela retórica das luzes. Ela será evocada na conclusão desse livro.

6. Cf. nota 54 do capítulo IV.

De natureza completamente diversa foi a ligação com Nicolas Fatio de Dullier, que Newton encontrou em junho de 1689 e que se torna rapidamente seu amigo. Originário da Suíça, Fatio tinha chegado a Londres em 1687, após várias estadas em Paris, onde ele esteve em contato com membros da Académie des Sciences, tais como Jean Dominique Cassini[7], e na Holanda, onde havia encontrado Huygens. Ele tinha apenas 23 anos, mas suas referências eram tais que ele pôde se eleger à Royal Society. Em 1688, ele havia publicado um ensaio sobre a causa da gravidade, em que a justifica evocando agitações do éter.

Sem dúvida, esse ensaio não encantou Newton. As cartas que os dois homens começaram a trocar indicam, porém, um grau de intimidade que Newton jamais teria com outra pessoa.[8] No dia 10 de outubro de 1689, Newton escreveu a Fatio, de Cambridge, manifestando sua intenção de ir a Londres e seu desejo de ficar no hotel onde ele estava hospedado, acrescentando: "Eu levarei comigo meus livros e suas cartas." Quatro anos mais tarde, ele escreve a Fatio novamente, ainda de Cambridge, propondo de ir até ele para se curar de um resfriado que, na correspondência entre eles, é descrito como uma "doença terrível".

No mês de maio de 1693, Fatio escreveu de Londres, a Newton, para informá-lo que ele conhecia um alquimista, o qual lhe propunha uma associação para produzir um medicamento — retirado de uma prática alquímica

---

7. Jean Dominique Cassini, chamado também de Cassini I (1625-1712), foi chamado da Itália (onde ele nasceu) por Colbert, em 1669, para organizar o Observatório de Paris. Ele descobriu dois satélites de Saturno e a principal divisão observável no sistema de anéis que contorna esse planeta. Ele está na origem de uma família de astrônomos que, no século XVIII, se opuseram às teorias de Newton, defendendo teorias de inspiração cartesiana.

8. A correspondência entre Newton e Fatio relativa ao período de 1689 a 1693 foi editada no volume III de Newton (C).

que Fatio chamava de "vegetação do mercúrio" —, e lhe pedir para financiar a operação. Newton, aparentemente, fica chocado: rapidamente, deixou Cambridge para ir a Londres. Depois dessa viagem, a relação entre eles foi interrompida bruscamente, e Newton se retirou ao silêncio — que somente seria quebrado no mês de setembro, escrevendo duas cartas, respectivamente a Pepys[9] e a Locke, que são frequentemente citados como testemunhas da forte depressão que o abateu durante o verão.[10]

VI.3. O fracasso de um programa: uma causa possível da crise depressiva de 1693

A ruptura com Fatio acontece em um contexto psicológico carregado: o retorno a Cambridge era um retorno à solidão, e Newton parecia ter tomado gosto pela vida mundana. Desde o fim de seu mandato na Convenção, ele havia várias vezes tentado obter um posto administrativo que lhe permitisse viver definitivamente em Londres. Ele havia pedido ajuda a seus amigos Montague, Fatio e Locke, mas sem sucesso. Esse fracasso é acompanhado de outro, bem mais doloroso. A partir de seu retorno a Cambridge, em 1690, Newton estava engajado em um programa de grande envergadura: a revisão, a sistematização e a apresentação unitária de sua obra científica. Em 1693,

---

9. Samuel Pepys (1633-1703) foi o autor de um *Journal*, escrito em caracteres secretos, tendo como pano de fundo a vida em Londres de 1660 a 1669. Entre 1684 e 1688, ele foi presidente da Royal Society, o que explica o fato de seu nome aparecer no frontispício da primeira edição dos *Principia* — sua contribuição para a publicação da obra foi realmente inegável.

10. Cf. Newton (C), vol. III, pp. 279-280. A carta a Locke, de 16 de setembro de 1693, é célebre. Newton acusa Locke de querer "lhe causar confusão com mulheres", e confessa ter desejado a morte de Locke, mas pede seu perdão.

esse programa devia lhe parecer comprometido ou talvez impossível de ser realizado.

Já em 1689, Fatio havia considerado o projeto de uma nova edição dos *Principia*, da qual ele poderia se ocupar. Newton havia começado a trabalhar nessa perspectiva assim que voltou a Cambridge, estabelecendo uma lista de *errata*. Nesse meio tempo, durante o verão de 1691, David Gregory, sobrinho do matemático escocês James Gregory, conseguia, após sete anos de tentativas infrutíferas, estabelecer um contato com Newton. A partir de 1683, David Gregory ocupava, na universidade de Edimburgo, a cadeira de matemática da qual seu tio já havia sido titular. A partir de então, ele visava a cadeira *saviliana* de astronomia de Oxford, e buscava garantir o apoio do autor dos *Principia*. Halley era candidato ao mesmo posto, mas Gregory soube tão bem como prender-se a Newton que obteve o apoio buscado e o posto cobiçado. David Gregory havia especialmente proposto a Newton de ajudar Fatio, que havia subestimado a dificuldade do trabalho de reedição dos *Principia*.

Assim, Newton havia começado a retomar o primeiro livro, ao qual propôs modificações bem profundas. Por fim, abandonou-as e consagrou-se em seguida ao terceiro, pensando em acrescentar dois escólios para afirmar que os seus resultados mais essenciais já eram conhecidos dos antigos filósofos, em particular dos pré-socráticos, tais como Tales e os pitagóricos, em seguida, de Aristarco, Platão e Numa Pompilius[11], o mais sábio dos reis de Roma.

---

11. Afirmação infundada, resultante mais de uma adesão incondicional de Newton ao ideal de uma *prisca sapientia* (cf. seção IV.6) que de uma verdadeira pesquisa histórica, mas não totalmente gratuita: a hipótese heliocêntrica realmente havia sido considerada e discutida por pensadores gregos, dos quais justamente Aristarco de Samos (aprox. 310--230 a.C.) — astrônomo que se baseava nos ensinamentos de Pitágoras

Fiel à sua crença em uma *prisca sapientia*, Newton visava se apresentar como aquele que soube redescobrir as verdades reveladas por Deus aos homens no dia seguinte à criação. Antes de abandonar igualmente esse projeto, ele redigiu uma primeira versão dos escólios — atualmente conhecidos como os *Escólios clássicos* —, que D. Gregory inseriu mais tarde na introdução das *Astronomiae physicae et geometricae elementa* (*Elementos de astronomia física e geométrica*), publicadas em Londres, em 1702.[12] Aproximadamente no final de 1691, D. Gregory propôs um plano de revisão do segundo e do terceiro livros, que Newton só pôde realizar muito mais tarde, por ocasião da segunda edição dos *Principia*, que nasceu, enfim, em 1713.[13]

Quase no mesmo momento, começava a surgir o que se tornaria o caso Newton-Leibniz.

No dia 18 de dezembro de 1691, Fatio havia escrito a Huygens para afirmar a prioridade de Newton na invenção do cálculo diferencial.[14] Newton, por sua vez, se interrogava sobre a forma pela qual ele deveria apresentar sua teoria das fluxões para instituí-la. D. Gregory, sempre pronto a explorar o orgulho de Newton para dele tirar proveito, pensou em tornar pública uma carta a Newton, na qual ele teria exposto um método de quadratura[15], que ele atribuiria a si, ainda que tivesse tomado grande

---

(aprox. 570-480 a.C.) e de seus adeptos (reunidos em uma seita bastante exclusiva e rigorosamente organizada) —, que a defendeu abertamente, acrescentando-lhe que a Terra, girando em torno do Sol, gira também em torno de si mesma. Quanto a Numa Pompilius, legendário segundo rei de Roma (aprox. 715-672 a.C.), supõe-se que ele, entre outros, criou o calendário.

12. A respeito desses escólios, cf. Guiccardini, 1999, pp. 101-104.
13. Voltaremos a isso na seção VI.8.
14. Cf. Newton (C), vol. III, p. 187. O uso do termo "cálculo diferencial" nesse contexto é de Fatio.
15. Para a noção de quadratura, cf. seção II.2, em particular a nota 9.

parte de tal método de J. Graig, jovem matemático escocês que, em visita a Cambridge, em 1685, teve acesso a certas notas de Newton. Em sua resposta a essa carta, também tornada pública, Newton teria podido retomar os métodos que ele havia desenvolvido durante os anos 1660, estabelecendo assim sua prioridade.

Ao fim de 1691, Newton começou a redigir sua resposta, mas abandona logo o projeto de D. Gregory — que, tendo obtido a cadeira de Oxford, estava desinteressado pelo caso —, e começou a compor um tratado autônomo, constituindo uma primeira versão do *De quadratura*.[16] Uma vez mais, ele deixou seu trabalho inacabado. Durante o verão de 1692, ele resumiu esse trabalho em uma carta a Wallis[17], que a publicou, no ano seguinte, na edição latina de seu *Tratado de álgebra*.

No ano seguinte, considerou enfim redigir um tratado de geometria em dois livros, o segundo devendo ser consagrado à quadratura das curvas obtidas por meio do algoritmo inverso das fluxões. Retomou então sua primeira versão do *De quadratura* para reescrevê-la, mas, por não ter completado o primeiro livro de seu tratado, acabou por guardá-la em suas gavetas até 1704; ela será publicada, então, com a única adição de uma introdução e um escólio final.[18]

---

16. Cf. Newton (MP), vol. VII, pp. 24-49 (para a resposta a Gregory) e pp. 48-119 para a primeira versão do *De quadratura* (a respeito do qual cf. seção II.8). Sobre os antecedentes, cf. introdução de Whiteside a essa publicação [ibidem, pp. 3-23] e Hall, 1992, pp. 252-253.
17. Cf. seção II.8.
18. É difícil de perceber as novidades matemáticas contidas nas diferentes versões do *De quadratura* com relação às apresentações precedentes da teoria das fluxões sem entrar nos detalhes técnicos. Desde a primeira versão de seu tratado, Newton emprega a notação pontuada para as fluxões (notando a fluxão de x por "$\dot{x}$") — notação que se tornou clássica — e introduz as noções de fluxões segunda, terceira, etc. (quer dizer, de fluxão de uma fluxão, fluxão de uma fluxão de uma fluxão, etc.), sem apresentações precedentes. Trata-se de duas inovações

O projeto de reedição dos *Principia* e o de uma primeira publicação da teoria das fluxões andavam de mãos dadas com dois outros projetos: uma retomada dos escritos de óptica, com o objetivo da redação de um verdadeiro tratado, e a redação de um outro tratado, expondo as conclusões principais (e menos esotéricas) dos numerosos anos de pesquisas alquímicas. A intenção de Newton era a de conseguir apresentar uma imagem coerente de suas teorias, ao menos daquelas que concerniam aos diferentes tipos de fenômenos naturais.

O tratado de óptica deveria consistir em quatro livros: os três primeiros retirados essencialmente do artigo de 1672 e das *Lectiones opticae*; o quarto, consagrado à apresentação de uma teoria da matéria como sendo composta de partículas que se atraem e se repulsam mutuamente. Essa teoria deveria ser justificada por um tipo de princípio de uniformidade da natureza que "observava o mesmo método regulando os movimentos dos pequenos corpos que o método observado para regular o movimento dos grandes"[19], e teria permitido explicar a natureza da luz segundo uma concepção corpuscular, enfim,

---

interligadas, provavelmente sugeridas a Newton por seu estudo do cálculo diferencial de Leibniz.

A introdução das fluxões segunda, terceira, etc. tornava a teoria das fluxões e seu formalismo mais aptos a aplicações mecânicas [cf. nota 32, do capítulo V]. Assim, Newton chegará até mesmo, em uma nota datada da metade dos anos 1690 [cf. Newton (MP), vol. VI, p. 598, e Guicciardini, 1999, pp. 108-117, para um comentário] a empregar as fluxões segundas para fornecer uma expressão fluxional da força central, fundamentando-se, todavia, em um resultado geométrico já anunciado nos *Principia* (Proposição 28 do segundo livro): "em um sistema de um corpo atraído para um centro fixo, a componente da força centrípeta, perpendicular à órbita, é proporcional ao quadrado da velocidade e inversamente proporcional ao raio da curva". Entretanto, essa expressão da força não foi empregada por Newton nas diferentes edições dos *Principia*.

19. Citado por Westfall, 1980, p. 562.

explicitamente exibida. Essa extensão à escala microscópica da teoria da gravitação universal teria igualmente servido para explicar certos fenômenos químicos como, por exemplo, a ação dissolvente dos ácidos, possivelmente imputável à "grande força atrativa" de suas partículas.[20]

Projeto sedutor, mas que carecia de bases teóricas e experimentais, prendendo-se a hipóteses fracas e a especulações perigosas, do tipo daquelas que ele tanto havia censurado nos cartesianos. Newton não poderia se satisfazer com isso e teve que se conformar com o fracasso.

Esse fracasso não era somente o de um programa assentado sobre hipóteses insuficientemente fundadas: era também o de um homem que se acreditava predestinado. Newton devia finalmente reconhecer que ele não era o intérprete privilegiado de Deus que acreditava ser, visto que se via incapaz de encontrar na sua própria ciência a figura da unidade da ciência divina revelada, segundo ele, aos primeiros homens da criação.[21]

Portanto, há boas razões para supor que esse fracasso exerceu um papel importante como estopim da crise que abateu Newton em pleno verão de 1693: ele interrompeu todas as suas atividades e mergulhou na depressão.

VI.4. Após a crise: a Óptica, as pesquisas sobre a teoria da Lua e o Enumeratio linearum tertii ordinis

Após essa crise, quando Newton pôde enfim voltar ao trabalho, ele abandonou para sempre o projeto de uma ampla síntese fundada sobre uma generalização da

---

20. É o objeto de um texto, o *De natura acidorum*, que Newton mostrou e depois cedeu a A. Pitcairne — um aluno de David Gregory que o visitou em Cambridge, em 1692; esse texto seria publicado em 1710 por John Harris. Sobre esse texto cf: Dobbs, 1975, pp. 217-230.
21. Cf. seção IV.2.

gravitação universal e empenhou-se em revisar suas teorias, segundo uma perspectiva menos grandiosa.

Retornou, inicialmente, a seu tratado de óptica. Entre 1690 e 1693, havia redigido uma primeira versão desse tratado. Restava submetê-la a uma revisão atenta e eliminar as partes mais controversas, limitando assim as ambições do tratado. Estima-se que Newton concluiu esse trabalho entre o fim de 1693 e a primeira metade de 1694, mas ele não publicou nada nessa época, talvez preocupado com eventuais críticas, em particular com as de Hooke. O tratado, intitulado *Opticks: or, a Treatise of the Reflexions, Refractions, Inflexions, and Colours of Light* (*Óptica: ou, Tratado das reflexões, refrações, inflexões e cores da luz*)[22], será publicado em 1704, um ano após a morte de Hooke.

Na proposição VIII do segundo livro, Newton mostra ao leitor um vislumbre da possibilidade de uma unificação entre sua teoria da luz e sua teoria da gravitação universal: ele afirma que "a reflexão de um raio não é produzida por um ponto singular do corpo refletor, mas por algum poder do corpo uniformemente distribuído sobre toda a sua superfície, e em virtude do qual ele age sobre o raio sem contato imediato", e ele promete provar mais tarde que "as partes dos corpos agem a distância sobre a luz".

---

22. Cf. Newton, 1704. Após essa primeira edição inglesa, Newton publicou, ainda em Londres, duas edições latinas, respectivamente em 1706 e 1719, e duas outras edições inglesas, respectivamente em 1717 e 1721. Uma quarta edição inglesa, com acréscimos retirados das *Lectiones Opticae*, foi publicada também em Londres, em 1730, três anos após sua morte. Em 1720, foi publicada em Amsterdã uma tradução francesa por P. Coste, retirada da segunda edição inglesa. Esta foi reeditada, com alterações de A. de Moivre, aprovadas por Newton, em 1722, em Paris, por P. de Varignon. Voltaremos em seguida aos elementos principais dessas edições.

Com efeito, retoma a questão na primeira das onze observações, a respeito da difração luminosa, que constituem o essencial do terceiro livro, mas não apresenta, de modo algum, provas, limitando-se a seguir a descrição de um fenômeno conhecido, que já havia sido observado por Grimaldi — o fato que a sombra de um cabelo, produzida pela luz filtrada através de um pequeno buraco, é maior que o próprio cabelo —, por uma explicação que consiste em afirmar que "o cabelo age sobre os raios de luz a uma boa distância, quando eles passam ao seu lado" e que "a ação é mais forte sobre os raios que passam a distâncias mínimas e torna-se cada vez mais fraca quando os raios passam a distâncias sempre maiores".[23] Em vez de justificar essa hipótese, Newton acrescenta, finalizando suas observações:

> Quando fiz as observações precedentes, eu me propus a repetir a maior parte delas com mais cuidado e exatidão, e a fazer novas observações para determinar a maneira pela qual os raios luminosos são curvados ao passar na proximidade dos corpos [...]. Mas eu fui interrompido, e agora não posso pensar em submeter essas coisas a uma nova consideração. E, visto que não terminei essa parte de meu propósito, concluirei propondo somente certas questões, para que uma outra pesquisa seja realizada por outros.

---

23. Essa explicação pode parecer uma conjectura razoável apenas no interior do paradigma corpuscular, paradigma que, na primeira edição da *Óptica,* Newton insistia em manter implícito. Quando se adota um paradigma corpuscular, tal como aquele proposto por Huygens, a explicação dos fenômenos da difração é bem mais simples: ela parte do princípio, hoje chamado de princípio de Huygens-Fresnel, segundo o qual todo ponto de uma frente de onda que provém de uma fonte pontual é, por sua vez, uma fonte de ondas luminosas esféricas cuja amplitude é máxima na direção da onda principal e diminui até tornar--se nula, passando dessa direção para a direção perpendicular a ela.

A primeira dessas questões concerne à hipótese antecipada na primeira observação a respeito da difração:

> Os corpos não agiriam a distância sobre a luz, e por efeito de sua ação não curvariam seus raios? E essa ação, *caeteris partibus* [*nas mesmas condições*], não é máxima, à mínima distância?

Assim, o próprio Newton confessa não possuir nenhuma verdadeira prova para essa hipótese. Ele a apresenta como uma conjectura, esperando novas pesquisas que pede a outros que realizem... Tendo daí por diante abandonado toda esperança de chegar a justificar, por meio de verdadeiros argumentos matemáticos e experimentais, uma teoria unitária dos fenômenos físicos, que reunisse sua cosmologia e sua teoria da luz (e integrasse a elas uma adequada teoria da matéria), Newton se contenta em sugerir a possibilidade dessa síntese: busca assim, nos parece, apropriar-se antecipadamente do mérito de uma tal teoria e supor que alguém, um dia, chegue a fornecer-lhe uma justificação aceitável, ao mesmo tempo que se poupa do processo.

Ele aplicaria a mesma estratégia novamente, assim como nas dezesseis *Questões*, que, na primeira edição da *Óptica*, fecham o terceiro livro e cobrem uma boa parte dos argumentos que deveriam ser tratados no quarto — do qual elas são de fato um substituto. Nelas, Newton adiantaria certas hipóteses sob a forma de conjecturas, sem produzir nenhuma prova, mas sem sujeitar-se a críticas análogas àquelas que ele havia endereçado aos cartesianos. Ele aborda, ao lado da questão do encurvamento dos raios luminosos pela ação da distância dos corpos, a questão da flexibilidade de tais raios, das suas mútuas interações, das relações entre luz e calor, e do mecanismo fisiológico da visão.

Depois de ter finalizado a *Óptica*, entre o verão de 1694 e o verão de 1695, Newton lançou-se sobre um problema astronômico, deixado em aberto na primeira edição dos *Principia*, e cuja solução deveria constituir a novidade essencial da segunda edição. Tratava-se de ir além das considerações preliminares, a respeito do problema dos três corpos, apresentadas na proposição 66 do primeiro livro dos *Principia*[24], para chegar à elaboração de uma teoria completa que concernisse ao movimento da Lua (sob a suposição de que esse movimento é devido apenas à atração conjunta da Terra e do Sol). Newton precisava de dados astronômicos mais precisos e completos, e para isso dirigiu-se a Flamsteed, o astrônomo real, instalado no observatório de Greenwich.

Esse foi o início de uma colaboração científica difícil entre dois homens que aprenderam rápido a não gostar um do outro. Newton precisava de dados que Flamsteed não possuía e o apressava a fazer as observações necessárias para estabelecer tais dados. Flamsteed preferia trabalhar no projeto de um catálogo de estrelas, que deveria ser sua obra-prima; e sustentava, com razão, que, sem um catálogo preciso de estrelas, nenhuma posição da Lua poderia ser determinada de maneira suficientemente precisa.

Além do mais, não se tratava somente de tomar nota das observações efetuadas, mas também de corrigir esses resultados a fim de levar em conta a refração atmosférica, e isso definitivamente não era fácil, pois não se dispunha de nenhum método certo e geral para calcular essa correção. Para coroar esse conjunto, Newton entendia que Flamsteed deveria recolher-se ao lugar que lhe pertencia, o de um subordinado, contentando-se em realizar as observações pedidas. Flamsteed queria, por sua vez,

---

24. Cf. seção V.9.4.

que Newton o considerasse como um igual e o envolvesse na elaboração da sua teoria.

Entretanto, a não disponibilidade dos dados que Flamsteed deveria estabelecer era apenas uma das razões que se opunham ao estabelecimento de uma teoria que respondesse às aspirações de Newton. As dificuldades principais eram de natureza matemática. Newton chegou a alguns resultados parciais, mas permaneceu longe de seu objetivo.[25] Como não fazer Flamsteed carregar o peso desse novo fracasso? Foi exatamente isso que Newton fez e abandonou, mais uma vez, seu projeto.

Voltou-se, então, a um outro problema, dessa vez puramente matemático, já abordado outras duas vezes, em torno de 1664 e depois, em torno de 1679, sem chegar a uma solução satisfatória: tratava-se de fornecer uma classificação completa das curvas de terceira ordem.[26] Desta vez, os esforços de Newton não foram vãos. Para alcançar seu objetivo, empregou novas técnicas geométricas, que reconhecemos atualmente como próprias da geometria projetiva[27], e pôde classificar essas curvas em

---

25. Para poder alcançá-lo, ele deveria dispor de técnicas formais que somente seriam desenvolvidas completamente no século XIX.

26. Uma curva de terceira ordem é uma curva que pode ser expressa por uma equação algébrica de duas variáveis, por exemplo x e y, que envolve produtos nos quais essas variáveis são multiplicadas por si mesmas ou uma por outra três vezes (como é o caso x^3 de ou $x^2 y$) mas não mais do que isso, e que por isso é chamada de "equação de terceira ordem".

    Newton sabia que as equações de segunda ordem (nas quais as variáveis são multiplicadas por si mesmas ou umas pelas outras duas vezes, mas não mais que isso) exprimem as cônicas, ou seja, curvas que se sabe classificar desde a antiguidade (distinguindo-se entre parábolas, elipses e hipérboles: cf. nota 53 do capítulo V). Seu objetivo era o de alcançar uma classificação análoga para as curvas expressas por equações de terceira ordem. A tarefa era muito mais complexa, pois as formas possíveis de uma equação de terceira ordem são muito mais numerosas que as formas possíveis de uma equação de segunda ordem.

27. A geometria projetiva estuda os objetos geométricos fazendo abstração das medidas respectivas de suas partes, quer dizer, de todo tipo de

dezesseis gêneros e 72 espécies. Daí ele retirou um manuscrito — *Enumeratio linearum tertii ordinis* (*Enumeração das linhas de terceira ordem*) — que também guardou em suas gavetas para publicar somente em 1704, como apêndice à *Óptica*.

Uma vez publicado, esse manuscrito contribuiria amplamente para aumentar sua reputação. Ainda hoje ele é celebrado como uma obra-prima de elegância e de profundeza matemáticas.

VI.5. *O retorno a Londres e as novas obrigações administrativas: a Casa da Moeda, o Parlamento e a Royal Society*

Dia 19 de março de 1696, a atividade científica de Newton foi interrompida por uma carta de Charles Montague, que havia aceito a função de *Chancellor of the Exchequer* (alguma coisa como um ministro das finanças com poderes bastante estendidos): Newton acabava de ser nomeado *Warden* da Casa da Moeda e Montague se apressava em informá-lo. O *Warden* era representante direto do rei, portanto, ele era formalmente a primeira autoridade da Casa da Moeda. Entretanto, havia perdido uma grande parte de seu poder para o *Master*, que controlava diretamente a atividade da cunhagem. Newton poderia considerar esse posto como uma sinecura: ir a

---

métrica. Se um círculo é projetado de maneira oblíqua, sua imagem se deforma. Entretanto, entre o círculo e sua imagem deformada existe apenas uma diferença de medida: tanto o círculo quanto sua imagem deformada são curvas fechadas; essas curvas são ambas convexas, elas não se cruzam em nenhum ponto, etc.

A geometria projetiva se limita a considerar em um objeto geométrico propriedades como essas, que são conservadas por uma deformação devida a uma projeção. Para ela, portanto, não há diferença significativa entre o círculo e sua imagem deformada.

Londres apenas de tempos em tempos, conservar seu posto e continuar seus estudos, dispondo de uma renda suplementar e do prestígio político derivado de uma posição eminente na administração do estado. Foi, aliás, nesse espírito que Montague havia oferecido a ele esse posto, como uma "prova de amizade".[28]

Mas ele esperava apenas uma oportunidade para deixar Cambridge e retornar a Londres. Era seu posto de professor lucasiano que iria tomar, ainda mais abertamente do que antes, como uma sinecura. Instalou-se em Londres em abril, e se dedicou com energia à sua nova atividade. Sua lista de tarefas continha um aspecto judicial: a identificação e a perseguição de falsificadores e "roedores" (aqueles que roíam as moedas de prata para coletar o metal e o derreter); trabalho delicado e perigoso, sendo a falsificação considerada como uma forma de alta traição e, portanto, punível com a morte. No início, Newton procura ser dispensado dessa tarefa, mas, não conseguindo, tenta dedicar-se a ela conscienciosamente, enviando ao carrasco mais de um culpado.

Newton descobria em si o gosto pelo exercício do poder. Interessou-se bem de perto por seu novo domínio, tornou-se rapidamente um *expert* em política monetária e um conselheiro escutado no governo. Gerenciou muito bem, dentro da sua nova capacidade, uma operação administrativa complexa: a substituição das moedas em circulação por novas moedas com bordas reforçadas, para resistir a qualquer tentativa dos "roedores". No início do ano de 1700, o *Master* T. Neale morre. Newton foi escolhido para substituí-lo, e torna-se, em todos os sentidos do termo, chefe da Casa da Moeda.[29]

---

28. Cf. Newton (C), vol. IV, p. 195.
29. O escritor escocês P. Kerr, que leu cuidadosamente R. Westfall, explorou esse episódio, escrevendo um romance policial (ousado e bastante

Nesse período, ele ainda praticava algumas atividades científicas, mas é claro que se tratava apenas de ocupações ocasionais de um homem que se consagrara, daí por diante, às suas funções de alto funcionário público. Em novembro de 1701, apresentou-se para as eleições parlamentares e foi eleito. Mais uma vez, ele representava a Universidade de Cambridge no Parlamento, o que não o impediu, três semanas após sua eleição, de pedir demissão de seus postos de *fellow* do Trinity College e de professor lucasiano de matemática. Não se destacou muito no Parlamento, que aliás foi dissolvido em julho de 1702, após a morte de Guilherme de Orange, e não a representou. Sob a insistência de Montague e da rainha Anne que, para apoiá-lo, o havia tornado nobre, conferindo-lhe o título de *Sir*, durante uma cerimônia no Trinity College, ele se tornaria candidato novamente em 1705. Mas esse apoio não seria suficiente: Newton não foi eleito, e esse foi o fim de sua carreira política.

R. Hooke morreu nesse período, em março de 1703. O mais eminente dos pensadores ingleses a não se dobrar frente à autoridade científica de Newton[30], Hooke era também a única personalidade intelectual de envergadura que estava sinceramente preocupada com o destino da Royal Society, que, sob a presidência de homens políticos — como o próprio Montague (presidente entre 1695 e 1698) — havia pouco a pouco perdido sua vocação de sociedade científica e assumido funções de representação. Entretanto, sem prestígio intelectual, a função de

---

informal) cujo herói é o *Warden* Newton, meio Sherlock Holmes, meio Hercule Poirot, ajudado por Christopher Ellis, duelista impetuoso (e personagem histórico). É ele que escreve, relatando um tenebroso caso de falsa moeda que Newton teria brilhantemente resolvido como zeloso Guardião da Casa da Moeda. Cf. Philip Kerr, *Dark Matter, The Private Life of Sir Isaac Newton*, New York, Crown, 2002.

30. A respeito da rivalidade pessoal e não apenas científica entre Newton e Hooke, cf. Manuel, 1968, cap. 7, pp. 133-159.

representação também estava em risco de ser singularmente reduzida. Assim, a morte de Hooke trazia um sério problema institucional, mas ao mesmo tempo ela permitia resolvê-lo: Hooke não estando mais lá, estava morta a mais prestigiosa das vozes que poderiam se opor à eleição de Newton. Assim, no dia 30 de novembro de 1703, Newton foi eleito presidente da Royal Society, sem unanimidade: para garantir o prestígio científico dessa sociedade e lhe devolver as funções de promoção e orientação da experimentação e da pesquisa científicas que lhe pertenciam desde sua fundação, em 1662.

Para Newton, reconduzir a instituição a sua vocação de origem não significava renunciar a manter a função de representação que ela havia adquirido com o passar dos anos, pelo contrário. Diferenciando-se de seus predecessores, que com frequência se destacavam por sua ausência na maioria das sessões da sociedade, Newton faltou a apenas algumas, excepcionalmente. Ele reformulou a organização das sessões semanais e introduziu regras estritas para que elas não se degenerassem mais em discussões informais[31], como era frequentemente o caso. Encontrou em F. Hauksbee um experimentador competente e devotado, a quem confiou a tarefa de apresentar experiências durante as sessões. Aliás, nunca lhe faltavam sugestões quanto aos temas dessas experiências, que após um início hesitante, logo se concentraram nos fenômenos elétricos e capilares. Newton não parou por aí: especulou, consultou, propôs e acabou por encontrar a maneira de ligar suas funções a responsabilidades administrativas e científicas como nunca anteriormente.

Graças a sua energia e vontade, Newton tinha chegado, no início do século XVIII, a ser reconhecido como o patrono simbólico e institucional da ciência inglesa.

---

31. Cf. Manuel, 1968, p. 278.

VI.6. A edição latina da Óptica e as novas questões a respeito da natureza da luz, da matéria e do espaço

Com a morte de Hooke, como já dissemos, desaparecia o principal impedimento à publicação da *Óptica*. No dia 16 de fevereiro de 1704, Newton apresentou à Royal Society seu tratado, já impresso, com dois apêndices matemáticos: o *De quadratura* e o *Enumeratio*, os primeiros textos de matemática pura publicados por Newton.

Exceto por esses dois apêndices, as únicas novidades de envergadura contidas na *Óptica*, com relação às *Lectiones opticae*, residiam nas dezesseis *Questiones* [Questões] finais. Nelas Newton expõe publicamente, pela primeira vez, uma parte de seus pensamentos a respeito da estrutura profunda e das causas eficientes de alguns fenômenos físicos. A exposição é tímida: Newton se limita a sugerir a presença de forças de atração em nível microscópico sem abordar a questão da origem dessas forças, de sua natureza última.

Ele supõe, em outros termos, que a estrutura de causas, que com a sua teoria da gravitação universal ele mostrou estar agindo no cosmos, é também aquela que explica a estrutura da matéria e justifica sua coesão e suas diferentes formas de manifestação. Newton permanece no nível da suposição: ele não fornece nenhum suporte experimental para essa hipótese. Também não a associa a um modelo matemático que descreva o funcionamento das forças de atração em nível microscópico. Assim, as forças de atração que nos *Principia* são representadas como causas formais, graças à teoria matemática do movimento dos corpos submetidos a forças centrais expostas nos dois primeiros livros[32], tomam o aspecto de causas eficientes, pois na ausência

---

32. Cf. capítulo V.

de uma matemática que descreva seu funcionamento, ou seja, apta a traduzir a hipótese de uma atração a distância na linguagem formal dos diagramas e das relações geométricas, elas se apresentam apenas como potências indeterminadas que agem na matéria.

Dois anos mais tarde, em 1706, quando ele apresentou uma edição latina[33] de seu tratado, adotou a mesma estratégia: acrescentou sete novas *Questões*, bem longamente desenvolvidas, que constituem por si próprias um texto de primeiro plano, por suas dimensões e sua audácia. Originalmente numeradas de 17 a 23, elas receberam, por ocasião da segunda edição inglesa de 1717 — por causa da adição de oito *Questões* intermediárias —, a numeração atribuída a elas atualmente, de 25 a 31.

Nas *Questões* 25 a 29, que partem da justificação do fenômeno da dupla refração[34], Newton introduziu inicialmente a hipótese de que "raios de luz têm vários lados" (o que ele estima, diante da evidência, ser compatível com sua caracterização como as "mínimas partes" da luz, dada na definição I do primeiro livro). Então, após ter refutado a hipótese ondulatória e rejeitado a suposição de um éter denso, na *Questão* 28, ele se pergunta, na *Questão* 29, se os raios de luz não seriam "corpos muito

---

33. No século XVII, o latim e o inglês rivalizavam nas ilhas britânicas como línguas de comunicação científica. O latim era a língua erudita da comunidade científica internacional, enquanto o inglês era empregado, não para se dirigir a um público maior (muito poucos eram os leitores potenciais de um texto científico que não saberiam ler o latim), mas para marcar o pertencimento do autor ao mundo (científico, político, religioso e cultural) britânico, em forte expansão na época e contribuir para afirmar sua identidade.
34. Esse fenômeno tinha sido observado no "cristal da Islândia" (o cristal de calcita): observando um objeto através desse cristal, percebemos uma imagem dupla, o que fazia pensar que um raio luminoso refratado por esse cristal se dividia em dois raios com duas direções distintas.

pequenos, emitidos por substâncias luminosas".[35] Para além das definições escolhidas pelas necessidades de exposição, Newton havia sugerido uma resposta positiva a essa questão de seus primeiros trabalhos de óptica. Agora, acrescentava uma conjectura metafísica de envergadura, bem mais geral e suscetível de indicar uma solução última ao problema das causas eficientes:

> Os fenômenos não mostrariam que existe um Ser incorpóreo, vivo, inteligente, onipresente que, no espaço infinito, como se o espaço fosse o seu *sensorium*, vê intimamente as coisas elas mesmas, percebe-as e as compreende inteiramente em razão de sua presença imediata nele [...]?

Esse é um ponto de vista que lembra aquele que Newton já havia adiantado no *De gravitatione*[36] e mais tarde em uma troca epistolar célebre que ocorreu durante o inverno de 1692-1693 com R. Bentley (capelão do bispo de Worcester, na época encarregado de uma série de lições a respeito da "refutação do ateísmo")[37], mas que ele

---

35. Cf. nota 37 do capítulo III. É o primeiro reconhecimento, por parte de Newton, de uma possível validade da hipótese corpuscular da luz que ele considerava (como todo cientista da sua época, e de maneira bem natural) como oposta à hipótese ondulatória. Atualmente, admitimos que a luz apresenta ao mesmo tempo comportamentos de natureza ondulatória e comportamentos de natureza corpuscular, mas a consideramos como uma "dualidade" que ainda precisa ser explicada.
36. Cf. seção IV.1.
37. Cf. Newton (C), vol. 3, pp. 233-241 e 244-256. Nessas cartas, Newton nega, entre outros, que a gravidade deva ser considerada como uma propriedade "essencial e inerente" da matéria, sustentando, antes de tudo, que ela é "causada por um agente que age constantemente segundo certas leis", e acrescenta (escondendo mal sua preferência) que deixa à consideração de seus leitores o cuidado de decidir se "esse agente é material ou imaterial". Sobre a questão, cf. McMullin, 1978, cap. 3, pp. 57-74, e Henry, 1994.

apresentou pela primeira vez publicamente, aliás, com uma adição considerável: a interpretação do espaço como *sensorium* de Deus.

Na *Questão* 31, Newton precisa a diferença entre *sensorium* e órgãos dos sentidos. Esses últimos existem apenas para transmitir as "espécies de coisas" ao primeiro que, por outro lado, percebe-as sem nenhum intermediário. Portanto, Deus tem um *sensorium*, mas não tem absolutamente a necessidade de órgãos dos sentidos, pois ele está "presente em todo lugar, nas coisas elas mesmas".[38]

Entretanto, essa observação está longe de esgotar a *Questão* 31. Após ter adiantado (*Questão* 30) a hipótese de uma transmutação da luz em corpos macroscópicos e vice-versa, Newton se dedicou (*Questão* 31) a considerações altamente especulativas sobre a natureza da matéria[39], nas quais as forças de atração são apresentadas como "princípios ativos" entre outros. Várias experiências e observações, em grande parte devidas a Hauksbee, são empregadas como evidências

---

38. É provável que Newton tenha emprestado a tese do espaço como *sensorium Dei* de H. More e da tradição cabalística cristã. Cf. Hutin, 1979, p. 155. Essa hipótese poderia conduzir a uma concepção do universo como impregnado por Deus, ou mesmo como se identificando com ele, o que não ocorreria sem se opor à concepção de Deus como Pessoa, à qual, aliás, Newton parece aderir. Todavia, deve-se notar que ele evita cuidadosamente desenvolver a sugestão dessa concepção e mais ainda entrar nas delicadas questões teológicas que ela suscita. De fato, parece que Newton procura essencialmente encontrar um lugar para Deus na sua explicação (hipotética) dos fenômenos da luz, sem muito se preocupar com a coerência e as consequências de suas afirmações. Ele adotaria a mesma atitude em outras ocasiões relacionadas a outros assuntos, como veremos adiante.

39. A teoria newtoniana da matéria sofreu, ao menos a partir do início dos anos 1690, diversas modificações. Para uma apresentação resumida das principais concepções de Newton sobre a questão, apoiando-se nas conclusões de Thackray, Dobbs e Figala, cf. Kubbinga, 1988.

para sustentar uma conclusão que remete às modalidades da criação:

> Parece-me provável que, no início, Deus tenha formado a matéria por partículas sólidas, compactas, duras, impermeáveis e móveis, [...] incomparavelmente mais duras que qualquer corpo poroso composto por elas, e mesmo assim, perfeitamente duras, a ponto de não poder jamais se consumir ou quebrar em pedaços: nenhum poder ordinário sendo capaz de dividir o que o próprio Deus fez uno na primeira criação. [...]
>
> Além disso, parece-me que essas partículas possuem não apenas uma força de inércia acompanhada pelas leis passivas do movimento que resultam naturalmente dessa força, mas que elas são também movidas por certos princípios ativos como o da gravidade e o que é a causa da fermentação e da coesão dos corpos.

Esse é um desenvolvimento da "cosmogonia alquímica" que Newton havia apresentado na sua carta a Oldenburg de dezembro de 1675.[40] A imagem do cosmos como grande alambique, no qual se realiza uma fermentação contínua, transformando a matéria em luz e a luz em matéria, é acompanhada também de uma evocação do papel de várias forças, entre as quais a inércia e a gravidade: como para evocar novamente a possibilidade de uma síntese entre a teoria da luz e a teoria da gravitação universal. Tendo fracassado em produzir essa síntese, argumentando segundo as linhas que o haviam conduzido a essas duas teorias, Newton não resolve — como veremos — abandonar a hipótese.

---

40. Cf. seção VI.9.

VI.7. A querela de prioridade com Leibniz

Com a publicação das duas versões, inglesa e latina, da *Óptica* e do *De quadratura*, restava apenas reeditar os *Principia*. Newton recomeçou a cuidar disso a partir de 1704, mas alguns anos mais tarde ele ainda estava longe de ter completado sua revisão. Ele retomou seu antigo projeto de elaborar uma teoria completa da Lua para inserir no terceiro livro. E, de repente, se reanimou a controvérsia com Flamsteed. Newton queria aproveitar sua nova posição no comando da Royal Society para obrigar o astrônomo real a realizar as observações que ele ainda pensava precisar. Newton chegou, em 1710, a se nomear visitante permanente e, portanto, de fato, controlador do observatório real. Flamsteed persistia querendo consagrar-se apenas a seu catálogo de estrelas, e ainda queria fazê-lo à sua maneira e a seu ritmo, e não ceder às insistências de Newton. A nova querela entre eles é um dos capítulos mais desoladores da vida de Newton.[41] Aqui, seria suficiente destacar que ela contribui para retardar a publicação da segunda edição dos *Principia*.

Newton não era o único a desejar essa nova edição de sua grande obra. R. Bentley[42], que se tornou nesse período *Master* do Trinity College, também a desejava, pelo prestígio que não deixaria de repercutir em seu estabelecimento, tendo sido Newton o mais ilustre dos membros do *college*. R. Bentley queria a edição mais elegante e mais perfeita possível e encarregou do projeto, em 1709, Roger Cotes, *fellow* do Trinity e professor de astronomia em Cambridge. Mas o destino iria se intrometer e retardar novamente o empreendimento.

---

41. Cf. Westfall, 1980, pp. 686-722.
42. Cf. Cohen, 1971, pp. 216-223.

Em 1708, a morte de D. Gregory havia deixado vaga a cadeira de astronomia de Oxford. J. Keill, que seguira seu mestre Gregory de Edimburgo em Oxford, onde ele havia obtido o posto de *lecturer*, cobiçava esse posto, mas não era o único. Para obtê-lo, era essencial dispor do apoio de Newton. Podemos supor que essa foi a razão pela qual J. Keill decidiu endereçar aos *Philosophical Transactions* um artigo sobre as "leis das forças centrípetas", contendo uma passagem em que não apenas era afirmada a prioridade de Newton na invenção da "aritmética das fluxões", mas era também lançada, de maneira ligeiramente velada, uma acusação de plágio contra Leibniz:

> A mesma aritmética foi publicada mais tarde por M. Leibniz nas *Acta Eruditorum*, mudando o nome e o simbolismo.

VI.7.1. Os antecedentes da querela

Não era a primeira vez que a prioridade de Newton na invenção do cálculo infinitesimal (sob um ou outro de seus nomes) era afirmada de maneira explícita. Inicialmente, pelo próprio Newton, que, em 1687, na seção II do segundo livro dos *Principia*, havia inserido, sem nenhuma razão matemática aparente, um lema em que era enunciada uma regra que serviria para encontrar o "momento" de uma quantidade, resultante do produto de duas outras quantidades.[43] Newton trata aqui de momentos, definindo-os como "os incrementos ou decrementos momentâneos" das quantidades variáveis, mas ele observa que isso seria "a mesma coisa" se no lugar de

---

43. Cf. nota 65 do capítulo V.

momentos falássemos "seja de velocidades dos incrementos ou decrementos (que podem também ser chamadas de movimentos, mutações e fluxões de quantidades), seja de quaisquer quantidades finitas proporcionais a essas velocidades". Isso significa dizer que a mesma regra serviria também para achar a fluxão da grandeza em questão.

Se da teoria das fluxões passamos em seguida ao cálculo diferencial[44], essa mesma regra permite encontrar a diferencial dessa mesma quantidade, ou seja, a diferença infinitamente pequena entre dois valores sucessivos dessa quantidade.

Para evitar qualquer mal-entendido, após ter descrito a regra em linguagem natural, Newton passa às fórmulas: se a e b são os momentos de A e B, então o momento de AB é $aB + bA$, de onde se segue, como ele destaca, que o momento de $A^{\frac{n}{m}}$ é $\frac{n}{m} A^{\frac{n-m}{m}}$ (n e m sendo dois números inteiros quaisquer).[45] Naturalmente, se substituímos nessas regras o termo "fluxão" ou "diferencial" pelo termo "momento", essas regras continuam válidas.

Na primeira edição dos *Principia*, esse lema era seguido por um escólio — que seria modificado na terceira edição, de 1726, tendo havido o desfecho da disputa com Leibniz —, em que Newton afirmava ter trocado cartas com Leibniz, dez anos antes, e comunicado a este último que ele possuía um método para encontrar os *maxima* e os *mínima*, e as tangentes (de uma curva), que ele havia

---

44. Cf. seção II.8.
45. No formalismo algébrico, um expoente fracionário, como $\frac{n}{m}$, é utilizado para indicar uma dupla operação que consiste na elevação à potência n e na extração da raiz de ordem m. O símbolo "$A^{\frac{n}{m}}$" indica, portanto, a raiz de ordem m da n-ésima potência de A, o que também poderia ser denotado assim $\sqrt[m]{A^n}$: é a grandeza x tal que $x^m = A^n$. A passagem da primeira regra para a segunda se resume a uma simples manipulação algébrica.

escondido sob um anagrama cuja solução era dada pelo seguinte enunciado:

> *Data aequatione quotcunque; fluentes quantitates involvente, fluxiones invenire, et* vice-versa. [Uma equação qualquer sendo dada, encontrar as fluxões das quantidades fluentes que nela intervém e *vice-versa*.]

O método evocado por essa fórmula, que teria parecido bem obscura para alguém que não a conhecia, era a teoria das fluxões. Newton acrescentava que Leibniz o teria respondido informando já possuir um método análogo que empregava termos e notações diferentes, e que havia comunicado Newton a respeito desse método.

Assim, Newton reivindicava firmemente seus méritos, mas não dirigia nenhuma acusação contra Leibniz. A correspondência mencionada por Newton havia efetivamente ocorrido entre 1676 e 1677, por intermédio de Collins e Oldenburg. Em particular, Newton escrevera duas cartas a Leibniz em 1676. Na primeira, ele havia aplicado seu algoritmo de quadratura a séries inteiras[46], sem justificar ou expor explicitamente esse algoritmo. Na segunda, ele havia introduzido o anagrama que acabamos de citar. Leibniz recebeu essa última carta somente em junho de 1677, em Hanover, onde ele estava estabelecido a serviço do duque de Brunswick. Alguns anos antes, entre 1672 e 1676, ele havia permanecido em Paris e, no caminho para Hanover, parou alguns dias em Londres, onde ele encontrara Collins, que lhe mostrara especialmente o *De analysis* de Newton.

Dos cadernos de Leibniz, sabemos atualmente que ele desenvolveu seu cálculo diferencial durante sua estada em Paris. Mesmo admitindo que em 1676 ele tomou conhecimento do algoritmo das fluxões, e não apenas dos

---

46. Cf. seção II.2.

métodos de desenvolvimento em séries, o que ele não poderia saber a partir do *De analysis* e das cartas de Newton é que Newton tinha chegado a um resultado análogo ao seu. No seu escólio de 1687, Newton — que soube bem mais tarde que Leibniz tinha lido seu *De analysis* — parecia admiti-lo. Portanto, para Newton, inserir o lema acima nos *Principia* era marcar data mas também mostrar que ele não havia apreciado o silêncio de Leibniz nos seus artigos[47] de 1684 e 1686 a respeito de sua correspondência de 1676-1677. Aos olhos de Newton, essa foi a maior falta de Leibniz, o que alimentaria a polêmica 25 anos mais tarde.

Nesse lema dos *Principia*, Newton apresenta seu algoritmo em termos de uma regra que, aplicada a uma expressão algébrica que exprime uma quantidade, permite retirar o momento dessa quantidade. No *Tratado de outubro de 1666*, no *De analysis* e no *De methodis* ele apresenta esse algoritmo como uma regra que, aplicada a equações algébricas, exprime a relação entre duas quantidades, permitindo retirar daí uma outra equação que exprime a relação entre as fluxões dessas equações. Atualmente, essa diferença pode parecer bastante sutil, mas era de fato crucial[48]: ela era mesmo a mais importante das diferenças entre o algoritmo da teoria das fluxões e o algoritmo do cálculo diferencial. Além do mais, é dessa diferença que o cálculo diferencial tirava suas vantagens sobre a teoria das fluxões (as vantagens desta teoria sobre o cálculo diferencial residem, por outro lado, na sua maior generalidade). Ao reivindicar a prioridade de Leibniz sobre Newton, mesmo depois de ter ficado evidente que Newton havia chegado à teoria das fluxões desde os anos de 1664-1666, os discípulos do primeiro

---

47. Cf. seção II.8.
48. Já observamos essa diferença nos complementos técnicos da seção II.3.

se referiam, em seguida, explicitamente ou não, a essa diferença.[49]

Em um *addendum* ao *De methodis* (1671) e, uma década mais tarde, na *Geometria curvilinea*[50], Newton já havia apresentado a regra para encontrar a fluxão do produto, como ele o faz no lema dos *Principia*. No *addendum*, ele havia observado que, dessa regra, se segue que a fluxão de A está para a fluxão de A^n como A está para nA^n, e a fluxão de $A^{1/n}$ está para a fluxão de A como $A^{1/n}$ está para nA, o que equivale a afirmar que a fluxão de A^n é $nA^{n-1}a$, e a fluxão de $A^{1/n}$ é $\frac{1}{n} A^{\frac{1}{n}-1} a$, contanto que a seja a fluxão de A.

Entretanto, ele não tinha dado prosseguimento, em conformidade com formalismo da teoria das fluxões, a essa mudança de perspectiva, limitando-se a aplicar sua regra a algumas situações geométricas particulares. No lema da primeira edição dos *Principia*, Newton vai um pouco mais longe, mas parece que ele o faz mais para mostrar a analogia entre seu método e o de Leibniz que propriamente visando uma verdadeira transformação do formalismo da teoria das fluxões.[51]

---

49. Esse parece ser o sentido de uma célebre afirmação de Jean Bernoulli, contida em uma carta a Leibniz de 17 de junho de 1713, segundo a qual, antes de 1664, Newton "conhecia as fluxões, mas não o cálculo das fluxões" [cf. Newton (C), vol. VI, pp. 7-10]. Jean Bernoulli (1667--1748), o mais importante dos matemáticos de orientação leibniziana, desenvolveu e sistematizou o cálculo diferencial e integral, aplicando-o, entre outros, na mecânica.

50. Cf. nota 72 do capítulo V. Eu me refiro aqui aos corolários 7 e 9 do teorema 1 do *addendum* [cf. Newton (MP), vol. III, pp. 236-239] e ao corolário da proposição 9 da *Geometria curvilinea* [cf. Newton (MP), vol. IV, pp. 436-437].

51. Tal mudança ocorreu no formalismo de Newton, apenas no *De quadratura*. Os leitores que têm familiaridade com o formalismo do cálculo diferencial compreenderão as relações entre a abordagem operatória que Newton pôde ver em ação nos escritos de Leibniz e as novidades na

Leibniz não reagiu à reivindicação de Newton de 1687 (mas lhe ocorreu frequentemente expressar sua oposição à mecânica de Newton). Ele não reagiu também, ao menos publicamente, quando Wallis publicou, em 1685, em seu *Treatise of Algebra*, a primeira carta que Newton lhe enviara, em 1676.[52] Em 1693, quando Wallis publicou, na edição latina desse mesmo tratado, um extrato do *De quadratura*[53], Leibniz enviou uma carta bastante cortês a Newton para lhe felicitar por seus sucessos, à qual Newton respondeu com a mesma cortesia. Do mesmo modo, nenhum incidente foi causado pela publicação *in extenso* das duas cartas a Leibniz de 1676, no terceiro volume da *Opera mathematica* de Wallis, em 1699.

Entretanto, nesse meio tempo, em 1696, Jean Bernoulli lançou implicitamente um desafio a Newton, propondo dois problemas (que Newton resolveu assim que os recebeu), supondo que somente aqueles que conhecessem o cálculo diferencial poderiam resolvê-los. Fatio respondeu com um panfleto, publicado em Londres em 1699, em que afirmava publicamente (após a afirmação privada de 1691)[54] a prioridade de Newton e insinuando uma acusação de plágio contra Leibniz, qualificado como "segundo inventor". Por sua vez, Leibniz reagiu com uma revisão anônima do panfleto de Fatio nas *Acta Eruditorum* de 1700, atacando Fatio, mas reconhecendo os méritos de Newton.

Esse foi o início de uma série de escaramuças entre Leibniz, Jean Bernoulli e alguns matemáticos ligados, de uma maneira ou de outra, a Newton, tais como Gregory

---

apresentação da teoria das fluxões introduzidas em seu *De quadratura* (assinaladas na nota 18 anterior).

52. Cf. seção II.8.
53. Cf. seção VI.3.
54. Cf. seção VI.3.

ou G. Cheyne. Newton permaneceu alheio a tais escaramuças, limitando-se a publicar o *De quadratura*, que Leibniz resenhou, ainda anonimamente, nas *Acta Eruditorum* de 1705, sublinhando a equivalência entre o método de Newton e o seu, e praticamente insinuando que a acusação de plágio deveria ser invertida.

VI 7.2. *A querela explode*

O clima estava, portanto, se esquentando lentamente quando Keill lançou sua acusação, faísca que fez explodir a bomba da querela aberta.[55] Seu artigo foi incluído no número de setembro-outubro de 1708 das *Philosophical Transactions* e publicado em 1710.[56] Ele chegou a Leibniz no início de 1711, que reage de maneira violenta, enviando uma carta à Royal Society para pedir que a sociedade (da qual ele era membro desde sua primeira visita a Londres, em 1673) reconhecesse sua honestidade intelectual e tomasse partido contra as acusações de Keill.

Nesse mesmo período, Newton havia encarregado W. Jones — um dos muitos que o rodeavam, na esperança de conseguir seu apoio para empreender uma carreira científica — de reeditar o *De quadratura* e o *Enumeratio*, acompanhando-os do *De analysis* e de um outro curto escrito, composto em 1676, o *Methodis differentialis* (*Sobre os métodos das diferenças*).[57] Tendo

---

55. A respeito dessa célebre querela e de suas preliminares que foram resumidas anteriormente, cf. Hall, 1992, cap. 10, pp. 249-278.
56. Nesse período, Keill havia fracassado na sua tentativa de obter a cadeira *saviliana*, que foi atribuída a J. Caswell, um aluno de Wallis. Keill, por sua vez, a obteria em 1712, após a morte de Caswell.
57. Não obstante seu título, o *Methodis differentialis* não trata absolutamente do cálculo diferencial, antes expondo um método para encontrar uma curva que passa por pontos dados.

terminado o trabalho, a coleção de Jones foi apresentada à Royal Society, em janeiro de 1711.

Dois meses mais tarde, H. Sloane, secretário da Royal Society, apresentou à sociedade a carta de Leibniz, datada de 4 de março. Newton, evidentemente, estava presente. Ele poderia permanecer fora da polêmica, e mesmo procurar apaziguá-la: por exemplo, pedindo a Sloane que desse satisfação a Leibniz e tomando, de uma maneira ou de outra, distância das acusações de Keill; ou ainda pedindo a Keill que enviasse desculpas oficiais, acompanhadas do esclarecimento que Leibniz estava pedindo. Alguns anos antes, quando ele estava preocupado em evitar tudo o que pudesse distraí-lo de seus estudos, provavelmente, é isso que ele teria feito.

Mas os estudos (limitados de fato à atividade de revisão dos *Principia*) não representavam mais que uma atividade anexa de Newton, bem mais engajado na promoção da sua imagem e extensão de seu poder. Ele estava rodeado de um grande grupo de cientistas de idades e valores diversos que o veneravam como um mestre e que esperavam seu apoio; ele sabia que a carreira de seus protegidos poderia lhe valer um acréscimo de prestígio.

Do outro lado do canal da Mancha, Leibniz, e com ele Jacques e Jean Bernoulli, seus primeiros discípulos (que, diferentemente de Gregory, Keill e Jones na Inglaterra, haviam rapidamente ultrapassado o mestre pela quantidade, originalidade e qualidade de suas produções matemáticas), haviam reunido em torno deles uma congregação de matemáticos que foram iniciados no cálculo diferencial e lançaram-se em uma dupla tarefa: extensão dos métodos diferenciais à solução da mais ampla classe de problemas geométricos e mecânicos e a conquista das universidades e das instituições científicas europeias.[58]

---

58. Cf., por exemplo, Robinet, 1991.

Resumindo, em torno de Newton e Leibniz foram criados dois verdadeiros partidos divididos por fronteiras geográficas que corriam o risco de não serem suficientes para conter a vontade de expansão de tais grupos. Inevitavelmente, esses partidos deveriam se afrontar. Em 1711, o tempo das preliminares tinha acabado. Por sua carta à Royal Society, Leibniz havia lançado um desafio ao campo inimigo, e Newton não se esquivou de superá-lo.

De maneira manifesta, Leibniz se sentia mais forte do que ele era. Dirigindo-se à Royal Society, ele havia escolhido um juiz que Newton podia controlar. Se ele tinha esperança na timidez ou na imparcialidade desse juiz, ele se enganava redondamente: ele será esmagado.

Newton pôs a questão na ordem do dia na sessão de 5 de abril, pedindo a Keill que estivesse em Londres para a ocasião. Ao invés de apresentar suas desculpas, Keill, sem dúvida instruído por seu presidente, precisou os erros de Leibniz, e a Sociedade o encarregou de escrever a este último, mais para reafirmar a prioridade de Newton que para retirar suas acusações. Leibniz caiu na armadilha, e dia 29 de dezembro, escreveu uma nova carta a Sloane, reiterando seu pedido de reparação. Era isso que Newton esperava.

Ele fez com que a Royal Society nomeasse um comitê para julgar a questão, comitê que continha alguns de seus amigos e discípulos, tais como Halley, Jones, Machin, Taylor, A. de Moivre, matemático francês que vivia na Inglaterra desde 1688 e que tornou-se próximo a Newton, e F. Bonet, representante em Londres do rei da Prússia, que na ocasião aceitou empregar seu nome em uma operação claramente partidária.[59] O resultado dos

---

59. Dois anos mais tarde, em 1714 — por ocasião da morte da rainha Anne, a filha (protestante) de Jacques II que havia sucedido Guilherme de Orange —, o trono da Grã-Bretanha e da Irlanda foi oferecido ao Eleitor de Hanover, George I, considerado como o mais próximo

trabalhos do comitê, operando em estrita colaboração com Newton, foi aquele em vistas do qual Newton o havia formado: seu relatório final, apresentado à Royal Society, em 24 de abril de 1712, reafirmava a prioridade de Newton, confirmava os julgamentos de Keill sobre Leibniz, tratando-o como plagiador.

Esse relatório, acompanhado de uma seleção de cartas e de documentos que serviam para justificar seu julgamento, foi publicado no ano seguinte, aos cuidados de Halley, Machin e Jones, e às custas da Royal Society, que se encarregou também de difundi-lo entre os cientistas europeus. O volume, tornado célebre sob o nome de *Commercium epistolicum* (*Troca epistolar*), regulou de fato a querela que, essencialmente, só se prolongou em razão dos esforços de Leibniz – até seu último dia, 14 de novembro de 1716 – para contestar o julgamento do comitê. Leibniz chegou a alegar, de maneira bastante patética, que seu relatório não havia sido levado em conta pela Royal Society. O resultado mais significativo desses esforços é um tratado histórico, o *Historia et origo calculi differentialis* (*História e origem do cálculo diferencial*), que Leibniz compôs em 1714, mas que ele não chegou a publicar.[60] Quanto a Newton, ele respondeu a essas tentativas por meio de um relatório anônimo no *Commercium epistolicum*, no número de janeiro-fevereiro de 1715 das *Philosophical Transactions*.

---

herdeiro protestante de Anne, como filho de uma sobrinha de Jacques I: pode-se razoavelmente supor que em 1712, a corte da Prússia tinha todo o interesse de manter boas relações com o mundo universitário inglês.

60. Esse texto de Leibniz foi em seguida publicado nos seus *Mathematische Schriften* (*Escritos matemáticos*).

VI.8. A segunda e a terceira edições dos Principia e a segunda edição inglesa da Óptica

Resolvida a querela com Leibniz, Newton pôde retornar à segunda edição dos *Principia*. Terminada no final do verão de 1713, ela foi publicada pouco tempo depois.

Ela apresentava numerosas diferenças de detalhes com a primeira edição, restringindo-se essencialmente a correções devidas, em grande parte, à crítica detalhada a que Cotes havia submetido o texto. As principais dessas correções diziam respeito à seção VII do livro II, o núcleo da teoria da resistência dos fluidos, depois, à teoria da Lua, à precessão dos equinócios e à orbita dos cometas, no livro III.

No livro II, Newton corrigiu também a proposição 10. Em 1710, Jean Bernoulli havia abordado o problema posto por essa proposição (sendo dada a trajetória de um projétil atraído por uma gravidade constante e em movimento em um meio que exerce uma resistência proporcional ao quadrado da velocidade pontual do projétil, determinar essa resistência e, então, a velocidade do projétil e a densidade do meio) por meio do cálculo diferencial e encontrara, pela razão entre a resistência e a gravidade, um resultado que diferia daquele que Newton havia enunciado (no corolário 2 de sua proposição) pelo fator 2/3.

Durante o outono, Nicolas Bernoulli, o sobrinho de Jean, visitou Londres e, em um encontro com Newton, apontou a diferença entre seu resultado e o de seu tio. Newton refez os cálculos de Bernoulli, estabelecendo que eles estavam corretos e concordado que, em 1687, ele havia se enganado.[61] Entretanto, ele não chega jamais a

---

61. Sobre o erro de Newton e sobre a discussão que se seguiu, cf. Galuzzi, 1991, e Panza, 1991.

encontrar o erro na sua prova e, na segunda edição, em vez de corrigi-la, ele a substitui por outra, de natureza diferente. Na sua nova prova, ele evidentemente não emprega o cálculo diferencial, desarmando desde a origem a crítica que os leibnizianos esperavam tecer apoiando-se nesse caso (acusando falsamente a teoria das fluxões de estar na origem do erro).[62]

Do ponto de vista do conteúdo científico da obra, são essas correções locais que constituem as mais importantes diferenças entre a primeira e a segunda edição. Mas, à primeira vista, a atenção do leitor era preferencialmente atraída para outras mudanças, mais aparentes, na retórica de apresentação. O objetivo era de defender a atitude metodológica de Newton contra as críticas vindas tradicionalmente dos cartesianos e, mais recentemente, dos leibnizianos. O problema ainda era o mesmo: Newton queria distinguir entre o plano das explicações formais e o das hipóteses concernentes às causas eficientes, mas ele pretendia também afirmar que todas essas explicações, e apenas elas, estavam fundadas sobre a experiência.

Talvez influenciado e assegurado pela teoria de Locke[63], ele havia decidido colorir sua obra com algumas declarações de fé empirista, colocadas em certos lugares estratégicos: pediu a Cotes para redigir um prefácio abundante nesse sentido e reorganizar o material de abertura do terceiro livro, de modo que a exposição dos dados astronômicos sobre os quais se fundava sua teoria fosse, dali em diante, precedido por três "*regulae philosophandi* [*regras para filosofar*]", das quais a terceira era

---

62. Não obstante a "correção" efetuada por Newton, seu cálculo precedente (o que estava errado) foi reproduzido em um caderno anônimo, o *Charte volans*, que Leibniz fez circular durante o verão de 1713 para contestar as conclusões do *Commercium Epistolicum*. Cf. Newton (C), vol. VI, pp. 15-19.

63. Cf. nota 5 anterior.

completamente nova (na terceira edição, ele acrescenta uma quarta regra, formando assim as quatro regras tão frequentemente citadas nas apresentações correntes do "pensamento filosófico" de Newton). Por fim, ele inseriu no final da obra um escólio geral, onde se encontra seu célebre *"hypotheses non fingo"* [eu não invento hipóteses], a respeito das causas da gravidade.[64]

Em certo momento, Newton havia pensado em inserir nesse último escólio algumas considerações especulativas. Nelas, seriam consideradas as diferenças entre a gravidade e as atrações magnéticas e elétricas, devidas à presença de um "espírito elétrico", concebido como um fluido muito rarefeito e elástico. Por fim ele renunciou a esse projeto, limitando-se a evocar a presença de um "espírito muito sutil que se propaga nos corpos grandes", provavelmente para não sair do registro "empirista sóbrio" que ele havia escolhido para os *Principia*.

Entretanto, a ideia de um fluido sutil, distinto do éter cartesiano por sua rarefação e elasticidade, o havia enfim convencido e mais tarde ele se serviu disso para tentar

---

64. As quatro regras são as seguintes: 1) "Não se deve admitir mais causas dos fenômenos naturais que aquelas que são verdadeiras e suficientes para explicar esses fenômenos"; 2) "As causas atribuídas a efeitos naturais da mesma espécie devem ser, na medida do possível, as mesmas"; 3) "As qualidades dos corpos que não podem ser aumentadas e diminuídas e que pertencem a todos os corpos que podem ser objeto de uma experiência devem ser tomadas como qualidades universais de todos os corpos"; 4) "Na filosofia experimental, as proposições retiradas dos fenômenos por indução devem ser consideradas como sendo exatamente ou aproximadamente verdadeiras, mesmo na presença de outras hipóteses contrárias, até que outros fenômenos permitam precisar essas proposições ou mostrem que elas admitem exceções".

Sustentou-se frequentemente que essas regras resumem o "método experimental e indutivo" de Newton. De minha parte, considero-as como adições retóricas tardias, desprovidas de valor científico e não creio que seja justificável esperar que elas forneçam a chave da compreensão do ensinamento "filosófico" ou "epistemológico" de Newton — como tudo o que foi posto anteriormente tenta mostrar.

explicar a transmissão da luz e a gravitação. Esse é o objeto de oito novas *Questões*, numeradas de 17 a 24, inseridas na segunda edição inglesa da *Óptica*, publicada em 1717.[65] A partir de 1694, Newton renunciava a apresentar de modo coerente o conjunto de suas teorias científicas. Mas disso a sustentar duas teses contraditórias (com a distância de quatro anos entre elas e sem nenhuma retratação), restava um certo caminho a percorrer. Essas teses contraditórias eram as seguintes: a rejeição de todo éter que agisse sobre os corpos, afirmada no segundo livro dos *Principia*; e a hipótese de um meio, certamente sutil, mas apto a explicar a gravidade e, portanto, necessariamente agindo sobre os corpos, afirmada nas novas questões acrescentadas à *Óptica*.[66]

Em 1717, Newton seguia, a partir de então, mais preocupado em associar seu nome ao maior número de ideias que a ciência poderia um dia justificar do que em bem fundamentar e precisar suas propostas. Era o Newton que envelhecia, certamente ainda lúcido, à frente da Casa da Moeda, no interior da Royal Society, na promoção de suas ideias, mas mais preocupado em transmitir às gerações futuras a sua própria imagem, da maneira mais sedutora possível, que atento ao conteúdo científico de suas teorias.

É sem dúvida essa vontade de autopromoção que o conduz a preparar uma terceira edição dos *Principia*, para a qual ele recorreu, a partir de 1723, aos serviços de H. Pemberton, que havia ganho sua confiança publicando, em 1722, um artigo nos *Philosophical Transactions* no qual atacava a mecânica de Leibniz, e tornando-se, em

---

65. A segunda edição latina e a terceira edição inglesa da *Óptica* não se diferem significativamente da edição de 1717.
66. Sobre as dificuldades ligadas a essa contradição, cf. McMullin, 1978, pp. 94-106.

seguida, muito célebre como autor do primeiro ensaio de vulgarização das teorias de Newton, *A View of Sir Isaac Newton's Philosophy* (Um relato da filosofia de Sir Isaac Newton), publicado em Londres, em 1728. A terceira edição dos *Principia* foi finalmente publicada em Londres em 1726, com um retrato do autor por J. Vanderbank, mas sem mudanças essenciais com relação à segunda: Newton não estava mais em condições de executar uma revisão aprofundada e, aliás, não estava verdadeiramente interessado. Somando-se a isso, o trabalho de Pemberton não era absolutamente comparável ao que Cotes havia feito no texto da primeira edição.

VI.9. O último esforço: a Cronology of Ancient Kingdoms Amended

Depois da composição dos *Principia*, Newton retornava a seus estudos teológicos, consagrando a eles sempre mais tempo. Em seus últimos anos, o projeto ao qual ele trabalhou mais foi sem dúvida a revisão, para publicação, da *Theologiae gentilis origines philosophicae*.[67] Ele se concentrou sobretudo nos aspectos cronológicos de sua obra.

Esse trabalho está também na origem de um acidente que ocupou seus últimos dias.[68] Em 1716, o abade Conti, nobre italiano que havia vivido em Paris antes de se estabelecer em Londres e atribuído a si a missão de manter boas relações com as personalidades europeias mais eminentes, havia falado à princesa Caroline de Gales das pesquisas cronológicas de Newton. Ele tinha se dirigido

---

67. Cf. seção IV.6.
68. Sobre esse caso, cf., entre outros, Manuel, 1968, cap. 16, pp. 349-360, e Verlet, 1993, pp. 212-217.

diretamente a Newton, pedindo-lhe uma cópia de suas obras a respeito desse assunto. Preocupado em não transmitir à princesa escritos que pudessem revelar suas visões teológicas heterodoxas, ele redige um curto resumo de suas teorias cronológicas e o envia. Conti conseguiu um exemplar desse texto e fez várias cópias dele, das quais uma chegou, em 1724, às mãos de um livreiro parisiense, G. Cavelier, que avisou Newton da sua intenção de publicar esse texto.

Não se tratava de um texto perigoso para sua reputação de servo fiel da Igreja da Inglaterra, mas era um texto escrito apressadamente e Newton não queria vê-lo circular. Não obstante sua oposição, Cavalier o publica no ano seguinte. Newton protestou contra o procedimento no número de julho-agosto das *Philosophical Transactions*, e um jesuíta francês — teólogo e historiador —, o padre Souciet, se apressa em atacar os pontos de vista expostos nesse texto.

Para se defender, Newton se via obrigado a tornar conhecidas a suas opiniões *in extenso*. Essa foi a razão que o conduziu a retomar as partes das *Origines*, apoiando-se na cronologia, para transformá-las em um tratado destinado à publicação, a *Cronology of Ancient Kingdoms Amended*. Ele morreu antes de ter podido terminar sua revisão. Esse tratado seria publicado apenas em 1728, graças ao esposo de Catherine Barton, filha da meia-irmã de Newton, Hannah Smith.

VI.10. Os últimos dias e o enterro

Catherine foi a única de seus entes próximos com quem Newton manteve uma relação afetiva durante toda a sua vida. Ela havia até mesmo vivido em Londres com ele por alguns anos, e a ligação que ela mantinha, então, com C. Montague explicava em grande parte a amizade que ele havia manifestado a Newton. Nesses últimos dias, é Catherine que cuida dele, com a ajuda de J. Conduit, homem rico, nove anos mais jovem que ela, com quem ela havia casado após a morte de Montague, e que será, em seguida, um dos primeiros biógrafos de Newton.[69] Na verdade, Newton jamais esteve verdadeiramente doente. Em 1725, após um ataque de tosse, ele deixou Londres para ir viver no campo, em Kensington. Voltava a Londres de tempos em tempos, sobretudo para as sessões da Royal Society, da qual ele nunca abandonou a presidência. No dia 2 de março de 1727, retornou a Londres pela última vez. Morreu em Kensington, em 20 de março, entre uma e duas horas da manhã.

Seu país o glorificou e lhe fez um enterro que Voltaire, que dele participou, compara, em suas *Lettres philosophiques* [*Cartas filosóficas*], ao enterro de um rei. Seu corpo foi exposto de 28 de março a 4 de abril na catedral de Westminster e lá foi enfim enterrado, ao lado dos grandes da Inglaterra. Se não tinha nascido pobre, morreu rico. Havia consagrado sua vida aos estudos, mas jamais considerou a riqueza material como um obstáculo, e a havia até mesmo perseguido, explorando seu prestígio sem nenhuma reticência. Deixou uma fortuna considerável, tanto em propriedades quanto em dinheiro, assim como uma quantidade enorme de manuscritos, que

---

69. As curtas notas biográficas de Conduit, em grande parte fundamentadas nas lembranças do próprio Newton, foram preparadas imediatamente após sua morte e enviadas a Fontenelle, então secretário perpétuo da Academia Real das Ciências de Paris, que se serviu delas para compor seu *Éloge de Newton* [*Elogio a Newton*]. Elas foram publicadas somente em 1806 por E. Turnor. Sobre essas notas, o elogio de Fontenelle e outros ensaios biográficos de Newton, compostos durante o século XVIII, cf. Hall, 1999, onde as notas de Conduit são, aliás, integralmente reeditadas.

despertaram a vontade de muitos, desejosos de tirar proveito deles.

Conduit tentou guardar esse bem para si, mas não pôde afastar os outros herdeiros. Amparados por um julgamento do tribunal de Canterbury, tais herdeiros encarregaram um inspetor, o médico T. Pellet, de avaliar os manuscritos para vendê-los. Pellet julgou "indigno de publicação"[70] tudo o que o próprio Newton não quis publicar, e salvou apenas o manuscrito da *Chronology*, que Conduit dá um jeito de publicar o quanto antes. Os outros manuscritos fizeram e ainda fazem a fortuna de vários historiadores que consagraram sua energia para decifrar os menores detalhes do pensamento de um homem que mudou para sempre nossa compreensão do mundo.

---

70. Cf. Westfall, 1980, p. 876.

Conclusões: Newton e as luzes

Ao morrer, Newton deixava, nas ilhas britânicas, uma escola bastante importante de matemáticos e filósofos da natureza que reivindicavam diretamente a herança de seu ensinamento, dos quais encontram-se na linha de frente J. Jurin, C. MacLaurin, B. Robins, T. Simpson, J. Stirling, E. Stone e J. Walton. Com poucas exceções, entre elas MacLaurin, tratava-se de alunos devotados mais do que de pensadores originais. Eles eram mais desejosos de glorificar o nome de Newton e de resguardar a ortodoxia de sua obra do que de continuar o trabalho de seu mestre, desenvolvendo-o e fazendo avançar suas teorias.

Resguardar a ortodoxia da obra newtoniana lhes parecia especialmente necessário, visto que sete anos após a morte de Newton, em 1734, George Berkeley atacou a teoria das fluxões, sustentando que suas bases contraditórias, reveladas pela consideração de grandezas infinitamente pequenas, eram a prova de que a dedução matemática não procedia de maneira mais rigorosa que a dedução dos mistérios da religião e dos dogmas da Igreja.

Escolhendo como alvo uma das teorias de Newton, Berkeley sabia que ele atacava ao mesmo tempo o maior matemático de sua geração e um dos que se opunham de maneira mais convicta a alguns desses mistérios e dogmas, em particular, o da trindade. Berkeley havia endereçado seu panfleto a um "matemático infiel", cuja identidade não estava indicada. Há quem pense que ele visava Halley, em razão de um desentendimento de natureza pessoal que os havia colocado em lados opostos, mas não está excluída a possibilidade de que ele tivesse voluntariamente deixado pairar a dúvida sobre essa identidade para que se pudesse assim reconhecer o próprio Newton nesse matemático.

Independentemente disso, o certo é que, escolhendo atacar a teoria de Newton, Berkeley queria retirar as consequências mais extremas de seu próprio empirismo radical, introduzindo a dúvida cética no interior da construção científica mais reputada de sua época: uma construção científica cujo autor havia sempre apresentado como fundada sobre a base indiscutível e certa da experiência, antes que sobre especulações metafísicas, do tipo daquelas às quais se afeiçoavam os cartesianos. Assim, Berkeley elevava Newton ao patamar de interlocutor privilegiado de suas teses filosóficas, fazendo dele o campeão de um empirismo que não teve a ousadia de ser tão radical quanto o seu.

Assim, Berkeley adotava uma atitude que seria a de muitos outros filósofos em seguida, de Hume a Kant, de Hegel a Husserl, que consiste em transformar as teorias de Newton em espécies de símbolos intelectuais, aptos não somente a fornecer uma explicação de diversos fenômenos naturais, mas também e sobretudo a manifestar uma figura do discurso científico submetida, como tal, à reflexão filosófica. Na história da filosofia moderna, essa reflexão tomou as mais diversas formas: da identificação dessas teorias ao modelo perfeito do empirismo; à sua investigação com vistas a determinar as condições de possibilidade de uma ciência matemática da natureza (e, portanto, de um conhecimento sintético *a priori*); até sua refutação em nome de um ideal de conhecimento que ultrapassa os limites da ciência formal.

Porém, ainda mais que para os filósofos, as teorias de Newton rapidamente se tornaram modelo para gerações de cientistas. No mundo britânico, o mito de Newton constituiu por muito tempo um entrave para o progresso científico. No continente, por outro lado, o exemplo de Newton encorajou, durante o século XVIII, o aparecimento de um grande número de programas científicos, especialmente aqueles que visavam o desenvolvimento e a reformulação das matemáticas das fluxões e da mecânica dos *Principia*.

Euler, D'Alembert e Lagrange souberam transformar o formalismo da teoria das fluxões em uma teoria geral das funções — que tinha a pretensão de englobar o conjunto das matemáticas — e utilizaram essa teoria como fundamento de uma reformulação em termos *analíticos* da mecânica abstrata de Newton. Laplace soube empregar essa mecânica para ampliar e aperfeiçoar o sistema do mundo exposto no terceiro livro dos *Principia*. Um grande número de outros cientistas, dos quais não poderíamos citar todos os nomes, abordaram problemas mais particulares, sugeridos pelos escritos matemáticos e mecânicos de Newton; ou retomaram sua óptica, fornecendo-lhe uma base matemática mais segura.

Ao lado deles, mais numerosos ainda são os cientistas que tentaram imitar Newton, buscando uma explicação do maior número de fatos físicos através da suposição de uma rede de forças de atração, ou, de modo mais geral, que se inspiraram pelo exemplo de Newton para explorar a possibilidade de submeter a um tratamento matemático todo tipo de fenômeno natural ou social. É assim que, sob a ação de propagandistas eficazes, tais como Voltaire e Maupertuis, o newtonianismo tornou-se inicialmente um verdadeiro partido científico engajado, como todo partido, em uma luta pelo poder intelectual e institucional; e em seguida um *ideal* que tratava de submeter todo esforço de explicação e mesmo de transformação do mundo. É exatamente esse ideal que constitui o núcleo intelectual mais profundo do movimento das luzes.

São numerosas as razões da influência de Newton sobre esse grande fenômeno intelectual. Eu me limitarei a indicar uma única, pois ela deriva de um aspecto essencial desta obra, que tentei fazer com que permeasse toda a minha apresentação.

Quando Newton, insatisfeito ou, antes, cansado dos programas de estudo — de inspiração escolástica ortodoxa — propostos pela Universidade de Cambridge, começou sua busca científica, já estava em curso, havia muito tempo, um importante movimento de novas ideias rompendo com essa ortodoxia. Esse movimento já havia construído uma imagem, da natureza e do cosmos, bem diferente daquela dos aristotélicos e, tomada em seu conjunto, bastante coerente. Mas, salvo algumas exceções — sendo Galileu sem dúvida a principal delas —, esse movimento parecia visar, mais que uma separação entre ciência, metafísica e religião, a determinação de novas formas de compatibilidade entre esses domínios, uma compatibilidade fundada sobre a elaboração de uma explicação do universo, na qual Deus continuava a ter um papel. Se, para Newton, esse papel pareceu demasiadamente apagado, como observamos no início do capítulo IV, é porque, tentando integrar Deus a uma explicação científica do mundo, condenava-se a atribuí-lo um papel marginal, portanto, minimizando seu poder.

A teoria das cores e, em seguida, a mecânica celeste de Newton romperam essa solidariedade entre explicação científica e celebração da potência divina. Elas o fizeram mudando a própria ideia do que uma teoria científica deveria ser e, a partir desse fato, constituindo um domínio autônomo e separado. No interior de tal domínio, tornava-se possível fornecer uma explicação do mundo, sem, absolutamente, responder a questões concernentes à estrutura última do cosmos e ao plano de Deus para o universo. Essa explicação se apresentava, daí em diante, como uma rede de causas formais, na qual umas descrevem o comportamento de raios luminosos e outras o movimento dos astros, sem apelar a nenhuma hipótese externa que diga respeito às causas eficientes desse comportamento. Em uma palavra, era uma ciência matemática da natureza.

Newton conseguiu promover esse novo ideal científico e cultivar, ao mesmo tempo, a teologia, convencido de ser o mais fervoroso dos crentes e o mais respeitoso do poder de Deus, Senhor do universo. Isso porque uma das consequências de sua mudança de perspectiva é a emergência de uma nova forma possível de diálogo entre ciência e religião: a primeira visando uma explicação, certamente parcial, mas fundamentalmente autônoma do mundo; a segunda sabendo integrar essa explicação no interior de um plano da criação que forneça ao mesmo tempo um complemento indispensável e uma justificação externa.

Parece-me que um dos aspectos principais do newtonianismo no século XVIII é justamente a pesquisa de uma extensão desse ideal de separação entre ciência e religião, que era também uma garantia de sua possível integração. Em outros termos, tratava-se de constituir outros domínios autônomos de elaboração de uma ciência formal, ou seja, de determinar contextos de explicação próprios a diferentes fenômenos naturais e sociais, no interior dos quais a ciência poderia progredir em plena autonomia. O programa de matematização que se impôs a um conjunto tão grande de disciplinas não me parece ter sido nada além de efeitos desse esforço. Mas uma ciência autônoma e, portanto, formal não deveria ser necessariamente uma ciência matemática. A história natural de Buffon, para tomar apenas um exemplo, era uma ciência de um tipo totalmente diferente. Enquanto movimento intelectual, as luzes foram essencialmente a procura de uma nova dignidade para a ciência, uma dignidade fundada principalmente sobre a reivindicação de sua autonomia e de seu poder de explicação, mas também, e eu diria, como consequência, sobre a consciência de seus limites.

Por volta do fim do século, o principal ensinamento de Kant, aquele que continha a essência mais profunda das luzes, foi o de que a reivindicação do poder da ciência apenas pode se fundar sobre uma crítica que visa o estabelecimento de suas condições de possibilidade e, portanto, de seus limites. É sobretudo nesse sentido que o filósofo de Königsberg foi, ao lado de Euler, D'Alembert, Lagrange e Laplace, um dos grandes continuadores da obra de Newton.

Índice de complementos técnicos

Capítulo II

Regra de Hudde e teorema de Van Heuraet na
interpretação de Newon   p. 54

O teorema de 20 de maio de 1665: o algoritmo das
tangentes   p. 59

A velocidade pontual como uma grandeza: na origem
da noção de vetor   p. 71

Como encontrar a tangente de uma curva gerada
pelo ponto de intersecção de duas curvas móveis:
a proposição 6 do esboço de 16 de maio de 1666   p. 75

O problema inverso das velocidade pontuais e
problema das áreas   p. 80

Capítulo III

A lei da refração de Descartes   p. 92

A teoria das cores de Descartes e Hooke   p. 97

Capítulo V

O cálculo da força centrífuga própria de um
movimento circular   p. 180

As representações geométricas da força e da
velocidade   p. 188

Newton resolveu o problema inverso das forças
centrais? p. 204

Quantidades absoluta, aceleratriz e motriz de uma
força atrativa centrípeta p. 215

O Lema 1 do primeiro livro dos *Principia* p. 223

A proposição 39 do primeiro livro dos *Principia* p. 225

A lei da gravitação universal e a equivalência da
massa inercial e da massa gravitacional p. 234

Referências bibliográficas

Obras de Newton

"New Theory about Light and Colours", *Philosophical Transactions*, nº 80, pp. 3075-3087, 19 fev. 1671-1672 [29 fev. de 1672]. Trad. francesa in: BLAY, M. *La Conceptualisation newtonienne des phénomènes de la couleur*. Paris: Vrin, 1983. Anexo 1, pp. 179-189.

Philosophiæ naturalis principia Mathematica, Jussu Societatis Regiæ ac Typis Josephi Streater.Londres, 1687. 2ª ed., Catabrigiæ, 1713. 3ª ed., *apud* G. & J. Innys. Londres, 1726.

Opticks: or a Treatise of the Reflexions, Refractions, Inflexions, and Colours of Light. Also Two Treatises of the Species and Magnitude of Curvilinear Figures. Londres: S. Smith & B. Walford, 1704. [2ª ed., W. & J. Innys, Londres, 1717; 3ª ed., W. & J. Innys, Londres, 1721; 4ª ed., W. Innys, Londres, 1730; 1ª ed. latina, Londres, 1706; 2ª ed. latina, Londres, 1719.]

(C) *The Correspondence of Isaac Newton*. Ed. por H. W. Turnbull, J. W. Scottand e A. R. Hall. Cambridge: Cambridge Univ. Press, 1959-1977 (7 vols.).

(CPQ) *Certain Philosophical Questions: Newton's Trinity Notebook*. Ed. por J. E. McGuire e M. Tammy. Cambridge: Cambridge Univ. Press, 1983.

(DGB) *De la Gravitation où les fondements de la mécanique classique*. Trad. e notas de M.-F. Biarnais. Paris: Les Belles Lettres, 1985.

(ERB) *Écrits sur la religion*. Trad. para o inglês, apres. e notas de J.-F. Baillon. Paris: Gallimard, 1996.

(MP) *The Mathematical Papers of Isaac Newton*. Ed. por D. T. Whiteside. Cambridge: Cambridge Univ. Press, 1967-1981 (8 vols.).

(HOO) *Operaquæ extant omnia commentariis illustrabat Samuel Horsley*. Londres: J. Nichols, 1779-1785 (5 vols.).

(OP,I) *The Optical Papers of Isaac Newton*. Ed. por A. Shapiro. Cambridge: Cambridge Univ. Press, 1984, vol. 1. (*The Optical Lectures 1670-1672*.)

(PCW) *The Principia: Mathematical Principles of Natural Philosophy*. Nova trad. de I. B. Cohen e A. Whitman, auxiliados por J. Budenz, prefaciado com "A Guide to Newton's Principia" de I. B. Cohen. Berkeley; Los Angeles; Londres: Univ. of California Press, 1999.

(PKC) *Philosophiae naturalis principia mathematica. The Third Edition (1726) with Variant Readings*. Sel. e ed. por Alexandre Koyré e I. Bernard Cohen, auxiliados por Anne Whitman. Cambridge: Cambridge Univ. Press, 1972.

(USPHH) *Unpublished Scientific Papers of Isaac Newton*. Sel., ed. e trad. de A. R. Hall e M. Boas Hall. Cambridge; Londres; Nova York; Melbourne: Cambridge Univ. Press, 1962.

Obras e artigos em francês

BALIBAR, F. *Galilée, Newton lus par Einstein: Espace et Relativité*. Paris: PUF, 1984. 2ª ed. citada, 1990.

BLAY, M. *La Conceptualisation newtonienne des phénomènes de la couleur*. Paris: Vrin, 1983.

_____. *Les "Principia" de Newton*. Paris: PUF, 1995.

_____. *Lumières sur les couleurs: Le Regard du physicien*. Paris: Ellipses, 2001.

COSTABEL, P. "Les Principia de Newton et leurs colonnes d'Hercules". *Revue d'Histoire des Sciences*. nº 40, 1987 (nº 3/4: *Les Principia de Newton: Question et commentaires*), pp. 251-271.

DE GANDT, F. "Temps physique et temps mathématique chez Newton". In: TIFFENAU, D. *Mythes et représentations du temps*. Paris: Edição do CNRS, 1985, pp. 87-105.

FOWDEN, G. *Hermès l'Égyptien*. Paris: Les Belles Lettres, 2000.

GARDIES, J.-L. *L'Héritage épistémologique d'Eudoxe de Cnide*. Paris: Vrin, 1988.

HUTIN, S. "Note sur la création chez trois kabbalistes chrétiens anglais: Rober Fludd, Henry Moreet Isaac Newton". In: HUTIN, S. *et al*. *Kabbalistes Chrétiens*, Paris: Albin Michel, 1979, pp. 149-156.

JOLY, B. *Rationalité del'alchimie au XVIIe siècle*. Paris: Vrin, 1992.

JULLIEN, V. *Descartes: La Géométrie de 1637*. Paris: PUF, 1996.

KOYRÉ, A. *Études Newtoniennes*. Paris: Gallimard, 1968. [Coletânea de estudos produzidos entre 1948 e 1965.]

MANGET, J. J. *Bibliotheca Chemica Curiosa, Chouet*. Coloniæ Allobrogum, sumpt. Chouet, G. De Tournes, Cramer, Perachon, Ritter, & S. De Tournes, Genebra, 1702 (2 vols.).

PATY, M. *Albert Einstein ou la création scientifique du monde*. Paris: Les Belles Lettres, 1997.

ROBERVAL, G. P. de. "Observations sur la composition des Mouvements, et sur le moyen des trouver les Touchantes des lignes courbes". *Divers Ouvrages de Mathématiques et de Physique par Messieurs de l'Académie*

Royale des Sciences. Paris: Impr. Royale, 1693, pp. 67-111.

ROBINET, A. *Correspondance Leibniz-Clarke, présentée d'après les manuscrits originaux des bibliothèques de Hanovre et de Londres*. Paris: PUF, 1957.

_____. *L'Empire Leibnizien: La Conquête de la chaire de mathématiques del'université de Padoue; Jakob Hermann et Nicolas Bernoulli (1707-1719)*. Trieste: Ed. Lint, 1991.

SALANSKIS, J.-M. *Husserl*. Paris: Les Belles Lettres, 1998.

SCHOLEM, G. G.; FABRY, J. & JAVARY, G. *Kabbalistes chrétiens*. Paris: Albin Michel, 1979.

VERLET, L. *La Malle de Newton*. Paris: Gallimard, 1993.

Obras e artigos em inglês

ARNOLD, V. I. *Huygens and Barrow, Newton and Hooke: Pioneers in Mathematical Analysis and Catastrophe Theory from Evolvents to Quasicrystals*. Boston; Basel: Birkhäuser, 1990.

BOYLE, R. *The Origin of Forms and Qualities [...]*. Impressão de H. Hall para R. Davis. Oxford, 1666; edição citada em *The Works of Robert Boyle*, ed. por M. Hunter e E. B. Davis. Londres: Pickering & Chatto, vol. 5, 1999, pp. 281-491.

BRACKENRIDGE, J. B. *The Key to Newton's Dynamics: The Kepler Problem and the* Principia. Berkeley; Los Angeles; Londres: Univ. of California Press, 1995.

BROOKE, J. "The God of Isaac Newton". In: FAUVEL, J.; FLOOD, R.; SHORTLAND, M. & WILSON, R. (eds.). *Let Newton Be!: A New Perpective on His Life and Works*. Oxford; Nova York; Tóquio: Oxford Univ. Press, 1988, pp. 169-183.

CASINI, P. "Newton: The Classical Scholia". *History of Science*, nº 22, pp. 1-58, 1984.

COHEN, I. B. *Introduction to Newton's* Principia. Cambridge: Harvard Univ. Press, 1971.

_____. *The Newtonian Revolution*. Cambridge: Harvard Univ. Press, 1980.

_____. "The Principia, Universal Gravitation and the 'Newtonian Style' in Relation to the Newtonian Revolution in Science: Notes on the Occasion of the 250th Anniversary of Newton's Death". In: BECHLER, Z. (ed.). *Contemporary Newtonian Research*. Dordrecht; Boston; Londres: Reidel P. C., 1982, pp. 21-108.

DE GANDT, F. *Force and Geometry in Newton's* Principia. Princeton: Princeton Univ. Press, 1995.

DI SIENO, S. & GALUZZI, M. "Calculus and Geometry in Newton's Mathematical Work: Some Remarks". In: ROSSI, S. (ed.). *Science and Imagination in the XVIIIth-Century British Culture*. Milão: Unicopli, 1987, pp. 177-189.

DOBBS, B. J. Teeter. *The Foundations of Newton's Alchemy or "The Hunting of the Greene Lyon"*. Cambridge; Londres; Nova York; Melbourne: Cambridge Univ. Press, 1975.

_____. *The Janus Face of Genius: The Role of Alchemy in Newton's Thought*. Cambridge; Nova York; Melbourne: Cambridge Univ. Press, 1991.

FORCE, E. J. & POPKIN, R. H. *Essays on the Context, Nature, and Influence of Isaac Newton's Theology*. Dordrecht; Boston; Londres: Kluwer A. P., 1990.

GALUZZI, M. "Some Considerations about Motionina Resistenting Mediumin Newton's *Principia*". In: GALUZZI, M. (ed.). *Giornate di storia della matematica*. Commenda di Rende: Editel, 1991, pp. 169-189.

GOLDISH, M. *Judaism in the Theology of Isaac Newton*. Dordrecht; Boston; Londres: Kluwer A. P., 1998.

_____. "Newton's *Of the Church*: Its Contents and Implications". In: FORCE, J. E. & POPKIN, R. H. (eds.). *Newton and Religion: Context, Nature and Influence*. Dordrecht; Boston; Londres: Kluwer A. P., 1999, pp. 145-164.

GUICCIARDINI, N. *Reading the Principia: The Debate on Newton's Mathematical Methods for Natural Philosophy from 1687 to 1736*. Cambridge: Cambridge Univ. Press, 1999.

HALL, R. A. *Philosophers at War: The Querell between Newton and Leibniz*. Cambridge: Cambridge Univ. Press, 1980.

_____. *Isaac Newton: Adventurer in Thought*. Oxford: Blackwell, 1992. Nova ed. Cambridge: Cambridge Univ. Press, 1996.

_____. *Isaac Newton: Eighteenth-Century Perspectives*. Oxford; Nova York; Tóquio: Oxford Univ. Press, 1999.

_____. & BOAS, M. "Newton's Chemical Experiments". *Archives Internationales d'Histoire des Sciences*. nº 11, pp. 113-152, 1958.

_____. & _____. (eds.). *Unpublished Scientific Papers of Isaac Newton: A Selection from the Portsmouth Collection in the University of Cambridge*. Sel., ed. e trad. de A. Rupert Hall e Marie Boas Hal. Cambridge; Londres; Nova York; Melbourne: Cambridge Univ. Press, 1962.

HENRY, J. "'Pray do Not Ascribe that Notion to Me': God and Newton's Gravity". In: FORCE J. E. & POPKIN R. H. (eds.). *The Books of Nature and Scriptures*. Dordrecht; Londres; Boston: Kluwer A. P., 1994, pp. 39-53.

HERIVEL, J. *The Background to Newton's Principia*. Oxford: Clarendon, 1965.

HUTTON, S. "More, Newton, and the Language of Biblical Prophecy". In: FORCE J. E. & POPKIN R. H. (eds.). *The Books of Nature and Scriptures*. Dordrecht; Londres; Boston: Kluwer A. P., 1994, pp. 39-53.

ILIFFE, R. "Those 'Whose Business It Is to Cavil': Newton's Anti-Catholicism". In: FORCE J. E. & POPKIN R. H.

(eds.). *Newton and Religion: Context, Nature and Influence*. Dordrecht; Londres; Boston: Kluwer A. P., 1999, pp. 97-119.

KERR, P. *Dark Matter: The Private Life of Sir Isaac Newton*. Nova York: Crown, 2002.

KNOESPEL, K. J. "Interpretative Strategies in Newton's *Theologiæ gentiles origins philosophicæ*". In: FORCE, J. E. & POPKIN, R. H. (eds.). *Newton and Religion: Context, Nature and Influence*. Dordrecht; Londres; Boston: Kluwer A. P., 1999, pp. 179-202.

KUBBINGA, H. H. "Newton Theory of Matter". In: SCHEURER, P. B. & DEDROCK, G. (eds.). *Newton's Scientific and Philosophical Legacy*. Dordrecht; Boston; Londres: Kluwer A. P., 1988, pp. 321-341.

MANUEL, F. E. *Isaac Newton, Historian*. Cambridge: Cambridge Univ. Press, 1963.

_____. *A Portrait of Isaac Newton*. Cambridge: Harvard Univ. Press, 1968.

_____. *The Religion of Isaac Newton*. Oxford: Clarendon, 1974.

McGUIRE, J. E. "Transmutation and Immobility: Newton's Doctrine of Physical Properties". *Ambix*, nº 14, pp. 69--95, 1967.

McLACHLAN, H. (ed.). *Sir Isaac Newton: Theological Manuscripts*. Liverpool: Liverpool Univ. Press, 1950.

McMULLIN, E. *Newton on Matter and Activity*. Londres; Paris: Univ. of Notre Dame Press, 1978.

MURRIN, M. "Newton's Apocalypse". In: FORCE, J. E. & POPKIN, R. H. (eds.). *Newton and Religion: Context, Nature and Influence*. Dordrecht; Boston; Londres: Kluwer A. P., 1999, pp. 203-220.

PANZA, M. "Classical Sources for the Concepts of Analysis and Synthesis". In: PANZA, M. & OTTE, M. (eds.). *Analysis and Synthesis in Mathematics: History and*

Philosophy. Dordrecht; Boston; Londres: Kluwer A. P., 1997, pp. 365-414.

PATAÏ, R. *The Jewish Alchemists*. Princeton Univ. Press, Princeton, 1994.

POPKIN, R. H. "Newton's Biblical Theology and his Theological Physics". In: SCHEURER, P. B. & DEDROCK, G. (eds.). *Newton's Scientific and Philosophical Legacy*. Dordrecht; Londres; Boston: Kluwer A. P., 1988, pp. 81-97.

RATTANSI, P. "Newton and the Wisdom of the Ancients". In: FAUVEL, J.; FLOOD, R.; SHORTLAND, M. & WILSON, R. (eds.). *Let Newton Be!: A New Perspective on His Life and Works*. Oxford; Nova York; Tóquio: Oxford Univ. Press, 1988, pp. 185-201.

SABRA, A. I. *Theories of Light from Descartes to Newton*. Londres: Olbourbne, 1967. [Ed. citada: Cambridge; Londres; Nova York; New Rochelle; Melbourbe; Sydney: Cambridge Univ. Press, 1981.]

SEPPER, D. L. *Newton's Optical Writings: A Guided Study*. New Brunswick (New Jersey): Rutgers Univ. Press, 1994.

WESTFALL, R. "The Foundations of Newton's Philosophy of Nature". *The British Journal for the History of Science*, nº 1, pp. 171-182, 1962.

_____. *Force in Newton's Physics: The Science of Dynamics in the Seventeenth Century*. Nova York: Neale Watson Academic Publications, 1971.

_____. "Newton and the Hermetic Tradition". In: DEBUS, A. G. (ed.). *Science, Medecine and Society in the Renaissance*. Londres: Heinemann, 1972, pp. 183-198.

_____. *Never at Rest*: *A Biography of Isaac Newton*. Cambridge: Cambridge Univ. Press, 1980. [Trad. francesa parcial de M. A. Lescourret: *Newton 1642-1727*. Paris: Flammarion, 1994.]

_____. "Newton's Theological Manuscripts". In: BECHLER, Z. (ed.). *Contemporary Newtonian Research*. Dordrecht; Boston; Londres: Reidel P. C., 1982, pp. 129-143.

_____. "Isaac Newton: Theologian". In: ULLMANN-MARGALIT, E. *The Scientific Enterprise*. Dordrecht; Londres; Boston: Kluwer A. P., 1992, pp. 223-239.

WHITESIDE, D. T. "Newton the Mathematician". In: BECHLER, Z. (ed.). *Contemporary Newtonian Research*. Dordrecht; Boston; Londres: Reidel P. C., 1982, pp. 109-127.

Obras e artigos em italiano

GALUZZI, M. "L'influenza della geometria nel pensiero di Newton". In: PANZA, M. & ROERO, C. S. (eds.). *Geometria, flussionie differenziali. Tradizione e innovazione nella matematica del seicento*. Napoli: La Città del Sole, 1995, pp. 271-288.

MAMIANI, M. *Il prisma di Newton*. Roma; Bari: Laterza, 1986.

_____. (ed.). *Isaac Newton, Trattato sull'Apocalisse*. Turim: Bollati Boringhieri, 1994. (Texto original com introd. e trad. italiana por M. Mamiani.)

PANZA, M. "Eliminare il tempo: Newton, Lagrange e il problema inverso del moto resistente". In: GALUZZI, M. (ed.). *Giornate di storia della matematica*. Commenda di Rendre: Editel, 1991, pp. 487-537.

ESTE LIVRO FOI COMPOSTO EM SABON CORPO 10,7 POR 13,5 E
IMPRESSO SOBRE PAPEL OFF-SET 75 g/m² NAS OFICINAS DA ASSAHI
GRÁFICA, SÃO BERNARDO DO CAMPO-SP, EM NOVEMBRO DE 2017